Excel
データ分析の「引き出し」が増える本

木村幸子｜著｜

本書内容に関するお問い合わせについて

このたびは翔泳社の書籍をお買い上げいただき、誠にありがとうございます。弊社では、読者の皆様からのお問い合わせに適切に対応させていただくため、以下のガイドラインへのご協力をお願い致しております。下記項目をお読みいただき、手順に従ってお問い合わせください。

●ご質問される前に

弊社Webサイトの「正誤表」をご参照ください。これまでに判明した正誤や追加情報を掲載しています。

正誤表　https://www.shoeisha.co.jp/book/errata/

●ご質問方法

弊社Webサイトの「刊行物Q&A」をご利用ください。

刊行物Q&A　https://www.shoeisha.co.jp/book/qa/

インターネットをご利用でない場合は、FAXまたは郵便にて、下記“翔泳社 愛読者サービスセンター”までお問い合わせください。
電話でのご質問は、お受けしておりません。

●回答について

回答は、ご質問いただいた手段によってご返事申し上げます。ご質問の内容によっては、回答に数日ないしはそれ以上の期間を要する場合があります。

●ご質問に際してのご注意

本書の対象を越えるもの、記述個所を特定されないもの、また読者固有の環境に起因するご質問等にはお答えできませんので、予めご了承ください。

●郵便物送付先およびFAX番号

送付先住所　〒160-0006　東京都新宿区舟町5
FAX番号　03-5362-3818
宛先　（株）翔泳社 愛読者サービスセンター

※本書に記載されたURL等は予告なく変更される場合があります。
※本書の出版にあたっては正確な記述につとめましたが、著者や出版社などのいずれも、本書の内容に対してなんらかの保証をするものではなく、内容やサンプルに基づくいかなる運用結果に関してもいっさいの責任を負いません。

はじめに

Excelにはさまざまなデータ分析の機能があります。手元のデータを活用するのに、どれを使えば適切なのか判断に迷った経験はありませんか。

たとえば、とあるコールセンターに寄せられたクレーム件数の1日当たりの平均を求める場合、平均だからといつでもAVERAGEを使えばいいわけではありません。何らかの事情で例外的に膨大な件数のクレームが出た日があれば、その日は除外した方がより実情に即した平均を求められるでしょう。あるいは、「中央値」というもう1つの代表値を選ぶ手もあります。こんなふうに平均ひとつ取っても奥深いのが「データ分析」の世界なのです。

また、回帰分析、ABC分析、PPMといった有名な分析メソッドでは、Excelの数式やグラフ機能をフルに使ってデータを紐解きます。そこでこれらを使いこなすには、数式やグラフについての理解が欠かせません。達成率、構成比、累計、前月比などの計算をスムーズに求められることは、さらなるデータ分析の入り口にもなるわけですね。

このように、さまざまな機能を知ったうえで最も適したやり方を選ぶことが、柔軟で自由度の高い集計や分析につながります。本書は、そのための「引き出し」が増える本と題して、知りたい機能や手法を網羅しました。

なお、数式に触れる機会が少ない方のために、第1章で数式の操作を紹介しました。基礎から見直したい人は、ここから読みはじめるとその後の理解がスムーズです。

第2章では、売上や予算の分析に欠かせない指標の求め方を、続く第3章から第5章では、販売データ、顧客データ、市場データを題材に取り、実践的な分析機能を数多く取り上げました。

グラフなど視覚化のコツとポイントは第6章を、Excel以外のアプリと連携して、元データや分析結果を流用する場面では第7章が役立つでしょう。前述の高度な分析手法については最後の第8章で挑戦できます。個別に読んでもかまいませんし、通して読めば、小さな山をいくつも登っているうちに、大きな山に登る力が身につくことと思います。

本書が、皆さんのExcelデータ分析の一助となれば幸いです。

2020年11月　木村幸子

CONTENTS

第-2-章 売上や予算を分析する 043

ダウンロードファイルについて

練習用Excelファイルをプレゼント

本書では、データ分析で使用するさまざまな計算手法やツールを解説しています。練習用のExcelファイルを無料で配布しているので、ぜひご活用ください。

ダウンロード方法

①以下のサイトにアクセスしてください。

URL https://www.shoeisha.co.jp/book/present/9784798162799

②画面に従って必要事項を入力してください。(無料の会員登録が必要です)

③表示されるリンクをクリックし、ダウンロードしてください。

ファイルについて

上記の手順でダウンロードしたデータは、章ごとにフォルダが分けられています。書籍の見出し番号(1-1、2-1-1など)と共通のファイル名がついているので、操作を試してみたいファイルを選択し、利用してください。

※各ファイルは、Microsoft Excel 365および2019で動作を確認しています。以前のバージョンでも利用できますが、一部機能が失われる可能性があります。

※各ファイルの著作権は著者が所有しています。許可なく配布したり、Webサイトに転載することはできません。

第1章 知っておきたい集計の基本

1-1-1 数式を正しく入力する

集計を行ううえで基本となるのが「数式」です。数式といっても難しく考える必要はありません。一般的なビジネスシーンでは、足し算、引き算、掛け算、割り算のいわゆる「四則演算」が正しく入力できれば十分です。

数式の構造と計算の順番

Excelでの集計作業に数式の知識は不可欠ですが、一般的な仕事の場では加減乗除の4種類（足し算、引き算、掛け算、割り算）を正しく指定できることが大切です。というのは、職場で目にすることが多い予算達成率や売上構成比、累計や成長率といった計算は、この四則演算を組み合わせれば求められるものばかりだからです。

四則演算で利用する記号と入力方法、計算の順序は**図1-1**のとおりです。

図1-1　Excelの数式で使う主な記号と計算の順番

記号	意味	入力例	計算結果
+	足し算	=5+2	7
-	引き算	=5-2	3
*	掛け算	=5*2	10
/	割り算	=5/2	2.5

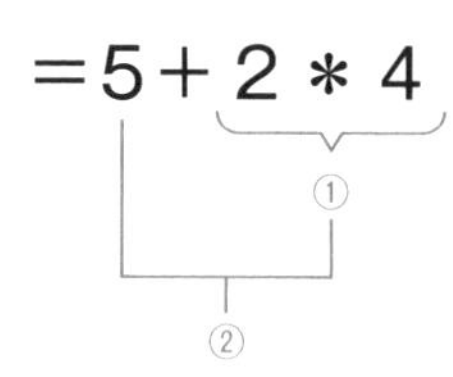

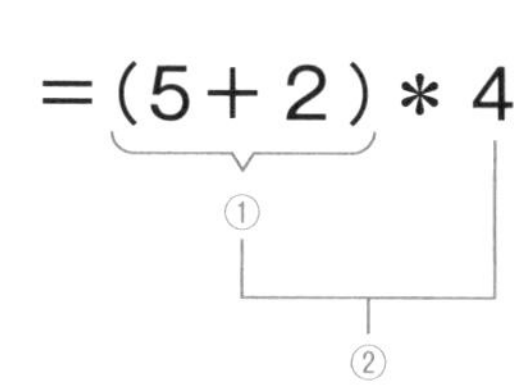

- 計算結果：13
- 計算結果：28

数式を入力するときには、「=」(イコール)を先頭に入力し、数値や記号類はすべて半角で入力します。加減乗除の記号には、**図1-1**で紹介したように「+」(プラス)、「-」(マイナス)、「*」(アスタリスク)、「/」(スラッシュ)をそれぞれ使います。

計算の順序は日常の算数と同様です。左から計算が行われますが、掛け算「*」と割り算「/」が、足し算「+」と引き算「-」よりも先に計算されます。この順番を変更するには、先に計算したい部分をカッコで囲むと、その部分が優先して計算されます。

数式ではセル番地を使う

図1-2のD2セルに金額を求める数式を入力してみましょう。

D2セルに「=」を入力し、単価が入力されたB2セルをクリックすると、数式には「=B2」と自動的にセル番地が入ります。続けて、掛け算の記号「*」を入力し、数量が入力されたC2セルをクリックして[Enter]キーを押します。これで数式の入力が完了し、D2セルには金額が表示されます。

なお、Excelの数式内では、できるだけ数字そのものよりも数字が入力されたセルを使います。これは、**セルの値が変更されたときに計算結果も連動して変わるため、計算し直す手間を省ける**からです。

一般に、業務で使う表のセルには、すでに必要な数値が入力されていることが多いものです。数式では、それらのセルを流用すると心得ましょう。

図1-2 掛け算の入力

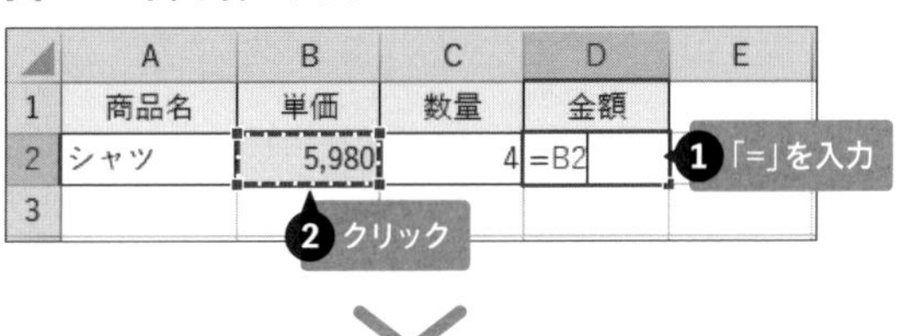

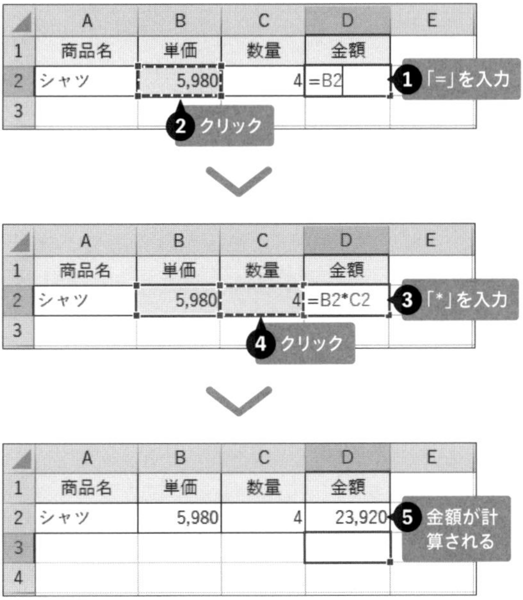

	A	B	C	D	E
1	商品名	単価	数量	金額	
2	シャツ	5,980	4	=B2*C2	
3					

❸「*」を入力
❹クリック

	A	B	C	D	E
1	商品名	単価	数量	金額	
2	シャツ	5,980	4	23,920	
3					
4					

❺金額が計算される

1-1-2 入力した数式を確認する

セルに数式を入力したら、誤りがないかどうかを必ずその場で見直しましょう。ここでは、入力済みの数式をすばやく確認する方法や、間違いがあった場合に内容を編集する方法を紹介します。

数式バー・[F2]キー・ダブルクリックで確認する

数式の入力が完了すると、セルには計算結果が表示されます。数式の内容は、数式が入力されたセル(**図1-3**ではD2)を選択すると**数式バー**に表示されるので、ここを見て確認しましょう。なお、内容に誤りがある場合には、数式バーをクリックすればカーソルが表示され、数式の中身を編集できます。

図1-3　数式バーで数式を編集する

D2　=B2*C2　クリック　数式バー

	A	B	C	D	E
1	商品名	単価	数量	金額	
2	シャツ	5,980	4	23,920	
3					

数式が入力されたセルを選んで［F2］キーを押すかダブルクリックすると、**図1-4**のようにセル内に直接数式が表示されます。数式内で使われているセルが色分けして表示されるので、参照先のセルを番地から探す手間が省けます。さらに、この色枠をドラッグして移動すれば、セル番地を変更できます。

セルを通常の表示モードに戻すには、［Enter］キーを押してください。

図1-4　[F2]キー(ダブルクリック)で数式を編集する

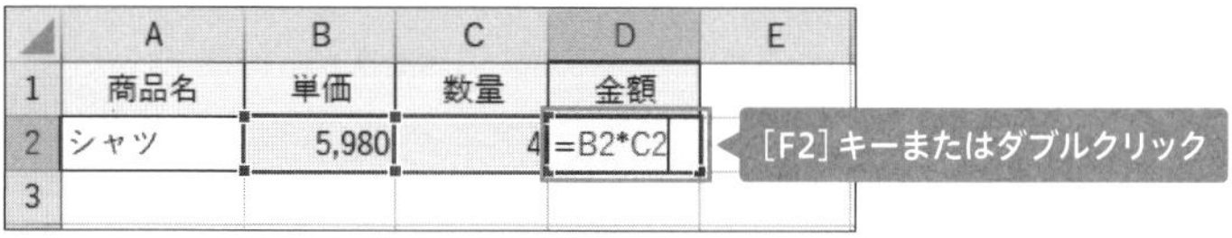

	A	B	C	D	E
1	商品名	単価	数量	金額	
2	シャツ	5,980	4	=B2*C2	
3					

[F2]キーまたはダブルクリック

1-2-1 関数の基本

「関数」はExcelでのデータ集計や分析に欠かせない機能です。関数の利用経験が少ない場合はもちろん、日常的に自己流で関数を使っているという人も、一度ここで基本を確認してみるとよいでしょう。

関数の構造と引数を知る

「関数」とは数式の一種で、複雑な計算や処理を効率よく行うために利用できる「公式」のことです。公式なので、関数の名前を指定し、計算に必要な要素を当てはめるだけで結果が得られます。

関数には、合計や平均などの「計算」だけでなく、文字列の処理や情報の検索といった様々な「処理」を行うものがあり、300以上の種類の中から適したものを選んで使います。関数の構造はすべて共通です。**図1-5**のように「=」に続けて関数の名前を指定し、「引数」をカッコで囲んで指定します。

図1-5　関数の構造

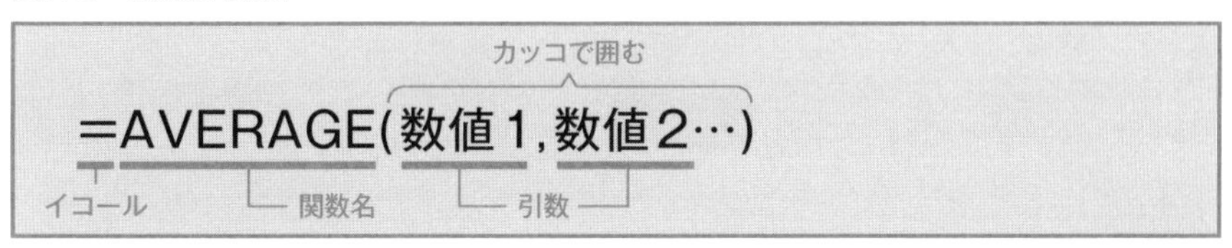

「引数」は計算や処理に必要な材料のことで、**図1-6**のような種類があります。指定内容は関数によって異なります。複数の引数を指定する場合は、半角の「,」で区切って入力します。

図1-6　引数の主な種類

引数の種類	説明
数値	「100」、「-50」、「70%」のような数値データ
セル参照	「A2」のような単独のセルや「A4:B5」のようなセル範囲
文字列	「"商品"」、「"Excel"」のような文字データ。半角の「"」で囲んで指定する
論理値	「TRUE」か「FALSE」と入力する特殊な文字列。二者択一の内容を指定する

1-2-2 関数を正しく入力する

関数を入力するには、引数の入力を補助してくれる「関数の挿入」ダイアログボックスを使う方法と、すべて手作業で入力する方法の2種類のやり方があります。それぞれの長所と短所を理解して、両者を使い分けると効率的です。

「関数の挿入」ダイアログボックスを使って入力する

「関数の挿入」ダイアログボックスでは、引数の欄を選んでそれぞれの内容を指定できます。「=」や関数名の入力がいらないうえ、引数を区切る「,」や()などの記号類も自動で追加されるので、関数に不慣れな場合や、引数が多い複雑な関数を入力する際に便利な方法です。

ここでは平均を求めるAVERAGE(アベレージ)関数を入力して、問い合わせ件数の平均を求めます。関数を入力するセル(ここではI3セル)を選んで「Fx」(関数の挿入)ボタンをクリックします(**図1-7**)。

参照→ 2-3-2 売上額や販売数の平均を求めたい

図1-7 「関数の挿入」ダイアログボックスを開く

I3 ✕ ✓ fx ❷クリック 関数の挿入

	A	B	C	D	E	F	G	H	I	J
1	●問い合わせ件数の記録									
2	日付	4/1	4/2	4/3	4/4	4/5	4/6	4/7	平均	
3	件数	287	209	187	154	233	219	308		❶選択
4										

「関数の挿入」ダイアログボックスが表示されます。「関数の分類」で「すべて表示」を選択すると、「関数名」欄に関数がアルファベット順に表示されるので、入力したい関数名(ここでは「AVERAGE」)を選択して「OK」をクリックします(**図1-8**)。

図1-8　入力したい関数名を選択する

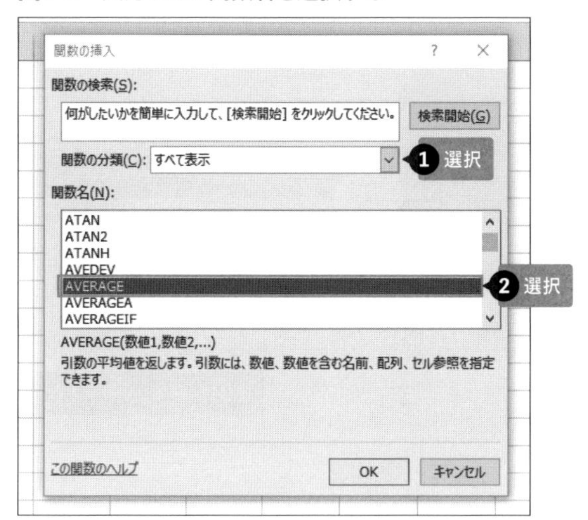

ONEPOINT

「関数名」欄をクリックしてから、入力したい関数名の先頭文字のキーを押すと、その文字で始まる関数名にジャンプするので、関数をすばやく選択できます。なお、Microsoft 365では「関数の検索」欄に関数名の先頭数文字（「AVERAGE」なら「av」など）を入力して「検索開始」をクリックすると、最初から関数名を絞り込んで検索できます。

「関数の引数」ダイアログボックスが開くので、引数欄をクリックして、引数を指定します。ここでは、「数値1」にB3からH3までのセル範囲を選択し、「OK」をクリックします（**図1-9**）。

図1-9　引数を指定する

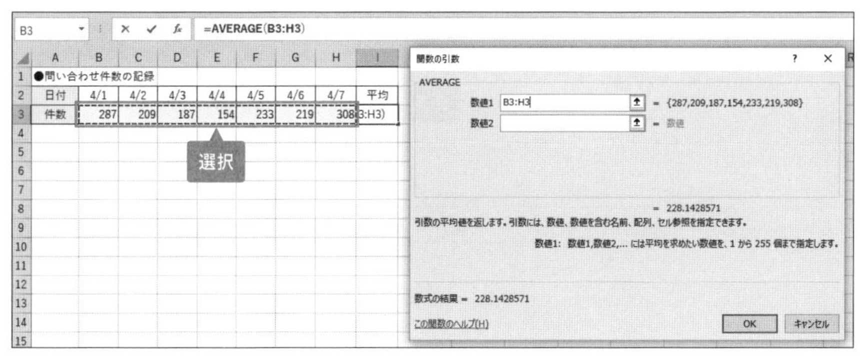

セルには関数の戻り値（結果）が表示され、入力された式は、数式バーで確認できます（図1-10）。

図1-10　関数の戻り値（結果）が表示された

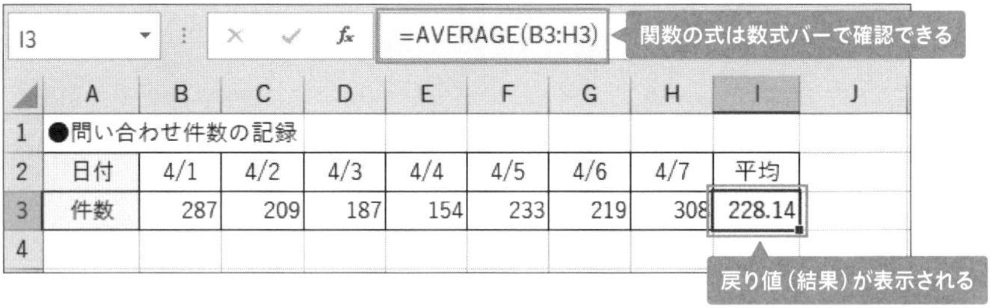

I3　=AVERAGE(B3:H3)　関数の式は数式バーで確認できる

	A	B	C	D	E	F	G	H	I	J
1	●問い合わせ件数の記録									
2	日付	4/1	4/2	4/3	4/4	4/5	4/6	4/7	平均	
3	件数	287	209	187	154	233	219	308	228.14	
4										

戻り値（結果）が表示される

キーボードから手入力する

引数が少ない関数や、頻繁に使う関数で引数を覚えている場合などは、キーボードから手入力する方が効率的です。

ただし、関数名のつづりに誤りがあったり、記号類の入力漏れがあったりするとエラーになるため、入力ミスには注意しましょう。

なお、手入力する際は、図1-11のように「=」に続けて関数名の先頭数文字を入力すれば、そのスペルで始まる関数が一覧表示されます。

ここから関数名をダブルクリックで選択し、続きを入力すれば効率がよく、入力ミスも防げます。

図1-11　先頭数文字を入力すると関数名を選択できる

	A	B	C	D	E	F	G	H	I	J
1	●問い合わせ件数の記録									
2	日付	4/1	4/2	4/3	4/4	4/5	4/6	4/7	平均	
3	件数	287	209	187	154	233	219	308	=av	
4										
5										
6										
7										
8										

❶ 先頭数文字を入力

AVEDEV
AVERAGE
AVERAGEA
AVERAGEIF
AVERAGEIFS

ダブルクリック ❷

1-2-3 関数の式をネストする

関数の引数に別の関数を指定することを「関数のネスト」と呼びます。ここでは、「関数の引数」ダイアログボックスを使って、安全に関数をネストする手順を紹介します。

関数の引数に別の関数を指定する

1-2-2では、AVERAGE関数を使って、I3セルに1日当たりの平均問い合わせ件数を求めました。ところが、平均の計算には割り算が入るため、割り切れない場合は**図1-12**のような小数になってしまいます。

参照→ **2-3-2** 売上額や販売数の平均を求めたい

図1-12 割り切れないと件数が小数になる

I3 =AVERAGE(B3:H3)

	A	B	C	D	E	F	G	H	I	J
1	●問い合わせ件数の記録									
2	日付	4/1	4/2	4/3	4/4	4/5	4/6	4/7	平均	
3	件数	287	209	187	154	233	219	308	228.14	

小数になっている

件数は整数で表すのが一般的です。そこで数値の小数部分を切り捨てて整数にするINT（インテジャー）関数の引数にAVERAGE関数をネスト（指定）して、結果を整数にしましょう。この場合、I3セルに入力する式は「=INT(AVERAGE(B3:H3))」となります（**図1-13**）。

参照→ **2-4-1** 千円未満を四捨五入したい

図1-13 INT関数にAVERAGE関数をネストする

I3 =INT(AVERAGE(B3:H3)) ❶入力

	A	B	C	D	E	F	G	H	I	J
1	●問い合わせ件数の記録									
2	日付	4/1	4/2	4/3	4/4	4/5	4/6	4/7	平均	
3	件数	287	209	187	154	233	219	308	228	

❷整数で表示された

この式では、AVERAGE関数の式全体がINT関数の引数になります。ネストした関数の式を入力するときには、外側の関数（ここではINT）をまず入力し、その引数欄に内側の関数（ここではAVERAGE）を指定します。

「関数の引数」ダイアログボックスで関数をネストする

関数をネストすると数式が長くなり、入力ミスをする確率が高くなるため、「関数の引数」ダイアログボックスを積極的に使いましょう。

I3セルを選んで**1-2-2**の手順でINT関数の「関数の引数」ダイアログボックスを表示します。引数「数値」欄をクリックしてカーソルを表示したら、数式バー左端の「名前ボックス」（「INT」と表示されている欄）の▼ボタンをクリックします。すると、最近使った関数のリストが表示されるので、AVERAGEを選択します（**図1-14**）。

図1-14　最近使った関数からAVERAGEを選択する

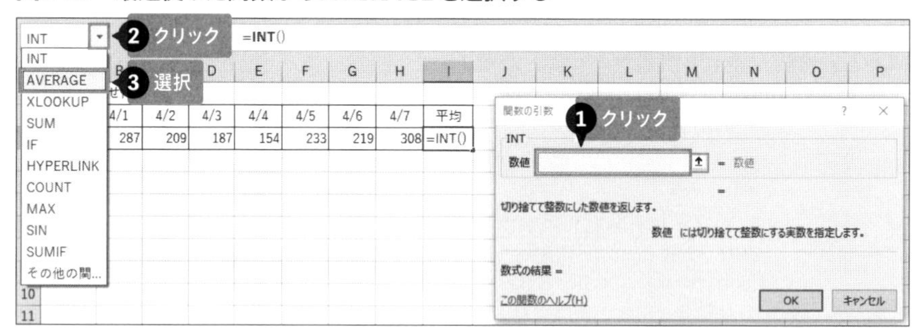

ONEPOINT

一覧にネストしたい関数がない場合は、「その他の関数」を選択します。「関数の挿入」ダイアログボックスが開くので、ここから関数を検索して入力します。

「関数の引数」ダイアログボックスがAVERAGE関数の内容に変わるので、平均を求めたいセル範囲（ここではB3からH3まで）をドラッグします。

引数「数値1」の欄にセル番地「B3:H3」が入力されたら、外側の関数に戻ります。

数式バーに表示された外側の関数名（ここでは「INT」）の部分をクリックします（**図1-15**）。

図1-15　AVERAGE関数の引数を指定する

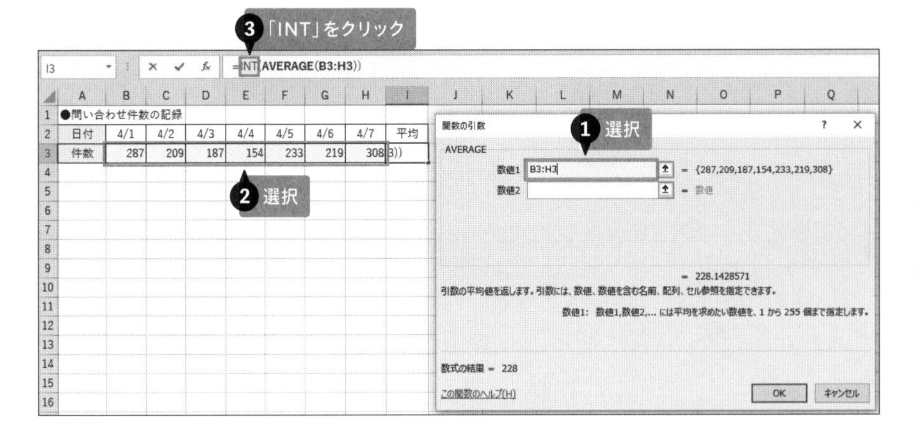

ダイアログボックスにINTの内容が再び表示されたら、引数「数値」の欄にAVERAGE関数の式が入力されていることを確認します（**図1-16**）。他に引数があれば設定を済ませ、最後に「OK」をクリックすると、ダイアログボックスが閉じて入力が完了します。

図1-16　INT関数の引数を確認する

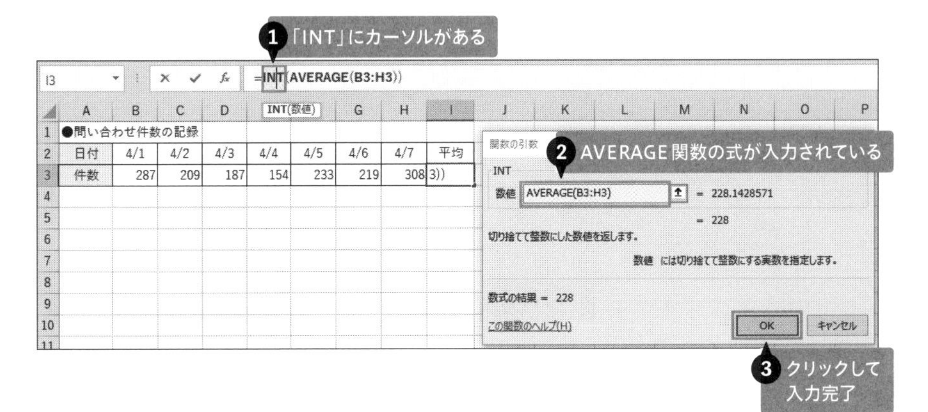

1-3-1 オートフィルを使いこなす

入力した数式を隣接するセルにコピーする際、「オートフィル」を利用すると、ドラッグ操作で効率的にコピーができます。正確な操作のポイントを確認しましょう。

隣接するセルにドラッグでコピーする

図1-17の例では、D3セルに金額を求める数式が「=B3*C3」と入力されています。D4セルやD5セルにも同様に金額を求めるには、D3セルの数式をコピーします。コピーといえば「コピー」、「貼り付け」の操作が一般的ですが、このように隣接するセルに数式をコピーする場合には、**「オートフィル」**を使うと効率的です。

D3セルを選択後、セルの右下角（フィルハンドル）にマウスポインターを合わせてD5セルまでドラッグすると、オートフィルが実行され、D4、D5セルに計算結果が表示されます。

図1-17　オートフィルで数式をコピーする

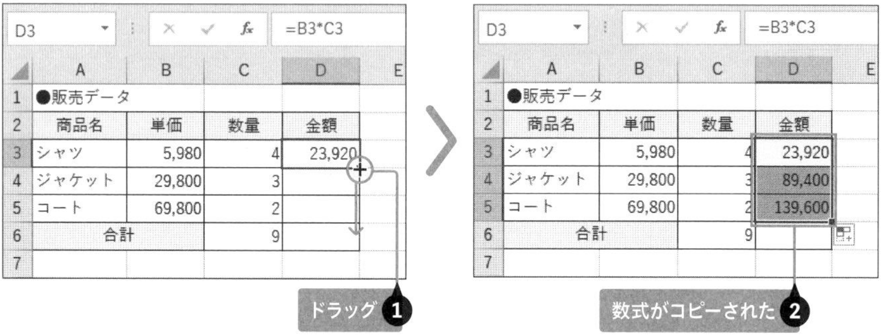

D3　=B3*C3

	A	B	C	D
1	●販売データ			
2	商品名	単価	数量	金額
3	シャツ	5,980	4	23,920
4	ジャケット	29,800	3	
5	コート	69,800	2	
6	合計		9	
7				

ドラッグ 1

D3　=B3*C3

	A	B	C	D
1	●販売データ			
2	商品名	単価	数量	金額
3	シャツ	5,980	4	23,920
4	ジャケット	29,800	3	89,400
5	コート	69,800	2	139,600
6	合計		9	
7				

数式がコピーされた 2

ONEPOINT

下方向にオートフィルを行う際にフィルハンドルをダブルクリックすると、隣接する列のデータを自動的に認識して、表の最終行まで一気にコピーが実行されます。

オートフィルは右方向に行う場合もあります。**図1-18**では、C6セルに入力されたSUM関数の式「=SUM(C3:C5)」をコピーして、D6セルに金額の合計を求めています。

図1-18　右方向へのオートフィル

C6 ｜ =SUM(C3:C5)

	A	B	C	D	E
1	●販売データ				
2	商品名	単価	数量	金額	
3	シャツ	5,980	4	23,920	
4	ジャケット	29,800	3	89,400	
5	コート	69,800	2	139,600	
6	合計		9		
7					

ドラッグ ❶

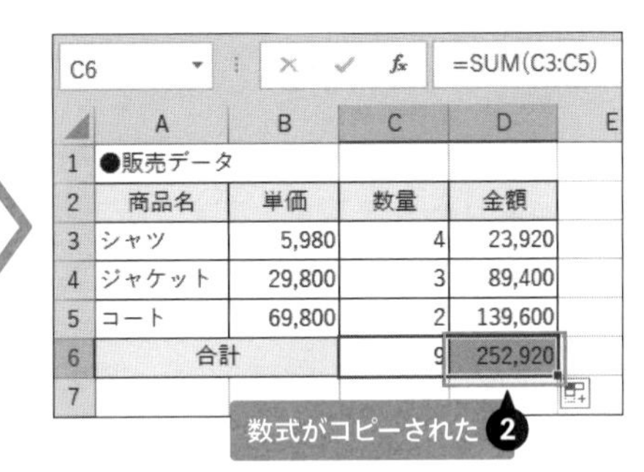

COLUMN 罫線や表示形式がおかしくなったら

オートフィルでは、数式だけでなくセルの書式も一緒にコピーされるため、あらかじめセルに設定しておいた書式が上書きされ、罫線などが変更されてしまう場合があります。その場合は、オートフィル実行後に表示される「オートフィルオプション」ボタンをクリックして「書式なしコピー（フィル）」を選択すると、罫線やセルの表示形式は、コピー前の状態に戻ります（**図1-19**）。

図1-19　「書式なしコピー（フィル）」でコピー前の表示形式に戻す

	商品名	単価	数量	金額
7	シャツ	5,980	4	23,920
8	ジャケット	29,800	3	89,400
9	コート	69,800	2	139,600
10	合計		9	252,920

❶ クリック

- セルのコピー(C)
- 書式のみコピー（フィル）(F)
- 書式なしコピー（フィル）(O)

❷ 選択

1-4-1 数式と同じ方向にセル番地が移動する「相対参照」

数式をコピーした際、式の中のセル番地が同じ方向に移動する仕組みを「相対参照」といいます。セルの参照形式には「相対参照」以外に、「絶対参照」と「複合参照」があり、3種類の形式を使い分けるスキルは、数式を使いこなすうえで不可欠です。まず、基本となる「相対参照」について確認しましょう。

3種類の参照形式を知っておく

数式の中でセルを参照している場合に、数式のコピー時にセル番地がどのように動くのかを決める仕組みを「参照形式」といいます。セルの参照形式には、図1-20のように「相対参照」、「絶対参照」、「複合参照」の3種類があります。

数式を入力した際の初期設定では相対参照になるため、セル番地は「A1」のように表示されます。絶対参照や複合参照にするには、これを後から変更して、「$A$1」や「$A1」のように「$」（ドル記号）を付ける必要があります。

図1-20　3種類の参照形式

参照形式	内容	セル番地の表示
相対参照	数式をコピーすると、数式内のセル番地も同じ方向に移動する。数式入力時の初期設定	A1
絶対参照	数式をコピーしても、数式内のセル番地は移動せず常に同じセル位置を参照する	$A$1
複合参照	数式を行と列の2方向にコピーする際、数式内のセル番地は行・列どちらか片方だけに移動する	A$1（列だけ移動） $A1（行だけ移動）

セルの参照形式を変更するには、数式内で対象となるセル番地をドラッグして選択し、[F4] キーを押します。図1-21のように、1回押すたびに「$」の表示が変化して参照形式が変わります。目的の参照形式になったら、[Enter] キーを押して編集を確定しましょう。

図1-21　参照形式の変更

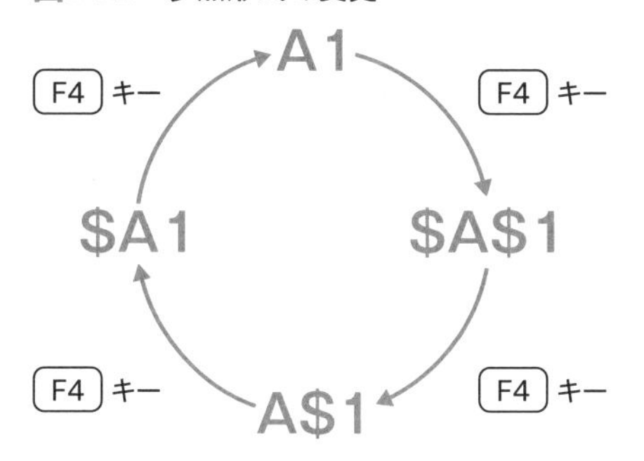

ONEPOINT

セルの参照形式を考慮しなければならないのは、数式を他のセルにコピーする場合だけです。したがって、数式のコピーが不要な場合は参照形式を変更する必要はありません。

「相対参照」ではセル番地が移動する

たとえば**図1-22**のような各商品の単価と割引率が入力された表があります。これをもとに割引後の販売価格を「金額」欄に求めるには、D2セルに「=B2*(1-C2)」という数式を入力して、シャツの販売価格を求めます。オートフィルでこの数式を下方向にコピーすると、D3セルとD4セルにはジャケットやコートの販売価格が求められます。

D3セルやD4セルの数式を確認すると、図のようにコピーされた数式の中でセル番地が1つずつ下の行へ移動していることがわかります。このように数式をコピーした際、**数式内のセル番地がコピーと同じ方向に移動する**仕組みを**「相対参照」**といいます。

数式を入力すると、特に指定しなければセルの参照形式は相対参照になります。この例のように、数式をコピーするだけで各商品の販売価格が正しく求められるのは相対参照の仕組みによるものです。

図1-22　相対参照の仕組み

	A	B	C	D	E
1	商品名	単価	割引率	金額	
2	シャツ	5,980	10%	5,382	=B2*(1-C2)
3	ジャケット	29,800	20%	23,840	=B3*(1-C3)
4	コート	69,800	30%	48,860	=B4*(1-C4)
5					

1-4-2 数式内のセル番地が移動しないようにする「絶対参照」

数式をコピーした際、コピー先の式でも常に同じセルの値をもとに計算したい場合は、参照形式を「絶対参照」に変更します。ここでは、セル番地を絶対参照で指定する方法を紹介します。

「絶対参照」で同一セルを参照させて計算する

たとえば、すべての商品で割引率が同じ場合は、**図1-23**のように1つのセルに割引率をまとめて入力するのが一般的です。そこで、C1セルに割引率を入力した表をもとに各商品の割引後の販売価格を求める場合を考えてみましょう。

C3セルに「=B3*(1-C1)」という数式を入力すれば、シャツの販売価格は問題なく求められます。ところが、オートフィルでこの数式を下方向にコピーすると、C4、C5セルにはエラー値や、およそ現実的ではない数値が表示されてしまいます。

このトラブルの原因は「相対参照」になっているからです。C4セル、C5セルにコピーされた数式を確認すると、それぞれ「=B4*(1-C2)」、「=B5*(1-C3)」となり、割引率を指すセル番地「C1」がコピーされた数式の中で「C2」、「C3」と下に移動しています。本来の割引率のセルは常にC1であるため、「C1」を**「絶対参照」**に変更します。

図1-23 相対参照のままだと計算がおかしくなる

	A	B	C	D
1		割引率	25%	
2	商品名	定価	販売価格	
3	シャツ	5,980	4,485	=B3*(1-C1)
4	ジャケット	29,800	#VALUE!	=B4*(1-C2)
5	コート	69,800	-312,983,200	=B5*(1-C3)
6				

セル参照を「絶対参照」に変更する

割引率のセル番地「C1」は、次の手順で絶対参照に変更しましょう。最初の数式が入力されたC3セルを選択し、数式バーでセル番地「C1」をドラッグします（**図1-24**）。

この状態で「F4」キーを1回押せば「$C$1」と絶対参照に変わるので、[Enter]キーを押して数式の編集を完了します（**図1-25**）。

その後、C3セルを選んで、再度オートフィルを行うと、C4、C5セルの数式は「=B4*(1-$C$1)」「=B5*(1-$C$1)」に変わります（**図1-26**）。これで正しい販売価格が求められました。

図1-24　絶対参照に変更したい箇所を選択する

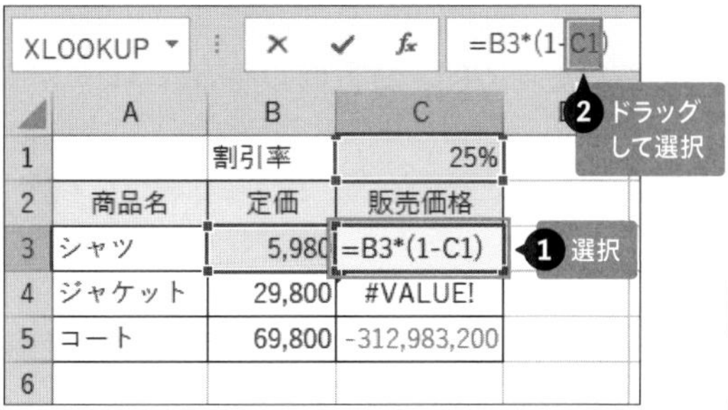

XLOOKUP　=B3*(1-C1)

	A	B	C
1		割引率	25%
2	商品名	定価	販売価格
3	シャツ	5,980	=B3*(1-C1)
4	ジャケット	29,800	#VALUE!
5	コート	69,800	-312,983,200
6			

❶選択
❷ドラッグして選択

図1-25　絶対参照に変更する

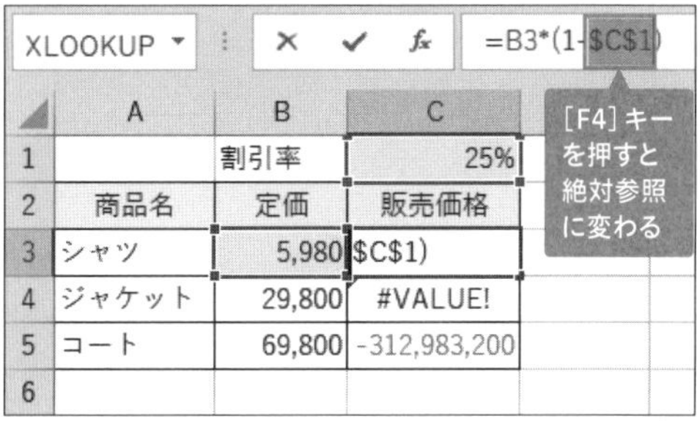

XLOOKUP　=B3*(1-$C$1)

	A	B	C
1		割引率	25%
2	商品名	定価	販売価格
3	シャツ	5,980	$C$1)
4	ジャケット	29,800	#VALUE!
5	コート	69,800	-312,983,200
6			

[F4]キーを押すと絶対参照に変わる

図1-26　絶対参照に変更したセル番地はコピー時に移動しない

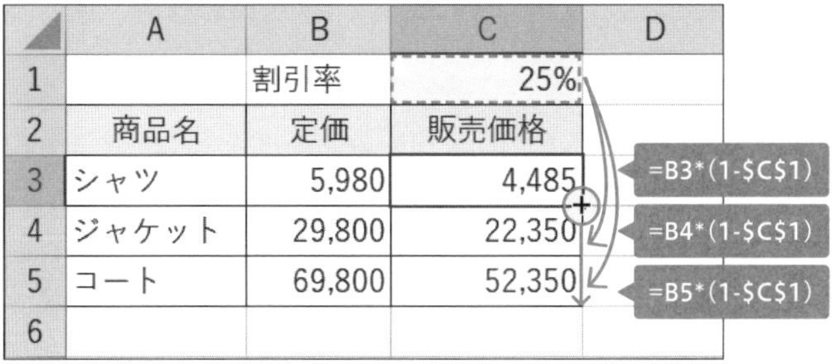

	A	B	C	D
1		割引率	25%	
2	商品名	定価	販売価格	
3	シャツ	5,980	4,485	
4	ジャケット	29,800	22,350	
5	コート	69,800	52,350	
6				

=B3*(1-$C$1)
=B4*(1-$C$1)
=B5*(1-$C$1)

1-4-3 行番号・列番号の片方だけを固定にする「複合参照」

数式を下方向、右方向の両方にコピーする場合もあります。このとき、数式内のセル参照について、「行方向・列方向のうち片方は移動させたいがもう片方は移動させたくない」といった場合に利用するのが「複合参照」です。

1
2
3
4
5
6
7
8
知っておきたい集計の基本

行・列の2方向に数式をコピーする

集計表のレイアウトによっては、数式を行方向・列方向の2方向にコピーする場合もあります。

たとえば**図1-27**は、各商品の単価に対して、割引率が「10%」、「20%」、「30%」のときの販売価格を求めるクロス集計表です。この表で、単価と割引率が交差する位置のセルに、それぞれの販売価格を求める場合を考えてみましょう。

参照→ 1-6-1「単純集計表」と「クロス集計表」

図1-27　交差するセルの計算を正しく行う

	A	B	C	D	E	F
1			割引率			
2	商品名	単価	10%	20%	30%	
3	シャツ	5,980	5,382	4,784	4,186	
4	ジャケット	29,800	26,820	23,840	20,860	
5	コート	69,800	62,820	55,840	48,860	
6						

まず、C3セルに「=B3*(1-C2)」という数式を入力し、シャツが10%割引になる場合の販売価格を求めます。この数式をコピーするには、C3セルを選択して、C5セルまで下方向にオートフィルを実行してから、続けてE5セルまで右方向にオートフィルを実行します（**図1-28**）。ここで、下と右の2方向にコピーしても金額が正しく計算されるようにするためには、数式の中のセル番地「B3」と「C2」をあらかじめ**複合参照**にしておく必要があります。

図1-28　行と列の２方向にコピーする

	A	B	C	D	E	F
1			割引率			
2	商品名	単価	10%	20%	30%	
3	シャツ	5,980	5,382			
4	ジャケット	29,800				
5	コート	69,800				
6						

=B3*(1-C2)

下方向と右方向にオートフィル

シャツの単価のセル「B3」は、数式を下にコピーする際に一緒に下に移動して、他の商品の単価を順に参照するようにします。ただし、単価が入力されているのは常にB列なので、右方向へコピーする際には移動しないよう、列番号だけを固定する「$B3」に変更します。

一方、割引率10%のセル「C2」については、数式を右へコピーする際には一緒に右に移動して、20%、30%と割引率も変化させますが、下方向にコピーする際は移動しないようにします。したがって、行番号だけを固定する「C$2」に変更します。

以上を踏まえて、C3セルの数式は「=$B3*(1-C$2)」と変更すればよいわけです（**図1-29**）。

図1-29　複合参照に変更する際の考え方

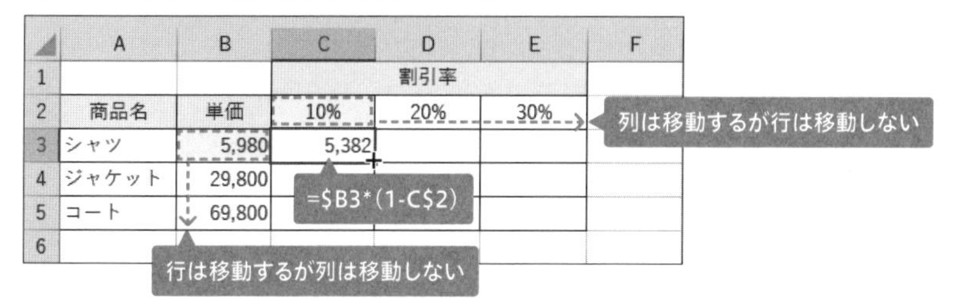

複合参照で数式を入力する

では、セルの参照形式を複合参照に変更しましょう。

C3セルを選択し、数式バーでセル番地「B3」をドラッグして選択したら、[F4] キーを3回押して「$B3」に変更します。同様に「C2」をドラッグ後、[F4] キーを2回押して「C$2」に変更し、[Enter] キーを押します（**図1-30**）。

図1-30　セルの参照形式を複合参照に変更する

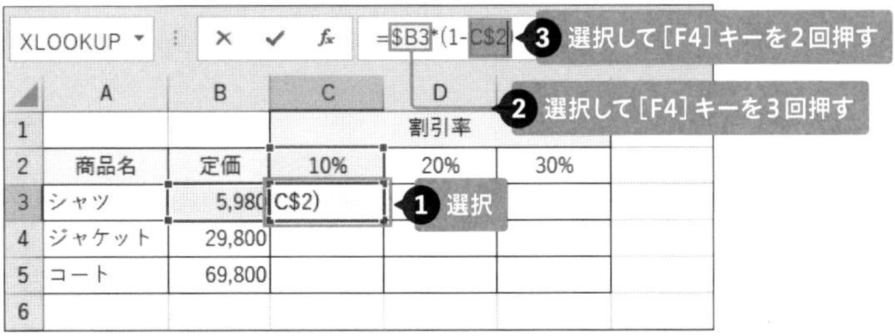

XLOOKUP　=$B3*(1-C$2)

	A	B	C	D	E
1			割引率		
2	商品名	定価	10%	20%	30%
3	シャツ	5,980	C$2)		
4	ジャケット	29,800			
5	コート	69,800			
6					

❶選択
❷選択して［F4］キーを3回押す
❸選択して［F4］キーを2回押す

数式を変更したC3セルをもう一度選択し、フィルハンドルをC5セルまでドラッグすると、図のように、まず下方向に数式がコピーされます（**図1-31**）。

図1-31　下方向に数式をコピーする

C3　=$B3*(1-C$2)

	A	B	C	D	E	F
1			割引率			
2	商品名	単価	10%	20%	30%	
3	シャツ	5,980	5,382			
4	ジャケット	29,800	26,820			
5	コート	69,800	62,820			
6						

❶選択
❷ドラッグ

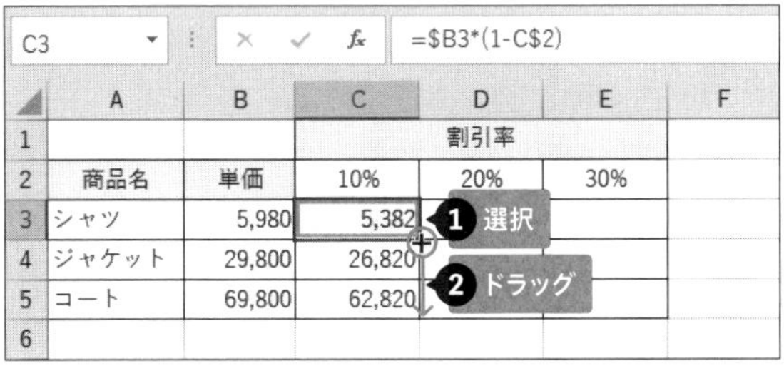

次に、セル範囲「C3:C5」が選択された状態で、選択範囲の右下角にマウスポインターを合わせてE列までドラッグします（**図1-32**）。これで、複数セルの数式がまとめてコピーされ、完成図（**図1-27**）のようにすべての販売価格が正しく求められます。

図1-32　右方向に数式をコピーする

C3　=$B3*(1-C$2)

	A	B	C	D	E	F
1			割引率			
2	商品名	単価	10%	20%	30%	
3	シャツ	5,980	5,382	4,784	4,186	
4	ジャケット	29,800	26,820	23,840	20,860	
5	コート	69,800	62,820	55,840	48,860	
6						

ドラッグ

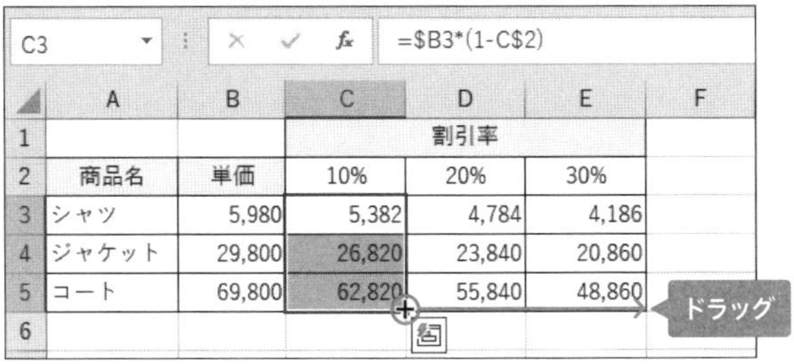

1-5-1 数式を「値」に変換する

数式を入力したセルには計算結果が表示されますが、数式内で参照しているセルを削除するとセルの表示がエラーになってしまいます。計算の結果だけを数式から切り離して残す方法を知っておくと安心です。

明細を削除して合計金額だけを残したい

図1-33では、1月から3月までの売上金額をB～D列に入力し、E列のセルにSUM関数の式を入力して、その合計実績を求めています。また、G列のセルにも数式を入力して、F列の予算額とE列の合計金額をもとに予算達成率を計算しました（図1-33のBefore）。

このような集計表では、指標となる数値だけが必要で、明細部分はいらない場合もあります。そこで、B～D列のセルを削除したいと思ったことはないでしょうか（図1-33のAfter）。

図1-33 明細を削除して合計だけ残す

Before

	A	B	C	D	E	F	G	H
1	第1四半期売上							
2	部署	1月	2月	3月	第1四半期実績	第1四半期予算	第1四半期予算達成率	
3	営業1課	43,405,687	48,206,324	52,863,254	144,475,265	136,000,000	106.2%	
4	営業2課	30,265,498	29,356,024	33,025,489	92,647,011	98,000,000	94.5%	
5	営業3課	13,056,425	12,356,204	11,203,654	36,616,283	42,000,000	87.2%	
6	営業4課	18,635,204	20,156,324	21,035,687	59,827,215	55,000,000	108.8%	
7	合計	105,362,814	110,074,876	118,128,084	333,565,774	331,000,000		
8								

After

	A	B	C	D	E
1	第1四半期売上				
2	部署	第1四半期実績	第1四半期予算	第1四半期予算達成率	
3	営業1課	144,475,265	136,000,000	106.2%	
4	営業2課	92,647,011	98,000,000	94.5%	
5	営業3課	36,616,283	42,000,000	87.2%	
6	営業4課	59,827,215	55,000,000	108.8%	
7	合計	333,565,774	331,000,000		
8					

ところが、実際にB～D列を削除すると、元のE列（削除後のB列）の実績や、G列（削除後のD列）の予算達成率のセルには「#REF!」というエラー値が表示されてしまいます（**図1-34**）。これは、**数式内で参照していたセルが削除されたことにより、計算できなくなったことが原因です。**

図1-34　数式で参照していたセルを削除したときのエラー

	A	B	C	D	E
1	第1四半期売上				
2	部署	第1四半期 実績	第1四半期 予算	第1四半期 予算達成率	
3	営業1課	#REF!	136,000,000	#REF!	
4	営業2課	#REF!	98,000,000	#REF!	
5	営業3課	#REF!	42,000,000	#REF!	
6	営業4課	#REF!	55,000,000	#REF!	
7	合計	#REF!	331,000,000		
8					

数式をコピーして「値」として貼り付ける

計算の結果だけを数式から切り離して残したい場合は、数式が入力されたセルをいったん「コピー」してから、「値」という形式を選択して「貼り付け」を実行しましょう。この操作を**「値貼り付け」**といいます。

値貼り付けをしたセルでは、セル内に入力されていた数式が計算結果である数値に置き換わります。単なる数値に変わってしまえば数式の参照関係はなくなるため、セルの削除などのレイアウトの変更も自由に行えるようになります。

実際にやってみましょう。まず、合計金額が入力されたE3セルからE7セルを選択して、「ホーム」タブの「クリップボード」グループにある「コピー」をクリックします（**図1-35**）。

図1-35　計算結果だけを残したいセルをコピーする

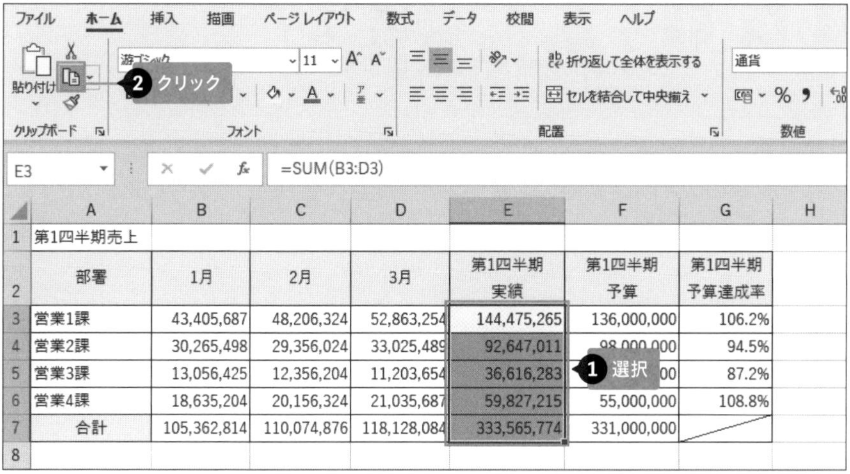

同じセルに値貼り付けを行うため、セル範囲の選択を解除せず「貼り付け」の▼から「値」（Excel 2019では「値の貼り付け」）を選択します（図1-36）。

図1-36　値貼り付けをする

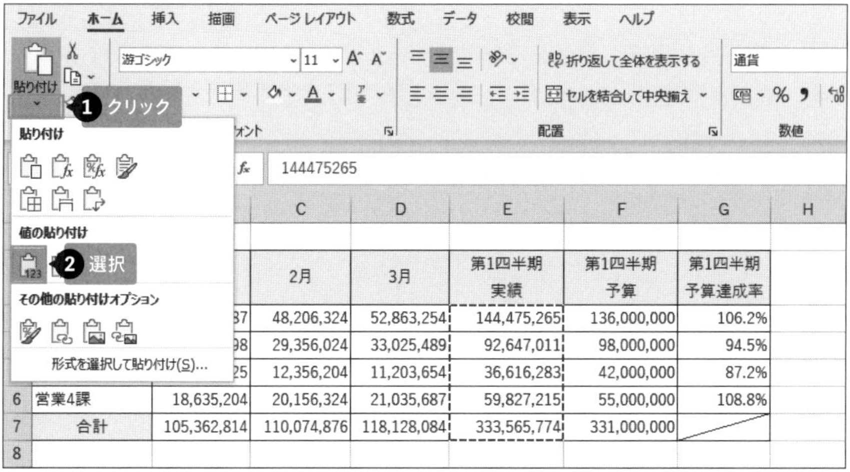

これで、E3セルからE7セルの数式が計算結果の数値に変換されます。G3からG6セルの数式も同様に値貼り付けを行います。以後はB～D列を削除しても、完成図（図1-33のAfter）のように数値は残ります。

1-6-1 「単純集計表」と「クロス集計表」

集計表には、縦横どちらか片方だけに項目見出しを持つ「単純集計表」と、縦軸と横軸の2方向に見出しを設定する「クロス集計表」の2種類があります。両者の違いを理解しましょう。

単純集計表とは

項目見出しが表の縦・横のどちらか片方だけに設定された集計表のことを**「単純集計表」**といいます。1つの項目を基準にして売上金額や数量を集計したい場合に作成します。

図1-37では、A列に商品名を表示して、B列に各商品の売上金額の合計を求めています。これを見れば、どの商品がいくら売れているのかわかります。このように、単純集計表では、**項目見出しと数値が1対1で対応**します。

なお、項目見出しは図のように縦方向に設定しましょう。横1行に見出しを並べると表が極端に横長になってしまい、実用的ではないからです。また、**数値が縦1列に並んでいれば、上下のセルで桁がそろうので比較や計算もしやすくなります。**

図1-37　単純集計表の例

	A	B	C
1	売上一覧		
2		合計	
3	おいしい水α	238,046,433	
4	コーヒーブラック	190,906,528	
5	アロマコーヒー	144,475,265	
6	魅惑のカフェラテ	92,647,011	
7	朝の紅茶	59,827,215	
8	ミルクココア	36,616,283	
9	合計	762,518,735	
10			

クロス集計表とは

縦軸と横軸の両方に見出しを配置した表のことを**「クロス集計表」**といいます。

縦と横の2方向に見出しを配置するので、「商品名」と「支社名」のように**複数の内容をもとにして、多角的に集計や分析を行う**ことができます。

図1-38では、縦軸に商品名が、横軸に支社名が表示され、それぞれの商品や支社に対応する内容の売上金額が、行と列の交差する（クロスする）位置にあるセルに合計されます。

図1-38　クロス集計表の例

	A	B	C	D	E	F
1	売上一覧					
2		東京本社	大阪支社	名古屋支社	合計	
3	おいしい水α	81,256,302	79,524,813	77,265,318	238,046,433	
4	コーヒーブラック	65,350,124	63,254,856	62,301,548	190,906,528	
5	アロマコーヒー	43,405,687	48,206,324	52,863,254	144,475,265	
6	魅惑のカフェラテ	30,265,498	29,356,024	33,025,489	92,647,011	
7	朝の紅茶	18,635,204	20,156,324	21,035,687	59,827,215	
8	ミルクココア	13,056,425	12,356,204	11,203,654	36,616,283	
9	合計	251,969,240	252,854,545	257,694,950	762,518,735	
10						

クロス集計表を作る場合は、**数が多い項目や、長い名称が多い項目を縦方向の見出しに指定すると、コンパクトで見やすい**集計表になります。**図1-38**では、商品名の方が支社名よりも数が多く、長い言葉も多いのでA列に縦に配置しています。

もし反対に支社名を縦、商品名を横に配置すると、横に長すぎて見づらい集計表になります。なお、このような表を作ってしまった場合は、わざわざ作り直さなくても、行と列の見出しを一括で入れ替えることができます。

参照→ 1-6-2 表の行と列を入れ替える

1-6-2 表の行と列を入れ替える

1-6-1で紹介したように、集計表は、縦長でコンパクトに収まるようにレイアウトすると見やすくなります。ここでは、縦と横の項目見出しを反対にしたい場合に、すばやく入れ替える方法を紹介します。

行と列を入れ替えて「コピー」&「貼り付け」する

集計表を作った後で、縦と横の項目を反対にしたいと思ったことはないでしょうか。このような場合、手作業で表の見出しや数値を修正するのは膨大な手間がかかります。そこで、「コピー」と「貼り付け」を使って、表の縦横を自動で入れ替える方法を知っておきましょう。

図1-39では、表全体が横に間延びしています。この表の行と列を入れ替えるには、まず表全体をドラッグして選択し、「ホーム」タブの「コピー」をクリックします。

図1-39　行と列を入れ替えたい表全体をコピーする

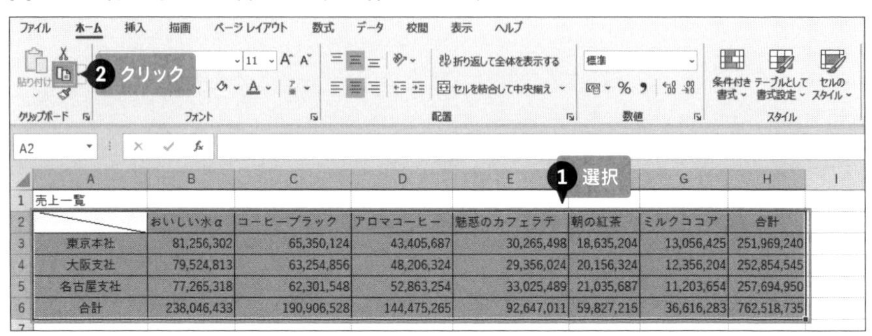

次に、貼り付け先として、表の下の適当なセル（ここではA8）を選択して、「貼り付け」下の▼から「行/列の入れ替え」を選択します。

これで、A8セルを先頭に縦軸と横軸の見出しや数値を入れ替えた表が貼り付けられます（図1-40）。

図1-40　自動で行と列を入れ替える貼り付けを実行

1 選択
2 クリック
3 選択
4 行と列が入れ替わった状態で貼り付けされた

COLUMN 改行してセル幅を節約

項目見出しのセルに長い文字列が入力されているため、表が横長になってしまう場合は、見出しを改行して2段表示にするとセル幅を節約できます。

項目見出しのセル（ここではE2）をダブルクリックしてから、表示されたカーソルを改行したい位置に移動します。次に、[Alt] キーを押しながら [Enter] キーを押すと、カーソル位置で文字列が改行され、項目見出しが2段で表示されます。その後、列幅を狭くするとよいでしょう（**図1-41**、**図1-42**）。

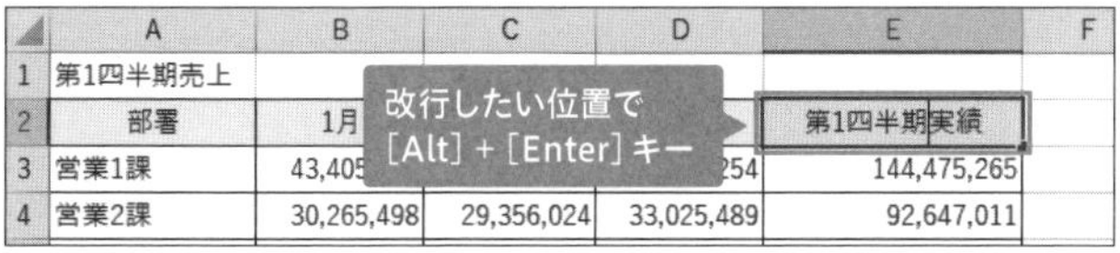

改行したい位置で [Alt] + [Enter] キー

図1-41
セル内の文字を改行する

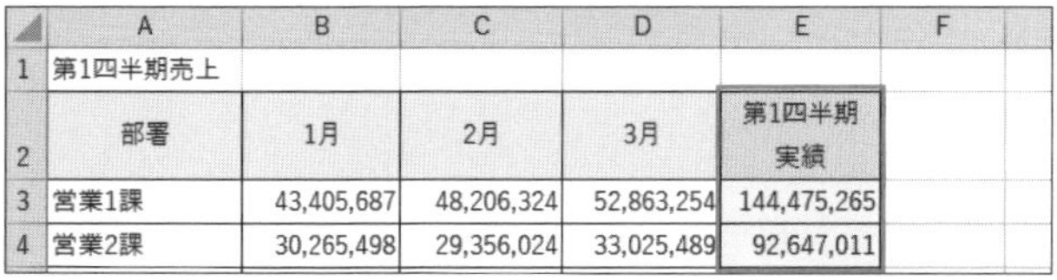

図1-42
セル幅を節約できた

1-7-1 リストの特徴と構造を理解する

Excelで分析や集計を行う際には「リスト」と呼ばれる形式の表が使われます。フィルターやピボットテーブルなどの分析機能をフルに活用するためには、このリストを正しく作っておくことが重要です。

リストとは

Excelでデータ分析を行う際には、フィルター、並べ替え、小計、ピボットテーブルなどの機能を利用します。こういった分析や集計機能の多くは、「リスト」と呼ばれる特定のレイアウトの表をもとにして操作します。

リストは「フィールド」、「レコード」、「フィールド名」から構成されます(図1-43)。

参照→ 3-3 特定のデータを抽出する
参照→ 3-4 基準に合わせてデータを並べ替える
参照→ 3-5 項目ごとにグループ化して集計する
参照→ 8-1 ピボットテーブルで動的に分析する

図1-43 リストの構造

	A	B	C	D	E	F	G	H	I	J	K
1	NO	日付	顧客名	[illegible]	コード	商品名	分類	単価	数量	金額	
2	1	2018/1/7	ミムラ出版	本社	E1001	おいしい水α	その他	820	120	98,400	
3	2	2018/1/7	ミムラ出版	本社	E1002	熱々ポタージュ	その他	1,500	75	112,500	
4	3	2018/1/7	加藤システム	本社	E1001	おいしい水α	その他	820	150	123,000	
5	4	2018/1/7	加藤システム	本社	E1003	カップ麺セット	その他	1,800	150	270,000	
6	5	2018/1/8	加藤システム	本社	C1003	コーヒーブラック	コ[illegible]	[illegible]0	450	900,000	
7	6	2018/1/8	東田フーズ	新宿支社	T1001	煎茶	お[illegible]	1,170	60	70,200	
8	7	2018/1/8	東田フーズ	新[illegible]	T1003	朝の紅茶	お茶	1,800	150	270,000	
9	8	2018/1/8	安藤不動産	新[illegible]	[illegible]1	おいしい水α	その他	820	90	73,800	
10	9	2018/1/8	安藤不動産	新宿支社	E1003	カップ麺セット	その他	1,800	75	135,000	
11	10	2018/1/9	安藤不動産	新宿支社	E1004	ミルクココア	その他	1,300	15	19,500	

フィールド名
レコード
フィールド

フィールド

列のことを「フィールド」と呼びます。1つのフィールドには1つの項目の内容だけを入力する決まりになっています。たとえば、「商品名」のフィールドに入力できるのは商品名のデータだけです。得意先名など商品名以外の内容を入力することはできません。

レコード

行のことを**「レコード」**と呼びます。関連のある1件のデータを1行にまとめて入力したものが1レコードです。たとえば、売上データのレコードには、1件の取引の情報を入力します。**1件として扱うべき内容を複数行に分けて入力することはできません。**

フィールド名

表の先頭行に入力された列見出しを**「フィールド名」**と呼びます。フィールド名には、「商品名」や「顧客名」のように、各フィールドの内容がわかる簡潔な見出しを入力します。

COLUMN 必ず「連番フィールド」を作っておこう

レコードは入力順に下へ追加されますが、集計や並べ替えを行うと順番が変わってしまいます。そこで、リストの左端には、必ず連番のフィールドを作っておきましょう。レコードの並びを入力順に戻したい場合に、連番のフィールドがあれば、それを基準に並べ替えることができるからです。

なお、オートフィルを活用すれば、すでにレコードが入力されたリストに後から連番を追加できます。まず、連番フィールドの先頭セル（ここではA2）に「1」と入力し、次にそのセルを選択して下方向にオートフィルを実行します。

すると、すべてのセルに「1」がコピーされますが、「オートフィルオプション」ボタンをクリックして「連続データ」を選択すると、連続番号に変わります（図1-44）。

図1-44　オートフィルオプションの「連続データ」

	A	B	C	
1	NO	日付	顧客名	
2	1	2018/1/7	ミムラ出版	本
3	2	2018/1/7	ミムラ出版	本
4	3	2018/1/7	加藤システム	本
5	4	2018/1/7	加藤システム	本
6	5	2018/1/8	加藤システム	本
7	6	2018/1/8	東田フーズ	新
8	7	2018/1/8	東田フーズ	新
9	8	2018/1/8	安藤不動産	新
10	9	2018/1/8	安藤不動産	新
11	10	2018/1/9	安藤不動産	新
12	11	2018/1/9	春日部トラベル	さ
13	12	2018/1/9	春日部トラベル	さ
14	13	2018/1/9	柿本食品	さ
15	14	2018/1/10	柿本食品	さ
16				

❶クリック

○ セルのコピー(C)
◉ 連続データ(S)　❷選択
○ 書式のみコピー (フィル)(F)
○ 書式なしコピー (フィル)(O)
○ フラッシュ フィル(F)

1-7-2 計算・分析ミスをまねく「NG」を覚えておく

フィルターやピボットテーブルといったExcelの主要な分析機能を活用するには、元表であるリストをあらかじめ正しく作っておくことがポイントです。ここでは、リストを作成する場合の注意事項について確認しましょう。

リストでやってはいけないこと

リストを編集する際のルールについて図1-45にまとめました。これらのルールを守っていないと、フィルター、並べ替え、ピボットテーブルといった機能を利用した際、エラーが表示されてしまう、正しい結果が得られないといったトラブルにつながります。日頃から次のような点に注意してリストを作成しましょう。

図1-45　リストでやってはいけないこと

❶ 隣接するセルにはデータを入力しない

1つのシートには1つのリストだけを作成し、複数の表を並べることは避けましょう。なお、Excelは空白の行や列に囲まれたセル範囲を、自動的にリスト全体の範囲と認識します。そのため、リストに隣接するセルには余計な文字などを入力せず、空欄にしておきましょう。表のタイトルやメモなどをリストの上に入力したい場合は、間を1行空けてからリストを作成するようにします。

❷ フィールド名は空欄にしない

リストの先頭行にはフィールド名を必ず入力します。フィールド名が空欄になっていると、並べ替えなどの際に基準となるフィールドがわかりづらくなります。また、ピボットテーブルを作成する際にはエラーの原因になります。

❸ 表の中に空白の行や列を作らない

❶でも説明したように、Excelは空白行・空白列で囲まれたセル範囲を自動的にリストの範囲とみなすため、表の途中に空行が挿入されていると、その手前でリストの範囲が途切れてしまいます。正しい計算や分析を行うためには、**空白の行や列で表を区切らない**ようにしましょう。

❹ セルの先頭に余分な空白を入力しない

セルに入力したデータの先頭に余分なスペースが入力されていると、並べ替えの順序やフィルターの抽出結果に影響します。特に多いのが、データの字下げを行うために空白文字を先頭に入力するケースです。この場合は、**インデント機能**を利用しましょう（本章末のCOLUMN「字下げにはインデント機能を使う」参照）。

❺ セル結合は使わない

リスト内で**複数セルが1つに結合されると、そこだけ行番号と列番号の関係が変わってしまう**ため、Excelはレコードやフィールドを正確に把握できなくなってしまいます。セル結合を使ったリストでは、並べ替え、フィルター、ピボットテーブルなど多くの機能が使えません。セル結合は事前に解除しておきましょう。

COLUMN 字下げにはインデント機能を使う

セル内のデータの先頭を空けて字下げを行うには、インデント機能を使います。インデントを設定するには、セルを選択して「ホーム」タブの「インデントを増やす」をクリックします。なお、「インデントを減らす」をクリックすれば、インデントを解除できます。

COLUMN 名称の表現を統一する

商品名や会社名など、リストに入力するデータは、表現を統一しておかないと、集計した際に別の内容とみなされてしまいます。たとえば「カフェラテ」と「カフェ・ラテ」は別の商品として扱われます。また、漢字とかな文字、全角文字と半角文字が混在するのもNGです。日頃レコードを入力する際に、文字列として完全に同一になるよう入力をそろえることが重要です。なお、後から表現のばらつきがあることに気づいた場合は、置換機能を使えば一括で修正できます。

参照→ 3-1-3 表現のばらつきを統一する

第 2 章
売上や予算を分析する

2-1-1 売上目標の達成率を求めたい

売上実績が売上予算（売上目標）の何%達成できたのかを表すには「予算達成率」を計算します。予算達成率は、「実績÷予算」という式で求められます。

予算達成率とは

予算達成率とは、**売上実績が売上予算をどの程度達成したのかを表す比率**のことで、売上実績を予算額で割り算すれば求められます。計算結果はパーセンテージで表示します。100%以上なら予算達成、100%未満なら予算未達成となります。

図2-1のE列には、各部署の第1四半期の合計実績が求められており、F列にはそれぞれの部署の予算額が入力されています。これをもとに、G列に各部署の第1四半期の予算達成率を求めましょう。

図2-1　予算達成率を求める

	A	B	C	D	E	F	G	H
1	第1四半期売上							
2	部署	1月	2月	3月	第1四半期実績	第1四半期予算	第1四半期予算達成率	
3	営業1課	43,405,687	48,206,324	52,863,254	144,475,265	136,000,000	106%	
4	営業2課	30,265,498	29,356,024	33,025,489	92,647,011	98,000,000	95%	
5	営業3課	13,056,425	12,356,204	11,203,654	36,616,283	42,000,000	87%	
6	営業4課	18,635,204	20,156,324	21,035,687	59,827,215	55,000,000	109%	
7	営業5課	81,256,302	79,524,813	77,265,318	238,046,433	240,000,000	99%	
8	営業6課	65,350,124	63,254,856	62,301,548	190,906,528	185,000,000	103%	
9	合計	251,969,240	252,854,545	257,694,950	762,518,735	756,000,000		
10								

予算達成率を求める数式を入力する

G3セルに「営業1課」の予算達成率を求めるには、G3セルをクリックして、「=E3/F3」という数式を入力します（**図2-2**）。

図2-2　予算達成率を求める数式を入力する

	A	B	C	D	E	F	G	H
1	第1四半期売上							
2	部署	1月	2月	3月	第1四半期 実績	第1四半期 予算	第1四半期 予算達成率	
3	営業1課	43,405,687	48,206,324	52,863,254	144,475,265	136,000,000	=E3/F3	
4	営業2課	30,265,498	29,356,024	33,025,489	92,647,011	98,000,000		
5	営業3課	13,056,425	12,356,204	11,203,654	36,616,283	42,000,000		
6	営業4課	18,635,204	20,156,324	21,035,687	59,827,215	55,000,000		
7	営業5課	81,256,302	79,524,813	77,265,318	238,046,433	240,000,000		
8	営業6課	65,350,124	63,254,856	62,301,548	190,906,528	185,000,000		
9	合計	251,969,240	252,854,545	257,694,950	762,518,735	756,000,000		
10								

入力

G3セルを選んで下にオートフィルを実行すると、数式がコピーされ、他の部署の予算達成率が求められます（**図2-3**）。

なお、結果は小数で表示されます。小数では「1」は「100%」に相当するので、「1」以上の部署では予算を達成できたことになります。完成図（**図2-1**）のように「%」表示に変更するには、次のONE POINTを参照してください。

参照➔ **1-4-1 数式と同じ方向にセル番地が移動する「相対参照」**

図2-3　予算達成率を求める数式をコピーする

	A	B	C	D	E	F	G	H
1	第1四半期売上							
2	部署	1月	2月	3月	第1四半期 実績	第1四半期 予算	第1四半期 予算達成率	
3	営業1課	43,405,687	48,206,324	52,863,254	144,475,265	136,000,000	1.06231813	
4	営業2課	30,265,498	29,356,024	33,025,489	92,647,011	98,000,000	0.94537766	
5	営業3課	13,056,425	12,356,204	11,203,654	36,616,283	42,000,000	0.87181626	
6	営業4課	18,635,204	20,156,324	21,035,687	59,827,215	55,000,000	1.08776755	
7	営業5課	81,256,302	79,524,813	77,265,318	238,046,433	240,000,000	0.99186014	
8	営業6課	65,350,124	63,254,856	62,301,548	190,906,528	185,000,000	1.03192718	
9	合計	251,969,240	252,854,545	257,694,950	762,518,735	756,000,000		
10								

ドラッグ

ONE POINT

小数で「1.06」と求められた比率を「106%」のように表示するには、セル範囲を選択し、「ホーム」タブの「パーセントスタイル」をクリックします。なお、「小数点以下の桁数を増やす」をクリックすれば、「106.2%」のように小数第1位までのパーセンテージにして精度を上げることができます。

2-2-1 全体売上に対する個別売上の構成比を求めたい

特定の支社や商品などの売上が売上全体の何%に相当するのかを求めるには、「売上構成比」を計算します。売上構成比は、「個々の売上÷全体売上」という式で求められます。

売上構成比を求めるには

商品や支社の売上が全体に占める割合を求めるには「売上構成比」を利用します。たとえば、**全商品の売上総額を100%としたときに、「商品A」や「商品B」の売上がそのうちの何%に相当するのか**を計算するものです。これを求めるには「商品Aの売上÷全商品の売上」、「商品Bの売上÷全商品の売上」のように個別の売上を全体売上で割り算します。

売上構成比は、円グラフで売上の内訳を表したときのそれぞれの扇形の割合を求めるのと同じです。売上全体に占める割合が大きいほど、貢献度が高い商品だということになります。

図2-4のE列には「営業1課」から「営業6課」までの第1四半期の売上実績が表示されています。この数値をもとにしてF列に各部署の売上構成比を求めてみましょう。

図2-4　売上構成比を求める

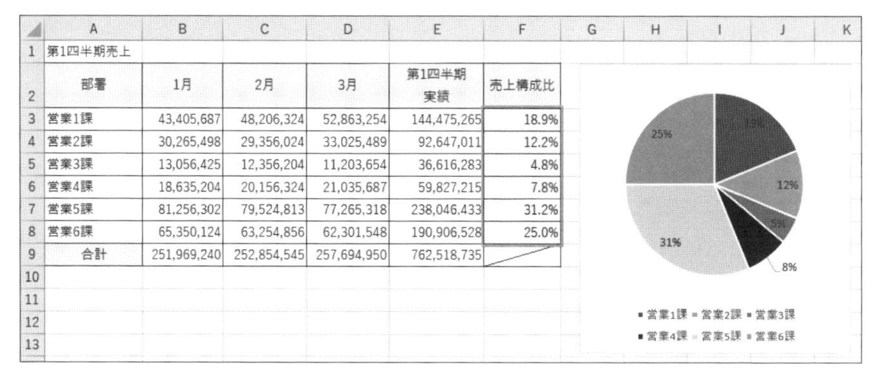

第1四半期売上

部署	1月	2月	3月	第1四半期実績	売上構成比
営業1課	43,405,687	48,206,324	52,863,254	144,475,265	18.9%
営業2課	30,265,498	29,356,024	33,025,489	92,647,011	12.2%
営業3課	13,056,425	12,356,204	11,203,654	36,616,283	4.8%
営業4課	18,635,204	20,156,324	21,035,687	59,827,215	7.8%
営業5課	81,256,302	79,524,813	77,265,318	238,046,433	31.2%
営業6課	65,350,124	63,254,856	62,301,548	190,906,528	25.0%
合計	251,969,240	252,854,545	257,694,950	762,518,735	

売上構成比を求める数式を入力する

売上構成比を求めるには、E3からE8セルに入力された各部署の個別の売上を、E9セルの売上合計でそれぞれ割り算することになります。

まずは、F3セルに「営業1課」の売上構成比を求めます。E3セルの金額をE9セルの売上合計で割り算するので、「=E3/$E$9」という数式を入力します（**図2-5**）。全体売上が入力されたE9セルが数式を下にコピーする際に移動しないよう絶対参照にするのがポイントです。

参照→ **1-4-2 数式内のセル番地が移動しないようにする「絶対参照」**

図2-5　売上構成比を求める数式を入力する

	A	B	C	D	E	F	G
1	第1四半期売上						
2	部署	1月	2月	3月	第1四半期実績	売上構成比	
3	営業1課	43,405,687	48,206,324	52,863,254	144,475,265	=E3/$E$9	
4	営業2課	30,265,498	29,356,024	33,025,489	92,647,011		
5	営業3課	13,056,425	12,356,204	11,203,654	36,616,283		
6	営業4課	18,635,204	20,156,324	21,035,687	59,827,215		
7	営業5課	81,256,302	79,524,813	77,265,318	238,046,433		
8	営業6課	65,350,124	63,254,856	62,301,548	190,906,528		
9	合計	251,969,240	252,854,545	257,694,950	762,518,735		
10							

入力

F3セルを選んで下にオートフィルを実行すると、数式がコピーされ、他の部署の売上構成比も算出されます（**図2-6**）。結果は小数で表示されますが、比率は完成図（**図2-4**）のように「%」表示で示すのが一般的です（**2-1-1**のONE POINT参照）。

図2-6　売上構成比を求める数式をコピーする

	A	B	C	D	E	F	G
1	第1四半期売上						
2	部署	1月	2月	3月	第1四半期実績	売上構成比	
3	営業1課	43,405,687	48,206,324	52,863,254	144,475,265	0.1894711	
4	営業2課	30,265,498	29,356,024	33,025,489	92,647,011	0.12150129	
5	営業3課	13,056,425	12,356,204	11,203,654	36,616,283	0.04802017	
6	営業4課	18,635,204	20,156,324	21,035,687	59,827,215	0.07845999	
7	営業5課	81,256,302	79,524,813	77,265,318	238,046,433	0.31218437	
8	営業6課	65,350,124	63,254,856	62,301,548	190,906,528	0.25036307	
9	合計	251,969,240	252,854,545	257,694,950	762,518,735		
10							

ドラッグ

2-3-1 売上額や販売数を合計したい

最も利用頻度の高い計算は何といっても「合計」です。合計は「Σ」ボタンを使ってSUM関数を自動で入力し、できるだけ効率よく求めましょう。

SUM関数で金額を合計する

セルに入力された数値を合計するには、SUM（サム）関数（図2-7）を使います。SUM関数の引数「数値」には、合計したい数値が入力されたセル範囲を指定します。

図2-7　SUM関数の書式

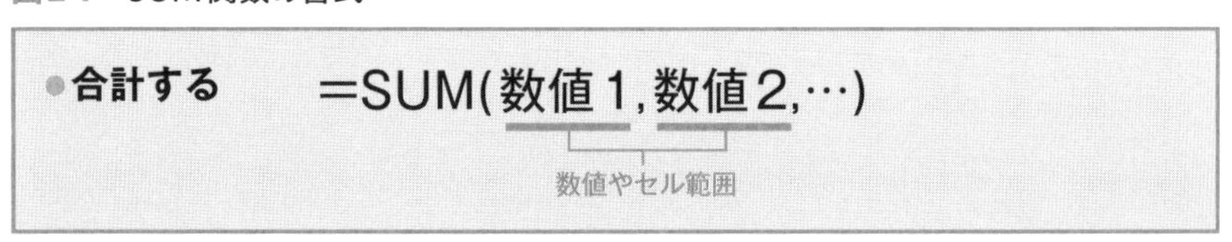

G列にSUM関数を入力して、C列からF列の金額を合計しましょう（図2-8）。

なお、合計対象になるのは数値だけなので、引数のセル範囲に空欄や文字列のセルが含まれていても自動で対象外になります。そのため、D7セルの「N/A」という文字列（2-3-2のCOLUMN参照）も含めて引数を指定できます。

図2-8　合計を求める

	A	B	C	D	E	F	G	H	I
1	4月売上一覧表								
2	地域名	販売店舗数	第1週	第2週	第3週	第4週	合計	平均	
3	駅前エリア	59	1,526,305	1,425,362	1,365,234	1,526,354	5,843,255	1,460,814	
4	本町エリア	18	1,352,635	1,256,324	1,425,647	1,513,526	5,548,132	1,387,033	
5	駅西口エリア	30	2,031,524	1,802,354	1,902,354	1,702,356	7,438,588	1,859,647	
6	駅東口エリア	45	1,035,264	980,236	1,120,345	990,236	4,126,081	1,031,520	
7	富士見台エリア	21	986,235	N/A	752,645	632,365	2,371,245	790,415	
8	みどり町エリア	19	653,245	1,023,456	586,324	523,654	2,786,679	696,670	
9									

数値以外は自動的に合計の対象外になる

合計を求める

SUM関数の式を入力する

G3セルに「駅前エリア」の合計金額を求めます。G3セルを選択して、「ホーム」タブの「Σ」(合計) をクリックします (図2-9)。

図2-9　合計を求める数式を自動入力する

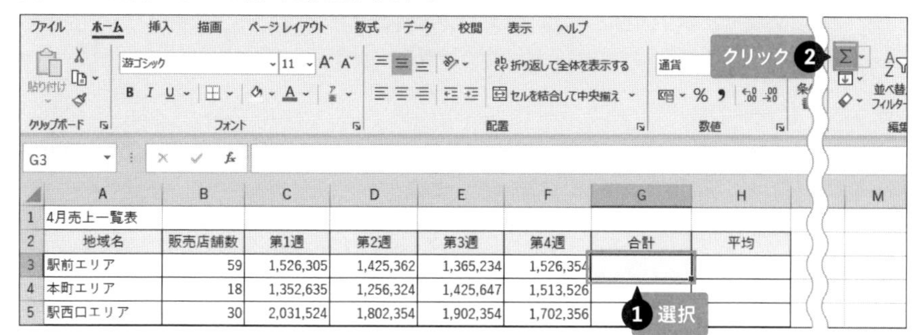

SUM関数の式が自動で入力され、合計対象とみなされたB3からF3までのセル範囲が引数として指定されます (図2-10)。

図2-10　SUM関数が自動入力された

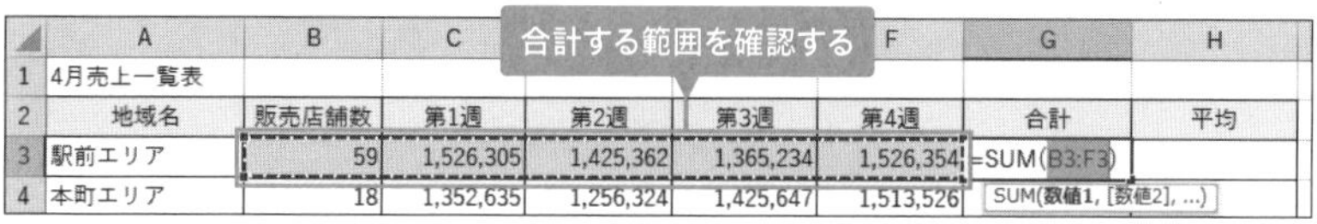

合計する範囲を確認する

	A	B	C	D	E	F	G	H
1	4月売上一覧表							
2	地域名	販売店舗数	第1週	第2週	第3週	第4週	合計	平均
3	駅前エリア	59	1,526,305	1,425,362	1,365,234	1,526,354	=SUM(B3:F3)	
4	本町エリア	18	1,352,635	1,256,324	1,425,647	1,513,526	SUM(数値1, [数値2], ...)	

関数の入力時には、**近隣のセルが自動で計算範囲とみなされる**ことがあるため、範囲を確認しましょう。ここでは、B3セルを除外する必要があります。セル範囲が点滅している状態で、C3からF3までをドラッグし直して[Enter] キーを押します (図2-11)。

図2-11　セル範囲を修正する

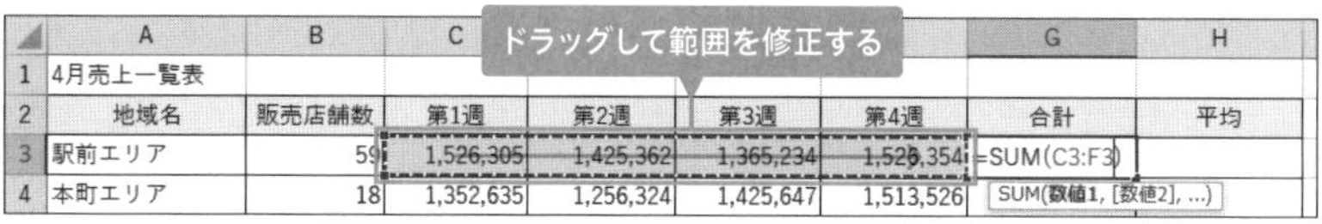

ドラッグして範囲を修正する

	A	B	C	D	E	F	G	H
1	4月売上一覧表							
2	地域名	販売店舗数	第1週	第2週	第3週	第4週	合計	平均
3	駅前エリア	59	1,526,305	1,425,362	1,365,234	1,526,354	=SUM(C3:F3)	
4	本町エリア	18	1,352,635	1,256,324	1,425,647	1,513,526	SUM(数値1, [数値2], ...)	

G3セルに「=SUM(C3:F3)」という式が入力されます。G3セルを選んで下にオートフィルを実行すると、数式がコピーされ、図2-8のように完成します。

2-3-2 売上額や販売数の平均を求めたい

「平均」は合計の次に利用頻度が高い計算でしょう。これはAVERAGE関数を使って求めます。AVERAGE関数は、SUM関数と同様に「Σ」ボタンを使って効率よく入力できます。

AVERAGE関数で金額を合計する

複数の数値データを合計して個数で割り算した値が平均です。**平均を求めるにはAVERAGE（アベレージ）関数を使います（図2-12）。**

AVERAGE関数の引数「数値」には、数値が入力されたセル範囲を指定します。

図2-12　AVERAGE関数の書式

●**平均を求める**　=AVERAGE(数値1,数値2,…)

数値やセル範囲

図2-13のH列にAVERAGE関数を入力して、C列からF列の売上の平均を求めましょう。なお、空欄や文字列など数値以外のセルは計算の対象外になります。そのため、D7セルの「N/A」という文字列も含めて引数を指定できます。

図2-13　AVERAGE関数を使って平均を求める

	A	B	C	D	E	F	G	H	I
1	4月売上一覧表								
2	地域名	販売店舗数	第1週	第2週	第3週	第4週	合計	平均	
3	駅前エリア	59	1,526,305	1,425,362	1,365,234	1,526,354	5,843,255	1,460,814	
4	本町エリア	18	1,352,635	1,256,324	1,425,647	1,513,526	5,548,132	1,387,033	
5	駅西口エリア	30	2,031,524	1,802,354	1,902,354	1,702,356	7,438,588	1,859,647	
6	駅東口エリア	45	1,035,264	980,236	1,120,345	990,236	4,126,081	1,031,520	
7	富士見台エリア	21	986,235	N/A	752,645	632,365	2,371,245	790,415	
8	みどり町エリア	19	653,245	1,023,456	586,324	523,654	2,786,679	696,670	
9									

数値以外は自動的に対象外になる　平均を求める

AVERAGE関数の式を入力する

H3セルに「駅前エリア」の売上金額の平均を求めます。H3セルを選択して、「ホーム」タブの「Σ」(合計) 右の▼から「平均」を選択します (**図2-14**)。

図2-14　平均を求める数式を自動入力する

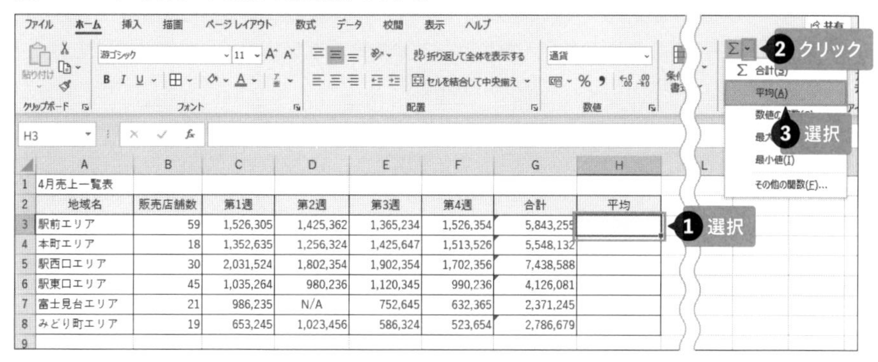

	A	B	C	D	E	F	G	H
1	4月売上一覧表							
2	地域名	販売店舗数	第1週	第2週	第3週	第4週	合計	平均
3	駅前エリア	59	1,526,305	1,425,362	1,365,234	1,526,354	5,843,255	
4	本町エリア	18	1,352,635	1,256,324	1,425,647	1,513,526	5,548,132	
5	駅西口エリア	30	2,031,524	1,802,354	1,902,354	1,702,356	7,438,588	
6	駅東口エリア	45	1,035,264	980,236	1,120,345	990,236	4,126,081	
7	富士見台エリア	21	986,235	N/A	752,645	632,365	2,371,245	
8	みどり町エリア	19	653,245	1,023,456	586,324	523,654	2,786,679	

AVERAGE関数の式が入力され、自動で認識された引数のセル範囲が点滅表示になります。ここでは誤ってB3セルやG3セルも含まれてしまうため、C3からF3までをドラッグしてこれを除外してから [Enter] キーを押します (**図2-15**)。

図2-15　セル範囲を修正する

	A	B	C	D	E	F	G	H
1	4月売上一覧表							
2	地域名	販売店舗数	第1週	第2週	第3週	第4週	合計	平均
3	駅前エリア	59	1,526,305	1,425,362	1,365,234	1,526,354	5,843,255	=AVERAGE(C3:F3)
4	本町エリア	18	1,352,635	1,256,324	1,425,647	1,513,526	5,548,132	AVERAGE(数値1, [数値2], ...)

ドラッグして範囲を修正する

H3セルに「=AVERAGE(C3:F3)」という式が入力されました。次に、H3セルを選んで下にオートフィルを実行すると、数式がコピーされ、**図2-13**のように完成します。

COLUMN 「N/A」の意味

2-3-1の**図2-8**や**図2-13**のD7セルに表示された「N/A」という文字列は、「該当データがない」という意味です。入力すべき値がない場合にセルを空のままにしておくと、あえて空欄にしているのか、それとも入力を忘れているだけなのかが判断できません。そこで「N/A」と入力すれば、該当データがないことが明確に伝わります。

COLUMN オートカルクで計算の確認をする

Excel画面下のステータスバーには、複数のセルを選択すると、選んだセルの数値の合計や平均などが自動で表示されます。この機能を「オートカルク」といいます。図2-16では、B3からB8までのセルをドラッグすると、ステータスバーに「合計：192」「データの個数：6」「平均：32」と表示されます。

オートカルクを使うと、数式を入力しなくても、対象となるセルを選択するだけで合計や平均がわかります。入力した数式の結果が正しいかどうかの検算にも利用できるので、知っておくと便利な機能です。

図2-16　オートカルクで検算する

	A	B	C	D	E	F	G	H
1	4月売上一覧表							
2	地域名	販売店舗数	第1週	第2週	第3週	第4週	合計	平均
3	駅前エリア	59	1,526,305	1,425,362	1,365,234	1,526,354		
4	本町エリア	18	1,352,635	1,256,324	1,425,647	1,513,526		
5	駅西口エリア	30			1,902,354	1,702,356		
6	駅東口エリア	45			1,120,345	990,236		
7	富士見台エリア	21	986,235	N/A	752,645	632,365		
8	みどり町エリア	19	653,245	1,023,456	586,324	523,654		
9								

Sheet1
再計算　ScrollLock　平均: 32　データの個数: 6　合計: 192
❶ ドラッグして選択
❷ オートカルクで集計値が表示される

オートカルクで表示される計算の種類を変更するには、ステータスバーで右クリックし、一覧の中から表示させたい種類を選択してチェックを入れます（図2-17）。

計算の種類には「合計」、「平均」、「データの個数（文字列や数値が入力されたセルの数）」、「数値の個数（数値が入力されたセルの数）」、「最小値」、「最大値」があり、複数の種類を表示できます。

図2-17　オートカルクの計算の種類を選択する

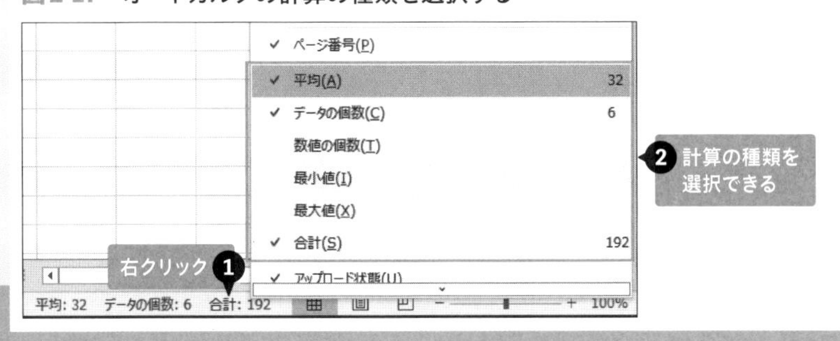

2-4-1 千円未満を四捨五入したい

予実管理の資料では、集計された金額の端数を省略して「何百万円」のようにざっくりと表示することがあります。このような数値データの端数の処理には、「ROUND系」と呼ばれる3つの関数が便利です。

ROUND、ROUNDUP、ROUNDDOWNで端数を処理

端数の処理は、数値をわかりやすく表す際に欠かせません。たとえば、売上金額など桁の大きな数値をそのまま記載するよりも、百万円単位、千円単位の概数で表す方が規模を把握しやすくなります。

端数の処理のしかたには、「四捨五入」、「切り上げ」、「切り捨て」の3種類があります。**四捨五入にはROUND（ラウンド）関数、切り上げにはROUNDUP（ラウンドアップ）関数、切り捨てにはROUNDDOWN（ラウンドダウン）関数**をそれぞれ利用します（**図2-18**）。

これらの関数の引数は共通です。引数「数値」には、四捨五入など処理の対象となる数値が入力されたセルを指定し、引数「桁数」には、「どの桁で処理するか」を一の位を基準にした数値で指定します。

図2-18 「ROUND系」の3つの関数の書式

- **四捨五入する** =ROUND(数値,桁数)
- **切り上げする** =ROUNDUP(数値,桁数)
- **切り捨てする** =ROUNDDOWN(数値,桁数)

処理したい数値　処理を行う桁（図2-19参照）

「桁数」の数え方は図2-19のように理解しましょう。まず、端数を処理した結果、整数にして一の位まで表示する場合は「0」と指定します。この0を基準に、桁が上がると1ずつマイナスし、逆に桁が下がって小数部分まで表示する場合は1ずつプラスした数値を指定します。

図2-19　桁数の数え方

処理する桁	…	千の位	百の位	十の位	一の位	小数第1位	小数第2位	小数第3位	…
「桁数」の指定	…	-3	-2	-1	0	1	2	3	…

-1　-1　-1　+1　+1　+1

図2-20のE列には、売上実績の合計が求められています。このE列の数値を四捨五入して千の位までの概算で示した金額をF列に求めましょう。

図2-20　千円未満を四捨五入する

	A	B	C	D	E	F	G
1	第1四半期売上						
2	部署	1月	2月	3月	実績	実績（四捨五入）	
3	営業1課	43,405,687	48,206,324	52,863,254	144,475,265	144,475,000	
4	営業2課	30,265,498	29,356,024	33,025,489	92,647,011	92,647,000	
5	営業3課	13,056,425	12,356,204	11,203,654	36,616,283	36,616,000	
6	営業4課	18,635,204	20,156,324	21,035,687	59,827,215	59,827,000	
7	営業5課	81,256,302	79,524,813	77,265,318	238,046,433	238,046,000	
8	営業6課	65,350,124	63,254,856	62,301,548	190,906,528	190,907,000	
9							

金額を四捨五入して千の位まで表示する

F3セルに、「営業1課」の売上金額を四捨五入し、千の位までを表示するには、F3セルをクリックして、「=ROUND(E3,-3)」という数式を入力します。引数「数値」にE3セルを指定し、四捨五入した結果、千の位まで表示するので「桁数」には「-3」と指定します（図2-21）。

図2-21　四捨五入する数式を入力する

	A	B	C	D	E	F	G
1	第1四半期売上						
2	部署	1月	2月	3月	実績	実績 (四捨五入)	
3	営業1課	43,405,687	48,206,324	52,863,254	144,475,265	=ROUND(E3,-3)	
4	営業2課	30,265,498	29,356,024	33,025,489	92,647,011		
5	営業3課	13,056,425	12,356,204	11,203,654	36,616,283		
6	営業4課	18,635,204	20,156,324	21,035,687	59,827,215		
7	営業5課	81,256,302	79,524,813	77,265,318	238,046,433		
8	営業6課	65,350,124	63,254,856	62,301,548	190,906,528		
9							

入力

入力が済むと、F3セルにはROUND関数の戻り値が「144,475,000」と表示されます。これは、E3セルの「144,475,265」を千の位で四捨五入した結果になります。

F3セルを選んで下にオートフィルを実行すると、数式がコピーされ、他の部署の売上実績を千の位で四捨五入した結果が求められます（図2-22）。

図2-22　ROUND関数をコピーする

	A	B	C	D	E	F	G
1	第1四半期売上						
2	部署	1月	2月	3月	実績	実績 (四捨五入)	
3	営業1課	43,405,687	48,206,324	52,863,254	144,475,265	144,475,000	
4	営業2課	30,265,498	29,356,024	33,025,489	92,647,011	92,647,000	
5	営業3課	13,056,425	12,356,204	11,203,654	36,616,283	36,616,000	
6	営業4課	18,635,204	20,156,324	21,035,687	59,827,215	59,827,000	
7	営業5課	81,256,302	79,524,813	77,265,318	238,046,433	238,046,000	
8	営業6課	65,350,124	63,254,856	62,301,548	190,906,528	190,907,000	
9							

❶「= ROUND(E3,-3)」と入力

❷ドラッグ

ONEPOINT

ROUND系関数は、小数点以下の端数処理にも利用できます。たとえば「15.263」という数値を四捨五入して小数第1位まで表示したい場合は、「=ROUND(15.263,1)」と指定すると、セルには「15.3」という結果が表示されます。

小数点以下を切り捨てたい

小数点以下を切り捨てて整数にしたい場合は、INT（インテジャー）関数を利用すると効率的です。INT関数は、「＝INT(数値)」という形式で入力します。引数には対象となる数値のセルを指定するだけでよいので、切り捨て全般を行うROUNDDOWNよりも手軽に指定できます（図2-23）。

図2-23　INT関数の書式

●小数点以下を切り捨てて整数にする

＝INT(数値)

数値: 対象となる数値やセル

INT関数は主に消費税計算などで利用されます。図2-24では、B列の「税抜単価」をもとにC列に消費税を8%としたときの「税込単価」を求めています。ところが、C3セルに「=B3*1.08」と数式を入力すると計算結果は小数（この場合は「129.6」）になってしまいます。

消費税では、1円未満の端数は切り捨てを行うのが一般的です。そこで、C3セルに「＝INT(B3*1.08)」と入力すれば、B3セルの税抜単価に「1.08」を掛け算した結果が整数に変換されて表示されます。

図2-24　小数点以下を切り捨てる数式を入力する

	A	B	C	D	E	F
1	御請求書					
2	商品名	税抜単価	税込単価	数量	金額	
3	おいしい水α	120	129	5	645	
4	朝の紅茶	130	140	3	420	
5	カフェラテ	140	151	8	1208	
6						

= C3*D3

= INT(B3*1.08)

2-5-1 月単位で金額を累計したい

月や四半期単位の金額を上から順に足した結果が「累計」です。累計を求めると、その時点での売上合計がいくらになるのかをつぶさに見ることができます。累計を求めるにはSUM関数の引数指定がポイントになります。

累計を求める仕組み

金額や数量の合計を求める際、「累計」欄を作っておくと、「いつの時点でどの程度の売上金額に達するのか」、「目標とする販売数をクリアするのはいつの時点か」といった経過を見ることができます。累計は売上分析におけるパレート図でも利用するので、仕組みを理解しておきましょう。

累計は合計の一種なのでSUM関数を使って求められます。その際、引数に指定する合計範囲は図2-25のように下に拡張します。このとき、始点の位置は常に同じなので、**範囲の開始位置となるセルは絶対参照にしておきましょう。**そうすれば、SUM関数の式をコピーした際、終点となるセル番地だけが下に移動して、合計範囲がおのずと下に伸びるように指定できます。

参照→ 1-4-2 数式内のセル番地が移動しないようにする「絶対参照」
参照→ 8-4 商品や顧客を貢献度でランク分けする

図2-25 累計を求める場合のSUM関数の引数

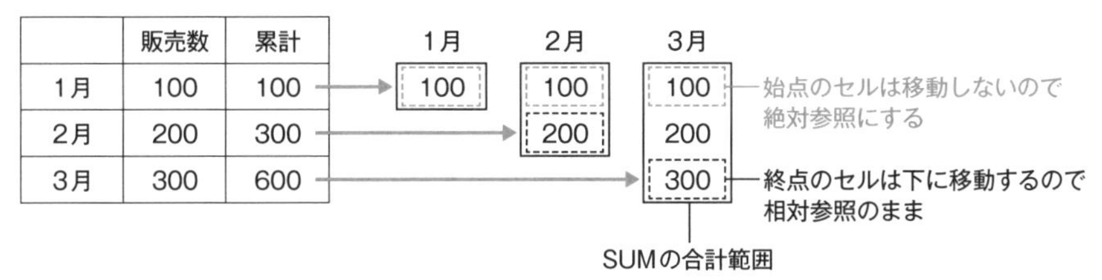

	販売数	累計
1月	100	100
2月	200	300
3月	300	600

SUM関数を使って累計を求める

図2-26のB列には各月の売上金額が入力されています。このB列の数値を1月から順に累計した金額をC列に求めましょう。

まず、C3セルにSUM関数の式を入力して、B3セルからB3セルの金額を合計します。これは、最初の月の累計は、その月の金額が始点と終点の両方に相当するためです。引数欄に「B3:B3」と入力したら、始点となる方のセル番地を選択し、[F4] キーを押して絶対参照にしておきます。結果として、「=SUM($B$3:B3)」という数式を入力します。

図2-26　累計を求める数式を入力する

	A	B	C
1	売上累計表		
2		売上金額	累計
3	1月	85,705,473	=SUM($B$3:B3)
4	2月	82,681,969	
5	3月	91,757,876	
6	4月	94,955,607	
7	5月	97,717,933	
8	6月	90,342,943	

入力

入力が済むと、C3セルにはSUM関数の戻り値が「85,705,473」と表示されます。C3セルを選択して下にオートフィルを実行すると、数式がコピーされ、それぞれの月の時点での累計額が求められます（図2-27）。

図2-27　SUM関数をコピーする

	A	B	C
1	売上累計表		
2		売上金額	累計
3	1月	85,705,473	85,705,473
4	2月	82,681,969	168,387,442
5	3月	91,757,876	260,145,318
6	4月	94,955,607	355,100,925
7	5月	97,717,933	452,818,858
8	6月	90,342,943	543,161,801

1 「= SUM($B$3:B3)」と入力
2 ドラッグ

2-5-2 累計から達成率を計算したい

累計が求められたら、それをもとに月単位での予算達成率を求めてみましょう。達成率を追加すれば、何月の時点で年間予算をどの程度達成したのかを知ることができます。

月単位での予算達成率を追加する

図2-28のように年間予算額がD1セルに入力されている場合、D3セルに1月時点での予算達成率を求めるには、「=C3/$D$1」という数式を入力します。C3セルには1月時点での累計額が求められています。なお、年間予算のD1セルは絶対参照にしておきます。

数式の入力後、D3セルを選んで下にオートフィルを実行すれば、12月までの各月の時点における予算達成率が求められます。

参照→ 2-1-1 売上目標の達成率を求めたい

図2-28 予算達成率を求める数式を入力・コピーする

	A	B	C	D
1	売上累計表		年間予算	1,000,000,000
2		売上金額	累計	予算達成率
3	1月	85,705,473	85,705,473	8.6%
4	2月	82,681,969	168,387,442	16.8%
5	3月	91,757,876	260,145,318	26.0%
6	4月	94,955,607	355,100,925	35.5%
7	5月	97,717,933	452,818,858	45.3%
8	6月	90,342,943	543,161,801	54.3%
9	7月	94,833,535	637,995,336	63.8%
10	8月	90,041,115	728,036,451	72.8%
11	9月	93,907,345	821,943,796	82.2%
12	10月	88,083,195	910,026,991	91.0%
13	11月	94,043,225	1,004,070,216	100.4%
14	12月	98,267,141	1,102,337,357	110.2%

❶「= C3/$D$1」と入力
❷ドラッグ

2-6-1 売上の前月比を求めたい

売上金額や販売数の月単位での推移を見るには「前月比」を使います。前月比とは、前月の売上金額に対する今月の売上金額の比率のことで、数式とオートフィルで求められます。

「前月比」を求める数式

季節や月による金額や数量の変化を見る際の指標に「前月比」があります。**前月比とは、前月の売上金額を100%としたとき、今月の売上金額がその何%に当たるかを表すものです。**100%を超える場合は売上の増加、100%を下回る場合は売上の減少を表します。前月比は、月やシーズンによって商品の売れ行きなどに一定の傾向があるかどうかを確認する用途で使われます。

前月比を求めるには、**図2-29**のように今月の数値を前月の数値で割り算します。

図2-29　前月比を求める数式

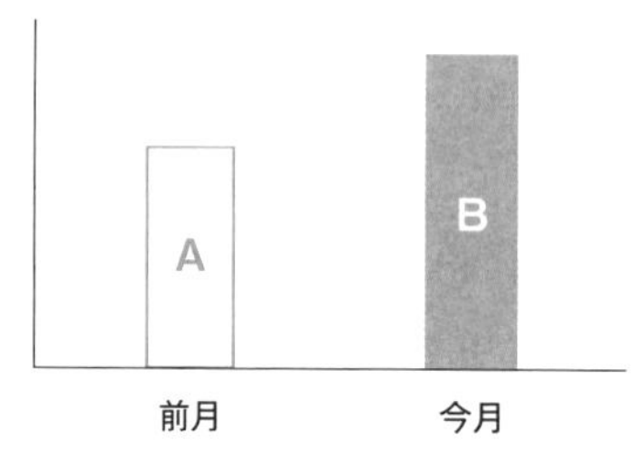

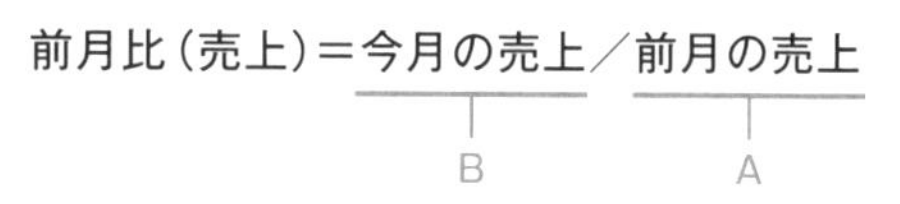

支社別売上の前月比を求める

図2-30の上の表では、支社別に各月の売上高が入力されています。この表の数値をもとにして、下の表に前月比を求めましょう。なお、この例では前年12月の金額データがないため、1月の前月比のセル（B10からB13）に

は、該当データがないことを示す文字列「N/A」を入力しておきます。

まず、C10セルに2月の東京本社の前月比を求めます。C3セルには2月の東京の売上金額が、B3セルには1月の東京の売上金額がそれぞれ入力されています。C10セルをクリックして、「=C3/B3」という数式を入力します。

図2-30　前月比を求める数式を入力する

	A	B	C	D	E	F	G	H	I	J	K	L	M
1	支社別売上表												
2		1月	2月	3月	4月	5月	6月	7月	8月	9月	10月	11月	12月
3	東京	85,705,473	82,681,969	91,757,876	94,955,607	97,717,933	90,342,943	94,833,535	90,041,115	93,907,345	88,083,195	94,043,225	98,267,141
4	大阪	76,437,469	75,613,966	79,589,873	82,737,604	84,641,999	81,235,929	84,386,056	72,706,186	70,477,186	72,884,366	60,884,366	58,887,191
5	名古屋	65,460,261	60,336,759	66,462,466	69,910,397	71,661,911	65,256,611	72,454,127	65,954,027	70,070,317	66,433,827	73,634,257	75,582,931
6	福岡	52,615,634	46,292,133	48,868,040	58,865,771	53,020,864	57,213,074	49,054,073	41,661,313	38,377,523	32,538,403	35,447,523	38,570,099
7													
8	前月比												
9		1月	2月	3月	4月	5月	6月	7月	8月	9月	10月	11月	12月
10	東京	N/A	=C3/B3										
11	大阪	N/A											
12	名古屋	N/A											
13	福岡	N/A											

入力

入力が済むと、C10セルには「96.5%」という計算結果が表示されます。

続けてこの数式をコピーします。まず、C10セルを選んで下にオートフィルを実行して他の支社の2月の前月比を求めます。次に、C10からC13までのセルを選択して、右にオートフィルを実行します。これで数式が下と右の2方向にコピーされ、すべての支社の前月比が求められます（図2-31）。

結果を見ると、すべての支社で2月と8月は前月比が100%を下回っており、この会社ではこれらの月は売上が落ち込む月と判断できます。

図2-31　前月比を求める数式をコピーする

	A	B	C	D	E	F	G	H	I	J	K	L	M
1	支社別売上表												
2		1月	2月	3月	4月	5月	6月	7月	8月	9月	10月	11月	12月
3	東京	85,705,473	82,681,969	91,757,876	94,955,607	97,717,933	90,342,943	94,833,535	90,041,115	93,907,345	88,083,195	94,043,225	98,267,141
4	大阪	76,437,469	75,613,966	79,589,873	82,737,604	84,641,999	81,235,929	84,386,056	72,706,186	70,477,186	72,884,366	60,884,366	58,887,191
5	名古屋	65,460,261	60,336,759	66,462,466	69,910,397	71,661,911	65,256,611	72,454,127	65,954,027	70,070,317	66,433,827	73,634,257	75,582,931
6	福岡	52,615,634				53,020,864	57,213,074	49,054,073	41,661,313	38,377,523	32,538,403	35,447,523	38,570,099
7													
8	前月比												
9		1月	2月	3月	4月	5月	6月	7月	8月	9月	10月	11月	12月
10	東京	N/A	96.5%	111.0%	103.5%	102.9%	92.5%	105.0%	94.9%	104.3%	93.8%	106.8%	104.5%
11	大阪	N/A	98.9%	105.3%	104.0%	102.3%	96.0%	103.9%	86.2%	96.9%	103.4%	83.5%	96.7%
12	名古屋	N/A	92.2%	110.2%	105.2%	102.5%	91.1%	111.0%	91.0%	106.2%	94.8%	110.8%	102.6%
13	福岡	N/A	88.0%	105.6%	120.5%	90.1%	107.9%	85.7%	84.9%	92.1%	84.8%	108.9%	108.8%

1 「= C3/B3」と入力

2 ドラッグ

3 ドラッグ

前年同月比を求める

2年分の売上データが手元にあれば、同じ月どうしの数値を比較して、「去年の同じ月と比べて今年はどうか」を見ることもできます。これを**「前年同月比」といい、「○月の売上額÷前年の同じ月の売上額」という計算で求められます。**

一般に「夏場は売れ行きがいい」、「11月は売上が落ち込む」といった時期的な傾向は年が違っても変わらないものですが、前年同月比を求めると、「前年と比べて今年の夏は売上がやけに低い」といったイレギュラーな事態がないかどうかをチェックできます。

図2-32の例で前年同月比を求めるには、まずB5セルをクリックして、「=B4/B3」と数式を入力します。B4セルには今年1月の売上金額が、B3セルには昨年の同じ1月の売上金額がそれぞれ入力されています。

図2-32　前年同月比を求める数式を入力する

	A	B	C	D	E	F	G	H	I	J
1	東京本社の2か年の売上金額									
2		1月	2月	3月	4月	5月	6月	7月	8月	9月
3	2018年	85,705,473	82,681,969	91,757,876	94,955,607	97,717,933	90,342,943	94,833,535	90,041,115	93,907,345
4	2019年	86,437,469	85,613,966	89,589,873	94,737,604	94,641,999	81,235,929	84,386,056	72,706,186	90,477,186
5	前年同月比	=B4/B3								
6										

入力

B5セルに「100.9%」と結果が表示されます。B5セルを選んで右にオートフィルを実行すれば、同様に各月の前年同月比が求められます（**図2-33**）。

6月、7月、8月の結果が90%を下回っていることから、去年に比べて今年の夏の売上は10%以上も減少していることがわかります。

図2-33　前年同月比を求める数式をコピーする

	A	B	C	D	E	F	G	H	I	J
1	東京本社の2か年の売上金額									
2		1月	2月	3月	4月	5月	6月	7月	8月	9月
3	2018年	85,705,473	82,681,969	91,757,876	94,955,607	97,717,933	90,342,943	94,833,535	90,041,115	93,907,345
4	2019年	86,437,469	85,613,966	89,589,873	94,737,604	94,641,999	81,235,929	84,386,056	72,706,186	90,477,186
5	前年同月比	100.9%	103.5%	97.6%	99.8%	96.9%	89.9%	89.0%	80.7%	96.3%
6										

1 「= B4/B3」と入力
2 ドラッグ

2-6-2 売上の成長率（伸び率）を求めたい

売上や販売数の推移に対して「プラス10%」「マイナス15%」のような表し方をするには「成長率（伸び率）」を求めます。成長率は、当月と前月の売上の差分が前月売上の何%に当たるかを求める比率です。前月比と同様に数式とオートフィルで求められます。

「成長率」を求める数式

前月比と同様、季節や月による売上の変化を見る指標に「成長率」があります。

成長率とは、前月の売上額を100%としたとき、「今月の売上－前月の売上」がその何%に当たるかを表すものです。結果が正の数になればプラス成長、負の数になればマイナス成長を意味します。前月比と同様に、月によって商品の売れ行きなどに一定の傾向があるかどうかを確認する指標の1つです。

成長率を求めるには、**図2-34**のように「今月の数値」と「前月の数値」の差を「前月の数値」で割り算します。

図2-34　成長率を求める数式

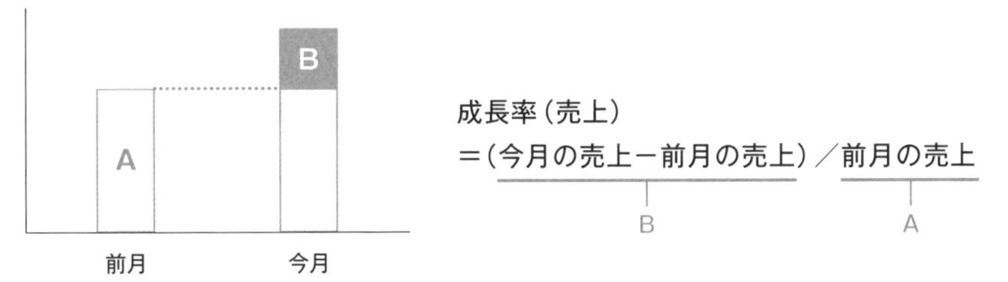

支社別売上の成長率を求める

2-6-1と同じ例を使って、次の表に成長率を求めましょう。

まず、C10セルに2月の東京本社の成長率を求めましょう。C10セルをクリックして、「=(C3-B3)/B3」という数式を入力します。C3セルには2月の東京の売上金額が、B3セルに1月の東京の売上金額がそれぞれ入力されています（図2-35）。

入力が済むと、C10セルには「-3.5%」という計算結果が表示されます。続けてC10セルを選んで下にオートフィルを実行し、他の支社の2月の前月比を求めます。次に、C10からC13までのセルを選択して、右にオートフィルを実行します。これで数式が下と右の2方向にコピーされ、すべての支社の各月の成長率が求められます（図2-36）。

結果の見方は前月比と同様です。すべての支社で2月と8月はマイナス成長になることから、この会社ではこれらの月は売上が落ち込む月と判断できます。

図2-35　成長率を求める数式を入力する

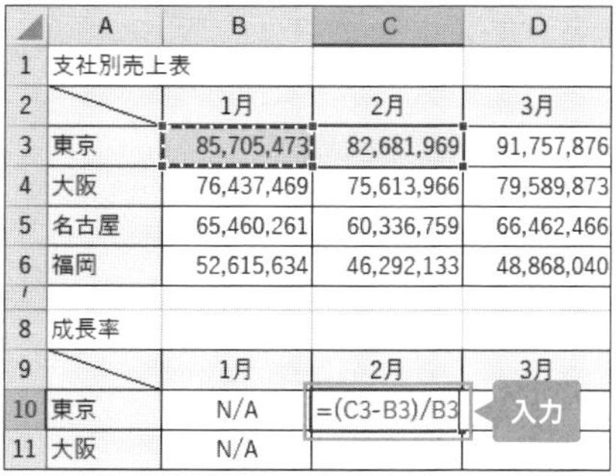

	A	B	C	D
1	支社別売上表			
2		1月	2月	3月
3	東京	85,705,473	82,681,969	91,757,876
4	大阪	76,437,469	75,613,966	79,589,873
5	名古屋	65,460,261	60,336,759	66,462,466
6	福岡	52,615,634	46,292,133	48,868,040
7				
8	成長率			
9		1月	2月	3月
10	東京	N/A	=(C3-B3)/B3	
11	大阪	N/A		

入力

図2-36　成長率を求める数式をコピーする

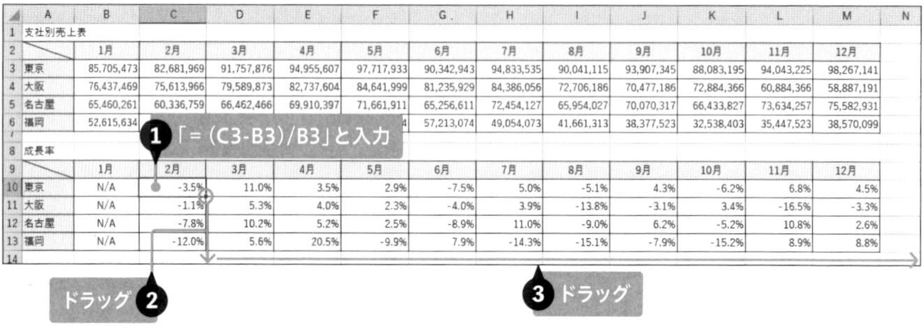

	A	B	C	D	E	F	G	H	I	J	K	L	M
1	支社別売上表												
2		1月	2月	3月	4月	5月	6月	7月	8月	9月	10月	11月	12月
3	東京	85,705,473	82,681,969	91,757,876	94,955,607	97,717,933	90,342,943	94,833,535	90,041,115	93,907,345	88,083,195	94,043,225	98,267,141
4	大阪	76,437,469	75,613,966	79,589,873	82,737,604	84,641,999	81,235,929	84,386,056	72,706,186	70,477,186	72,884,366	60,884,366	58,887,191
5	名古屋	65,460,261	60,336,759	66,462,466	69,910,397	71,661,911	65,256,611	72,454,127	65,954,027	70,070,317	66,433,827	73,634,257	75,582,931
6	福岡	52,615,634	[illegible]	[illegible]	[illegible]	[illegible]	57,213,074	49,054,073	41,661,313	38,377,523	32,538,403	35,447,523	38,570,099
7													
8	成長率												
9		1月	2月	3月	4月	5月	6月	7月	8月	9月	10月	11月	12月
10	東京	N/A	-3.5%	11.0%	3.5%	2.9%	-7.5%	5.0%	-5.1%	4.3%	-6.2%	6.8%	4.5%
11	大阪	N/A	-1.1%	5.3%	4.0%	2.3%	-4.0%	3.9%	-13.8%	-3.1%	3.4%	-16.5%	-3.3%
12	名古屋	N/A	-7.8%	10.2%	5.2%	2.5%	-8.9%	11.0%	-9.0%	6.2%	-5.2%	10.8%	2.6%
13	福岡	N/A	-12.0%	5.6%	20.5%	-9.9%	7.9%	-14.3%	-15.1%	-7.9%	-15.2%	8.9%	8.8%

1「=(C3-B3)/B3」と入力

ドラッグ 2

3 ドラッグ

ONEPOINT

数式で求めた比率の結果は小数になります。これを「○%」と表すには、計算結果のセルを選んで「ホーム」タブの「パーセントスタイル」をクリックします。図2-36では、あらかじめパーセントスタイルの表示形式が設定されています。

2-7-1 販売数の差を考慮した平均価格を求めたい

平均といえばAVERAGE関数で求めるのが一般的ですが、複数の平均値をもとにして全体の平均を求める場合にAVERAGE関数は利用できません。このような場合は「加重平均」を利用します。

「加重平均」とは

図2-37は、日によって販売価格が異なる商品を5つの店舗で一定期間販売したときの平均販売価格と販売数をまとめたものです。AからEまでの店舗間で、平均販売価格にも販売数にもばらつきが見られます。この情報をもとにして5店舗全体での平均販売価格を求めましょう。

一般に平均を求めるには前述のAVERAGE関数を使います。そこで、B6セルに「=AVERAGE(B3:F3)」という式を入力したところ、結果は「23,400」円となりました。その経過を詳しく見てみましょう。

参照→ 2-3-2 売上額や販売数の平均を求めたい

図2-37　AVERAGE関数で平均を求める

	A	B	C	D	E	F	G
1	●新商品の平均販売価格						
2		店舗A	店舗B	店舗C	店舗D	店舗E	
3	平均販売価格（円）	25,000	20,000	23,000	19,000	30,000	
4	販売数（個）	10	20	15	30	8	
5							
6	算術平均（円）	23,400					
7	加重平均（円）						
8							

=AVERAGE(B3:F3)

B6セルにAVERAGE関数で求めた平均は、図2-38のような計算で算出されたものです。

引数に指定したB3からF3までのセル範囲には、各店舗の平均販売価格が入力されています。この5つの数字を合計し、セルの個数である「5」で割り算すれば、B6セルに表示された戻り値の「23,400」円となります。

図2-38　AVERAGE関数で平均を求める際の計算過程

店舗A～Eの平均販売価格の合計

$$\frac{(25000+20000+23000+19000+30000)}{5}$$

5 ← 数値の個数

一見問題はなさそうですが、これは実情を反映した平均ではありません。なぜなら、店舗により販売数に開きがあるのに、**AVERAGE関数で求めた平均には販売数の差が考慮されていないからです。**

AVERAGE関数で求める平均を「算術平均」と呼びます。それに対して、個数の違いを重み付けして求める平均を「加重平均」といいます。この例のように、**複数の平均値をもとに全体としての平均を正しく求めるには、加重平均を利用します。**

加重平均を求めるには、各店舗の平均販売価格と販売数を掛け算した結果を合計し、その数値を各店舗の販売数の合計で割り算します（**図2-39**）。

図2-39　加重平均を求める際の計算過程

売上金額の合計

店舗A　店舗B　店舗C　店舗D　店舗E

$$\frac{(25000\times10+20000\times20+23000\times15+19000\times30+30000\times8)}{(10+20+15+30+8)}$$

(10+20+15+30+8) ← 販売数の合計

この計算を行うには、SUMPRODUCT（サムプロダクト）関数を利用しましょう。**SUMPRODUCT関数は、引数「配列」に複数のセル範囲を指定すると、それらのセル範囲の中で対応する位置にある数値どうしを掛け算し、その結果を合計する関数です**（**図2-40**）。

図2-40　SUMPRODUCT関数の書式

●掛け算した結果を合計する

=SUMPRODUCT(配列1,配列2,…)

配列1：数値のセル範囲

加重平均を使って販売価格の平均値を求める

図2-41のB7セルに加重平均を求めるには、「=SUMPRODUCT(B3:F3, B4:F4)/SUM(B4:F4)」という数式を入力します。

SUMPRODUCT関数の引数「配列」には、B3からF3セルの平均販売価格と、B4からF4セルの販売数のセル範囲を指定すると、同じ列にあるセルどうしを掛け算し、その結果が合計されます。その後、SUM関数で求めた販売数の合計でその合計を割り算します。

図2-41 加重平均を求める数式を入力する

	A	B	C	D	E	F	G
1	●新商品の平均販売価格						
2		店舗A	店舗B	店舗C	店舗D	店舗E	
3	平均販売価格（円）	25,000	20,000	23,000	19,000	30,000	
4	販売数（個）	10	20	15	30	8	
5							
6	算術平均（円）	23,400					
7	加重平均（円）	=SUMPRODUCT(B3:F3,B4:F4)/SUM(B4:F4)					
8							

入力

入力が完了すると、セルには「21,747」と表示されます。販売数を考慮した平均では、1個当たりの販売価格の平均が21,747円となります。B6セルの算術平均が23,400円なので、販売数を加味した実際の平均価格はそれより低いことがわかります（**図2-42**）。

図2-42 SUMPRODUCT関数とSUM関数で平均を求める

	A	B	C	D	E	F	G
1	●新商品の平均販売価格						
2		店舗A	店舗B	店舗C	店舗D	店舗E	
3	平均販売価格（円）	25,000	20,000	23,000	19,000	30,000	
4	販売数（個）	10	20	15	30	8	
5							
6	算術平均（円）	23,400					
7	加重平均（円）	21,747					
8							

=SUMPRODUCT(B3:F3,B4:F4)/SUM(B4:F4)

2-8-1 「達成」または「未達成」と表示したい

予算を達成した部署とそうでない部署がひと目でわかるよう、セルに評価を表示するにはIF関数を利用しましょう。IF関数を使うと、指定した条件を満たすかどうかで異なる内容をセルに表示できます。

セルに2通りの評価を表示する

図2-43では、E列の売上実績とF列の予算額をもとにして、G列のセルに計算式を入力し、各部署の予算達成率を求めています。

それぞれの部署が予算を達成できたかどうかがひと目でわかるよう、H列に評価を表示しましょう。評価の内容は、G列の予算達成率が100%以上であれば「達成」、そうでない場合は「未達成」とします。

参照→ 2-1-1 売上目標の達成率を求めたい

図2-43 セルに2通りの評価を表示する

	A	E	F	G	H	I
1	第1四半期売上					
2	部署	第1四半期 実績	第1四半期 予算	第1四半期 予算達成率	評価	
3	営業1課	144,475,265	136,000,000	106.2%	達成	
4	営業2課	92,647,011	98,000,000	94.5%	未達成	
5	営業3課	36,616,283	42,000,000	87.2%	未達成	
6	営業4課	59,827,215	55,000,000	108.8%	達成	
7	営業5課	238,046,433	240,000,000	99.2%	未達成	
8	営業6課	190,906,528	185,000,000	103.2%	達成	
9	合計	762,518,735	756,000,000			
10						

指定した条件を満たすかどうかで異なる内容をセルに表示するには、IF関数を利用します。IF関数には、「論理式」、「真の場合」、「偽の場合」という3つの引数が必要です。「論理式」には判定する条件の内容を、「真の場合」に

はその条件を満たす場合の処理を、「偽の場合」には満たさない場合の処理をそれぞれ指定します（図2-44）。

図2-44　IF関数の書式

●条件を満たすかどうかで処理を切り替える

=IF(論理式,真の場合,偽の場合)

論理式：条件　真の場合：条件を満たす場合の処理　偽の場合：条件を満たさない場合の処理

具体的に内容を当てはめると、引数「論理式」には「G3セルの予算達成率が100%以上である」という条件を指定し、「真の場合」には「『達成』と表示する」、「偽の場合」には「『未達成』と表示する」とそれぞれ指定することになります。

IF関数を入力してセルに評価を表示する

図2-45のH3セルに入力するIF関数の式は、「=IF(G3>=1,"達成","未達成")」となります。

引数「論理式」に「G3>=1」と指定すると、「G3セルの値が1（100%）以上である」という条件になります。なお、論理式で利用する比較記号につ

図2-45　セルに2通りの評価を表示する数式を入力する

	A	E	F	G	H	I	J
1	第1四半期売上						
2	部署	第1四半期 実績	第1四半期 予算	第1四半期 予算達成率	評価		
3	営業1課	144,475,265	136,000,000	106.2%	=IF(G3>=1,"達成","未達成")		
4	営業2課	92,647,011	98,000,000	94.5%			
5	営業3課	36,616,283	42,000,000	87.2%			
6	営業4課	59,827,215	55,000,000	108.8%			
7	営業5課	238,046,433	240,000,000	99.2%			
8	営業6課	190,906,528	185,000,000	103.2%			
9	合計	762,518,735	756,000,000				
10							

入力

いては、図2-46を参照してください。

引数「真の場合」には「"達成"」、「偽の場合」には「"未達成"」と、セルに表示する文字列を半角の「"」で囲んで指定します。

図2-46　論理式に使う比較記号

=	～に等しい	>	～より大きい	> =	～以上
< >	～に等しくない	<	～より小さい	< =	～以下

IF関数が入力されると、H3セルには「達成」と表示されます。H3セルを選んで下方向にオートフィルを実行すると、完成図（図2-43）のように他の部署の評価が表示されます。

COLUMN 「セルに何も表示しない」ようにするには

「達成」か「未達成」のどちらか片方だけの評価を表示したい場合は、「真の場合」、「偽の場合」の引数のうち、何も表示しない方の引数欄に半角の「"」を2つ続けて入力します。これで「セルに何も表示しない」という指定になります。図2-47ではH3セルに「=IF(G3>=1,"達成","")」と入力して、「達成」という評価だけが表示されるようにしています。

図2-47　セルに何も表示しない場合の指定

	A	E	F	G	H	I
1	第1四半期売上					
2	部署	第1四半期 実績	第1四半期 予算	第1四半期 予算達成率	評価	
3	営業1課	144,475,265	136,000,000	106.2%	達成	
4	営業2課	92,647,011	98,000,000	94.5%		
5	営業3課	36,616,283	42,000,000	87.2%		
6	営業4課	59,827,215	55,000,000	108.8%	達成	
7	営業5課	238,046,433	240,000,000	99.2%		
8	営業6課	190,906,528	185,000,000	103.2%	達成	
9	合計	762,518,735	756,000,000			
10						

=IF(G3>=1,"達成","")

2-8-2 3段階の評価をセルに表示したい

3つ以上のランクに分けた評価をするには、IF関数にIF関数をネストします。引数「偽の場合」に、IF関数の式をもう1つ指定すると、条件を満たさない場合には、別の条件で数値の大きさなどを再度判定できます。

セルに3通りの評価を表示する

「達成」か「未達成」かの2択ではなく、予算達成率に応じて「A」、「B」、「C」の3つにランク分けしたい場合を考えてみましょう。**図2-48**の表は**2-8-1**と同じ内容ですが、H列の評価を3段階に変更しました。G列の予算達成率が100%以上であれば「A」、90%以上100%未満であれば「B」、90%未満の場合は「C」と表示しています。

図2-48　セルに3通りの評価を表示する

	A	E	F	G	H	I
1	第1四半期売上					
2	部署	第1四半期 実績	第1四半期 予算	第1四半期 予算達成率	評価	
3	営業1課	144,475,265	136,000,000	106.2%	A	
4	営業2課	92,647,011	98,000,000	94.5%	B	
5	営業3課	36,616,283	42,000,000	87.2%	C	
6	営業4課	59,827,215	55,000,000	108.8%	A	
7	営業5課	238,046,433	240,000,000	99.2%	B	
8	営業6課	190,906,528	185,000,000	103.2%	A	
9	合計	762,518,735	756,000,000			
10						

● **H3セルに入力する数式**

=IF(G3>=1,"A",IF(G3>=0.9,"B","C"))

論理式1：G3>=1　真の場合："A"　偽の場合：IF(G3>=0.9,"B","C")（論理式2：G3>=0.9　真の場合："B"　偽の場合："C"）

3通りの評価を表示するには、図2-48のようにIF関数の引数「偽の場合」にもう1つIF関数(青い点線の部分）をネストします。そして、最初のIF関数の引数「論理式1」を満たさない場合は、2つ目のIF関数の引数「論理式2」の条件を満たすかどうかを判定し、2つの論理式の判定結果によってセルの表示を「A」、「B」、「C」の3通りに振り分けます。

「論理式1」の「G3>=1」を満たす場合は、G3セルの予算達成率が100%以上となるため、「真の場合」の「A」ランクに相当します。

一方、「論理式1」を満たさない場合は、「偽の場合」に進むので、2つ目のIF関数に入り、「論理式2」を判定します。「G3>=0.9」とは「G3セルの値が90%以上である」という意味です。これを満たす場合は、予算達成率が「90%以上100%未満」のグループになるため、セルには「B」と表示されます。「論理式2」を満たさない場合の予算達成率は結果的に「90%未満」となり、残りの「C」ランクに振り分けられる仕組みです。

参照→ 1-2-3 関数の式をネストする

IF関数を入力して3通りの評価を表示する

H3セルにIF関数の式を入力して、「営業1課」の予算達成率に対する評価を表示するには、H3セルを選択して、「=IF(G3>=1,"A", IF(G3>=0.9,"B", "C"))」という数式を入力します（図2-49)。

図2-49　セルに3通りの評価を表示する数式を入力する

	A	E	F	G	H	I	J	K
1	第1四半期売上							
2	部署	第1四半期 実績	第1四半期 予算	第1四半期 予算達成率	評価			
3	営業1課	144,475,265	136,000,000	106.2%	=IF(G3>=1,"A",IF(G3>=0.9,"B","C"))			
4	営業2課	92,647,011	98,000,000	94.5%				
5	営業3課	36,616,283	42,000,000	87.2%				
6	営業4課	59,827,215	55,000,000	108.8%				
7	営業5課	238,046,433	240,000,000	99.2%				
8	営業6課	190,906,528	185,000,000	103.2%				
9	合計	762,518,735	756,000,000					
10								

入力

入力後、H3セルには3段階での評価が「A」と表示されます。H3セルを選んで下方向にオートフィルを実行すると、完成図（図2-48）のように、他の部署の評価を表示できます。

COLUMN　ネストせず3段階以上の評価を指定できるIFS関数

Excel 2019やMicrosoft 365のExcelでは、複数の条件で判定できるIFS（イフエス）関数を利用できます※。IFS関数では、ネストをすることなく3段階以上での評価を手軽に指定できます。

IFS関数は、引数「論理式」と「真の場合」をペアにして、複数組指定できます。判定は左の組から順に行われ、いずれかの評価に振り分けられる仕組みです(図2-50)。

図2-51ではH3セルに「=IFS(G3>=1,"A",G3>=0.9,"B",TRUE,"C")」と入力して、「G3セルの値が100%以上なら『A』」、「G3セルの表示が90%以上なら『B』」、「それ以外の場合は『C』」という3段階評価を行っています。なお、最後の組の引数「論理式」には「TRUE」と入力します。これは「すべての条件を満たさない場合」という意味になり、どの条件にも当てはまらない場合の評価を指定するときに使います。

図2-50　IFS関数の書式

●**複数の条件を満たすかどうかを順に調べて処理を切り替える**

=IFS(論理式1,真の場合1,論理式2,真の場合2,…)

- 論理式1：条件1
- 真の場合1：条件1を満たす場合の処理
- 論理式2：条件2
- 真の場合2：条件2を満たす場合の処理

図2-51　IFS関数の入力例

=IFS(G3>=1,"A",G3>=0.9,"B",TRUE,"C")

	A	E	F	G	H	I
1	第1四半期売上					
2	部署	第1四半期 実績	第1四半期 予算	第1四半期 予算達成率	評価	
3	営業1課	144,475,265	136,000,000	106.2%	A	
4	営業2課	92,647,011	98,000,000	94.5%	B	
5	営業3課	36,616,283	42,000,000	87.2%	C	
6	営業4課	59,827,215	55,000,000	108.8%	A	
7	営業5課	238,046,433	240,000,000	99.2%	B	
8	営業6課	190,906,528	185,000,000	103.2%	A	
9	合計	762,518,735	756,000,000			
10						

※IFS関数はExcel 2016や2013では利用できません。

2-9-1 複数ファイルを並べて表示したい

データ集計などを行う際に、複数のファイルを交互に見ながら操作をしていませんか。こんな場合は、「整列」機能を使って必要なファイルを画面に並べておくと、編集作業がしやすくなります。

複数のファイルのウィンドウを整列する

2つのExcelファイルをあらかじめ開いておきます。「表示」タブで「整列」をクリックし、表示された「ウィンドウの整列」ダイアログボックスで、上下や左右などの整列方法を選択します（図2-52）。

図2-52　複数のファイルのウィンドウを整列する

これで2つのファイルのウィンドウが整列します（図2-53）。なお、作業終了後に片方のウィンドウを閉じれば、整列状態は解除されます。

図2-53　ウィンドウが左右に整列した

	A	B	C	D	E	F
1	東京本社売上					(単位:円)
2		第1四半期	第2四半期	第3四半期	第4四半期	合計
3	オフィス用品	85,705,473	94,955,607	94,833,535	88,083,195	363,577,810
4	医療・介護用品	91,757,876	90,342,943	93,907,345	98,267,141	374,275,305
5	防災用品	82,681,969	97,717,933	90,041,115	94,043,225	364,484,242

	A	B	C	D	E	F
1	全社売上					(単位:円)
2		第1四半期	第2四半期	第3四半期	第4四半期	合計
3	東京本社					0
4	大阪支社					0
5	名古屋支社					0

2-9-2 別ファイルの集計結果を参照して計算したい

別のファイルの集計結果を他の表から参照するには、「リンク貼り付け」を使いましょう。リンク貼り付けしたセルには、元の表へのセル参照が保存されるので、リンク元の表が変更されると、貼り付け先の集計結果も更新できます。

各支社の集計結果をコピーして1つのファイルにまとめたい

図2-54では、「東京本社.xlsx」や「大阪支社.xlsx」といった個別のファイルに集計された売上合計を「全社集計.xlsx」ファイルにコピーして総合計を求めています。この場合、通常の「貼り付け」を行うと、「東京本社.xlsx」の合計欄に入力されていた数式がそのまま貼り付けされてしまうため、別のファイルからだと正しく計算されなくなります。

このような場合、貼り付けの形式で**「リンク貼り付け」**を選択すると、参照元ファイルへのセル参照が貼り付けられるので、セルには合計結果が正しく表示されます。

図2-54　集計結果を別のファイルにコピーする

東京本社.xlsx

	A	B	C	D	E	F
1	東京本社売上					(単位:円)
2		第1四半期	第2四半期	第3四半期	第4四半期	合計
3	オフィス用品	85,705,473	94,955,607	94,833,535	88,083,195	363,577,810
4	医療・介護用品	91,757,876	90,342,943	93,907,345	98,267,141	374,275,305
5	防災用品	82,681,969	97,717,933	90,041,115	94,043,225	364,484,242
6	合計	260,145,318	283,016,483	278,781,995	280,393,561	1,102,337,357
7						

「東京本社.xlsx」の
合計結果をコピーしたい

全社集計.xlsx

	A	B	C	D	E	F
1	全社売上					(単位:円)
2		第1四半期	第2四半期	第3四半期	第4四半期	合計
3	東京本社	260,145,318	283,016,483	278,781,995	280,393,561	1,102,337,357
4	大阪支社	196,209,026	225,920,976	239,589,895	238,762,294	900,482,191
5	名古屋支社	182,259,486	196,828,919	198,478,471	202,651,015	780,217,891
6	福岡支社	147,775,807	129,092,909	106,556,025	146,099,709	529,524,450
7	合計	786,389,637	834,859,287	823,406,386	867,906,579	3,312,561,889
8						

「東京本社」の合計セルをリンク貼り付けする

ここでは、「全社売上.xlsx」と「東京本社.xlsx」を開いておき、図2-53のように画面を整列する例として解説します。

「東京本社.xlsx」のB6からE6までのセルを選択し、「ホーム」タブの「コピー」をクリックします（図2-55）。

図2-55　合計欄をコピーする

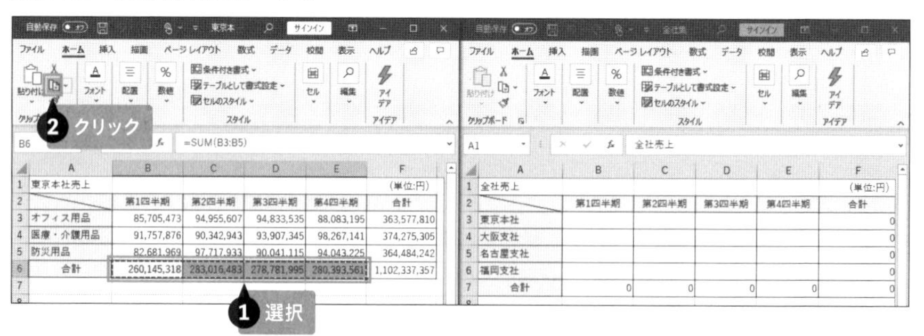

続けて「全社集計.xlsx」で東京本社の先頭セルB3を選択して、「貼り付け」の▼から「リンク貼り付け」を選択すると、「東京本社.xlsx」の合計結果がコピーされます（図2-56）。

図2-56　合計欄をリンク貼り付けする

他の支社のファイルの合計欄もリンク貼り付けすれば、完成図（図2-54）のように集計できます。

ONEPOINT

リンク貼り付けが設定されたファイルを開くと、「リンクの自動更新が無効になりました」という警告メッセージが表示されます。「コンテンツの有効化」ボタンをクリックすれば、リンクが更新されて集計内容が最新状態になります。

2-10-1 異なるシートの同一セルを合計したい

複数支社の売上を1つの表に集計するような場合、同じ番地にあるセルどうしを串で貫くように一気に集計して合計や平均を効率よく求めることができます。このような集計方法を「3D集計」といいます。

3D集計とは

「東京」、「大阪」、「名古屋」、「福岡」の4つのシートに分けて入力しておいた支社の売上データを合計する際、あらかじめすべての表のレイアウトを統一しておけば、「3D集計」を利用して効率よく集計できます。

3D集計とは、**異なるシートの同じ番地のセルを串で刺すように集計する**方法です。

たとえば**図2-57**のように、「東京」から「福岡」までのシートのB3セルの数値を一気に合計することができます。

図2-57　3D集計のイメージ

	A	B	C	D	E	F
1	東京本社売上					(単位:円)
2		第1四半期	第2四半期	第3四半期	第4四半期	合計
3	オフィス用品	85,705,473	94,955,607	94,833,535	88,083,195	363,577,810
4	医療・介護用品	91,757,876	90,342,943	93,907,345	98,267,141	374,275,305
5	防災用品	82,681,969	97,717,933	90,041,115	94,043,225	364,484,242
6	合計	260,145,318	283,016,483	278,781,995	280,393,561	1,102,337,357
7						

東京 | 大阪 | 名古屋 | 福岡 | 集計

別シートになっている売上表で、同じ位置のセルを合計したい

	A	B	C	D	E	F
1	大阪支社売上					(単位:円)
2		第1四半期	第2四半期	第3四半期	第4四半期	合計
3	オフィス用品	76,437,469	82,737,604	84,386,056	72,884,366	316,445,495
4	医療・介護用品	60,884,366	72,706,186	75,613,966	84,641,999	293,846,517
5	防災用品	58,887,191	70,477,186	79,589,873	81,235,929	290,190,179
6	合計	196,209,026	225,920,976	239,589,895	238,762,294	900,482,191
7						

東京 | 大阪 | 名古屋 | 福岡 | 集計

	A	B	C	D	E	F
1	名古屋支社売上					(単位:円)
2		第1四半期	第2四半期	第3四半期	第4四半期	合計
3	オフィス用品	65,460,261	69,910,397	72,454,127	66,433,827	274,258,612
4	医療・介護用品	60,335,759	71,661,911	65,954,027	73,634,257	271,586,954
5	防災用品	56,462,466	55,256,611	60,070,317	62,582,931	234,372,325
6	合計	182,259,486	196,828,919	198,478,471	202,651,015	780,217,891
7						

東京 | 大阪 | 名古屋 | 福岡 | 集計

	A	B	C	D	E	F
1	福岡支社売上					(単位:円)
2		第1四半期	第2四半期	第3四半期	第4四半期	合計
3	オフィス用品	52,615,634	49,054,073	32,538,403	38,865,771	173,073,881
4	医療・介護用品	48,868,040	38,377,523	38,570,099	57,213,074	183,028,736
5	防災用品	46,292,133	41,661,313	35,447,523	50,020,864	173,421,833
6	合計	147,775,807	129,092,909	106,556,025	146,099,709	529,524,450
7						

東京 | 大阪 | 名古屋 | 福岡 | 集計

3D集計で全社の売上を合計する

3D集計を利用して集計するためには、対象となる表の項目見出しやセル番地などがまったく同じレイアウトで作られている必要があります。また、それらの表は1つのファイル内にシートを分けて入力しておきます。

ここでは「集計」シートを表示しておき、最初の集計項目である「第1四半期」の「オフィス用品」の売上をB3セルに合計します。B3セルを選んで、「ホーム」タブの「Σ」をクリックします（図2-58）。

図2-58　3D集計する数式を入力する

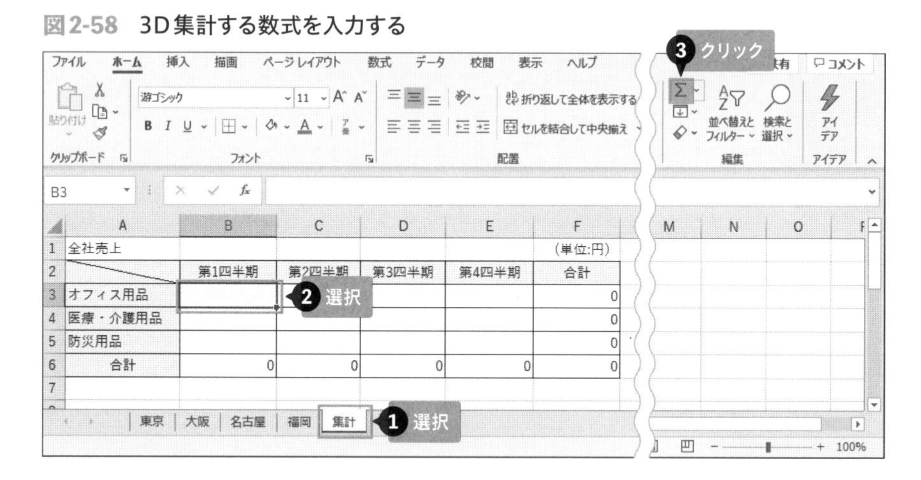

合計を求めたい先頭シートである「東京」のシート見出しを選択し、表の先頭セルであるB3を選択すると、数式内に「=SUM(東京!B3)」と表示されます（図2-59）。

図2-59　SUM関数に別シートのセルを指定する

B3　=SUM(東京!B3)

	A	B	C	D	E	F
1	東京本社売上					(単位:円)
2		第1四半期	第2四半期	第3四半期	第4四半期	合計
3	オフィス用品	85,705,473		94,833,535	88,083,195	363,577,810
4	医療・介護用品	SUM(数値1, [数値2], ...)	2,943	93,907,345	98,267,141	374,275,305
5	防災用品	82,681,969	97,717,933	90,041,115	94,043,225	364,484,242
6	合計	0,145,318	283,016,483	278,781,995	280,393,561	1,102,337,357
7						

東京　大阪　名古屋　福岡　集計

1 選択　2 選択

続けて［Shift］キーを押した状態で合計範囲の末尾のシートである「福岡」のシート見出しを選択すると、数式が「=SUM（'東京:福岡'!B3)」に変わります（**図2-60**）。これでこのSUM関数の式は「『東京』から『福岡』までのシートのB3セルを合計する」という意味になります。

図2-60　複数のシートのセルを指定する

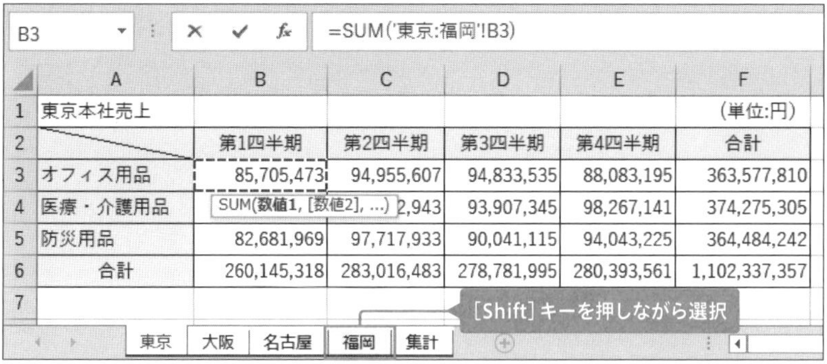

B3　=SUM('東京:福岡'!B3)

	A	B	C	D	E	F
1	東京本社売上					(単位:円)
2		第1四半期	第2四半期	第3四半期	第4四半期	合計
3	オフィス用品	85,705,473	94,955,607	94,833,535	88,083,195	363,577,810
4	医療・介護用品	SUM(数値1, [数値2], ...)	2,943	93,907,345	98,267,141	374,275,305
5	防災用品	82,681,969	97,717,933	90,041,115	94,043,225	364,484,242
6	合計	260,145,318	283,016,483	278,781,995	280,393,561	1,102,337,357
7						

東京　大阪　名古屋　福岡　集計

［Shift］キーを押しながら選択

［Enter］キーを押すと「集計」シートのB3セルに「=SUM（東京:福岡!B3)」の数式が入力され、その計算結果が表示されます。B3セルを選んで、下方向へオートフィルを行い、いったんB5セルまで数式をコピーします（**図2-61**）。

図2-61　3D集計する数式をコピーする

	A	B	C	D	E	F
1	全社売上					(単位:円)
2		第1四半期	第2四半期	第3四半期	第4四半期	合計
3	オフィス用品	280,218,837				280,218,837
4	医療・介護用品					0
5	防災用品					0
6	合計	280,218,837	0	0	0	280,218,837
7						

東京　大阪　名古屋　福岡　集計

❶ 選択
❷ ドラッグ

さらに、B3からB5セルを選択した状態でE5セルまで右方向へ再度オートフィルを行い、数式を右方向へコピーします（**図2-62**）。

図2-62　数式を右方向にコピーする

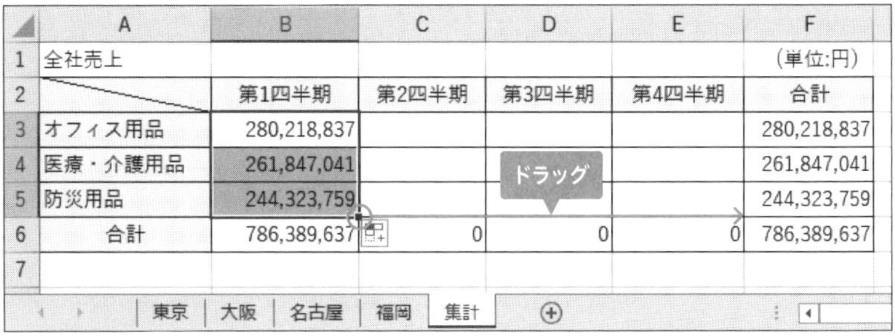

	A	B	C	D	E	F
1	全社売上					(単位:円)
2		第1四半期	第2四半期	第3四半期	第4四半期	合計
3	オフィス用品	280,218,837				280,218,837
4	医療・介護用品	261,847,041				261,847,041
5	防災用品	244,323,759				244,323,759
6	合計	786,389,637	0	0	0	786,389,637
7						

東京　大阪　名古屋　福岡　集計

ドラッグ

これで表内のすべてのセルに、「東京」から「福岡」までのシートの同じセル番地の数値を合計した結果が表示されます（**図2-63**）。

図2-63　3D集計で合計できた

	A	B	C	D	E	F
1	全社売上					(単位:円)
2		第1四半期	第2四半期	第3四半期	第4四半期	合計
3	オフィス用品	280,218,837	296,657,681	284,212,121	266,267,159	1,127,355,798
4	医療・介護用品	261,847,041	273,088,563	274,045,437	313,756,471	1,122,737,512
5	防災用品	244,323,759	265,113,043	265,148,828	287,882,949	1,062,468,579
6	合計	786,389,637	834,859,287	823,406,386	867,906,579	3,312,561,889
7						
8						

東京　大阪　名古屋　福岡　集計

別シートの同じセルが合計された

CAUTION

3D集計を設定したファイルでは、シートの並び順を変更しないでください。数式の中でシートの範囲を指定しているので、シートの順番が変わると正しい範囲が認識されなくなり、計算がおかしくなってしまうためです。

ONEPOINT

3D集計では、平均を求めることもできます。その場合、**図2-58**の手順で「合計」ボタン右の▼から「平均」を選択してAVERAGE関数を入力します。後は同様の手順で操作すれば、「東京」から「福岡」までのシートの同じ番地のセルに入力された金額の平均を一気に求められます。

2-11-1 レイアウトが統一されていない表を合算したい

レイアウトが同一ではない表の場合は、3D集計（2-10）は使えません。項目の数や並びにばらつきのある複数の表を対象にして、同じ内容の金額どうしを適切に集計するには、ここで紹介する「統合」機能を利用しましょう。

「統合」機能とは

支店別に表を分けて各月の経費を管理している場合を考えてみましょう。「本店」「南口店」「北口店」の3つのシートに入力された表では、縦軸の費目と横軸の月名の種類や数がまちまちです。支店によって必要な経費の種類や営業月が異なる場合、このように項目内容にもばらつきが生じます（図2-64）。

こんなときは「統合」を利用すれば、レイアウトが統一されていない表をもとに「『4月』の『消耗品費』の合計はいくらか」といった集計を自動で行うことができます。

図2-64　縦軸と横軸の項目が統一されていない表

	A	B	C	D	E
1	本店経費				(単位:円)
2		4月	5月	6月	合計
3	消耗品費	21,300	23,050	31,520	75,870
4	通信費	9,680	4,590	3,600	17,870
5	販促宣伝費	52,600	21,350	26,350	100,300
6	修繕費	16,320	53,620	5,620	75,560
7	雑費	45,630	38,650	18,960	103,240
8	合計	145,530	141,260	86,050	372,840

本店 | 南口店 | 北口店 | 集計

	A	B	C	D	E
1	南口店経費				(単位:円)
2		4月	5月	6月	合計
3	消耗品費	45,120	36,240	12,350	93,710
4	販促宣伝費	12,350	9,850	6,580	28,780
5	雑費	23,650	35,210	45,230	104,090
6	合計	81,120	81,300	64,160	226,580

本店 | 南口店 | 北口店 | 集計

	A	B	C	D
1	北口店経費			(単位:円)
2		4月	6月	合計
3	消耗品費	56,230	48,250	104,480
4	通信費	5,620	3,260	8,880
5	修繕費	45,760	23,650	69,410
6	雑費	13,250	9,850	23,100
7	合計	120,860	85,010	205,870
8	※5月は改装のため営業なし			

本店 | 南口店 | 北口店 | 集計

ONEPOINT

「統合」は、集計対象となる複数の表が別々のファイルに入力されている場合にも利用できます。その場合は、あらかじめ集計したいすべての表のファイルを開いておき、統合結果を求めるためのファイルを新規に作成しておきましょう。

縦軸と横軸が統一されていない3つの表を集計する

ここでは、「本店」、「南口店」、「北口店」の各シートの表をもとに、あらかじめ用意した統合用のシート「集計」に各月の経費費目の合計を求める例として解説します。

統合結果を表示するセル範囲の先頭のセル（ここではA2)を選択し、「データ」タブの「統合」をクリックします（図2-65)。

図2-65 「統合の設定」ダイアログボックスを開く

「統合の設定」ダイアログボックスが開きます。「集計の方法」から「合計」を選択し、「統合元範囲」の欄をクリックしてから、1つ目の表である「本店」シートの表の範囲を見出しや合計セルも含めて選択します（図2-66)。

図2-66 「統合元範囲」を選択する

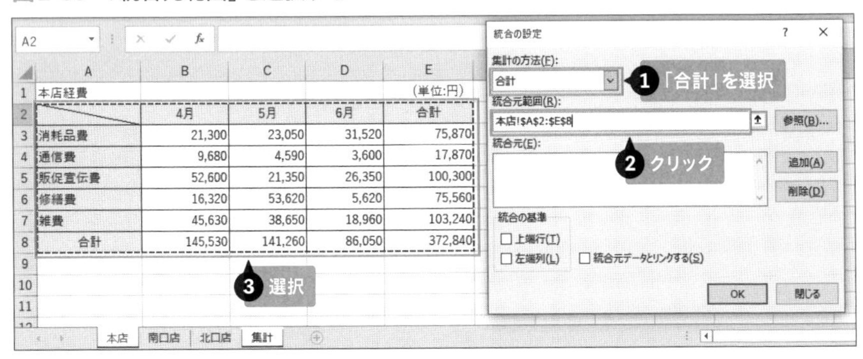

選択したセル範囲が「統合元範囲」に表示されるので、「追加」をクリックして「統合元」欄に追加します（図2-67)。

図2-67　指定したセル範囲を「統合元」に追加する

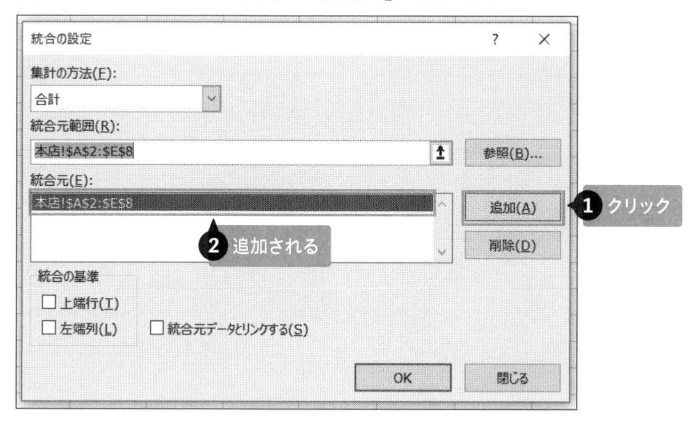

同様の手順で、「南口店」シートの表の範囲を選択し、「追加」ボタンをクリックします（図2-68)。「北口店」シートの表も同様に追加します。

図2-68　他のシートの表の範囲を「統合元」に追加する

	A	B	C	D	E
1	南口店経費				(単位:円)
2		4月	5月	6月	合計
3	消耗品費	45,120	36,240	12,350	93,710
4	販促宣伝費	12,350	9,850	6,580	28,780
5	雑費	23,650	35,210	45,230	104,090
6	合計	81,120	81,300	64,160	226,580

ONEPOINT

選択するセル範囲を間違えて表を追加してしまった場合は、「統合元」で対象を選んで「削除」をクリックすると削除できます。

集計したいすべてのシートが「統合元」に追加されました。「統合の基準」で集計の基準としたい項目軸を選択します。ここでは、月が入力された「上端行」と費目が入力された「左端列」の両方を基準に集計するので、両者にチェックを入れて、「OK」をクリックします（図2-69)。

図2-69　集計の基準としたい項目軸を選択する

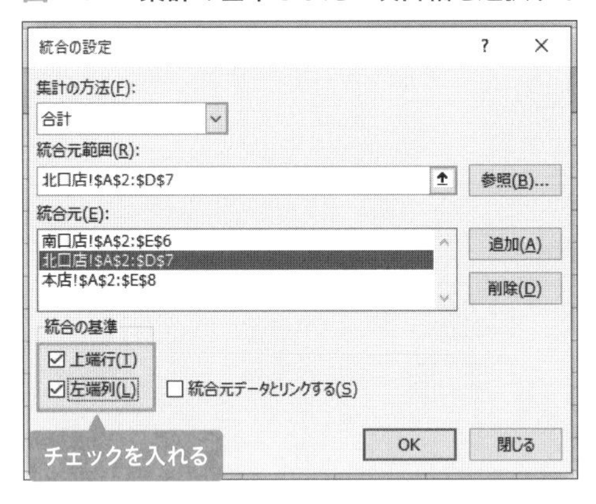

「集計」シートのA2セルを先頭にして、「本店」、「南口店」、「北口店」の各シートの表を合計した結果が表示されました（図2-70）。

図2-70　縦軸と横軸が統一されていない表を集計できた

	A	B	C	D	E
1	全店集計				
2		4月	5月	6月	合計
3	消耗品費	122,650	59,290	92,120	274,060
4	販促宣伝費	64,950	31,200	32,930	129,080
5	通信費	15,300	4,590	6,860	26,750
6	修繕費	62,080	53,620	29,270	144,970
7	雑費	82,530	73,860	74,040	230,430
8	合計	347,510	222,560	235,220	805,290
9					
10					
11					

本店 | 南口店 | 北口店 | 集計

CAUTION

「統合の基準」では、集計の基準にしたい項目見出しの位置に合わせて「上端行」や「左端列」にチェックを付けます。この指定を忘れると項目見出しの内容が考慮されず、集計が正しく行われないので注意が必要です。

ONEPOINT

「統合の設定」ダイアログボックスの「集計の方法」を合計以外に変更すれば、平均、セルの個数、最大値、最小値などを求めることができます。

第3章 販売・注文データを分析する

3-1-1 コード番号から情報を参照する（VLOOKUP関数）

売上データなどをリストに入力する際、商品名や単価といった固定の情報が商品リストから自動で転記されるようにしておくと、効率アップや入力ミスの削減につながります。このような仕組みを作るにはVLOOKUP関数を使います。

コード番号から商品名を検索して表示したい

リスト形式の表に販売や注文のデータを入力する際は、キーボードからの入力作業を最小限にすると、手間が省けるだけでなく誤入力によるデータのミスを減らすことにもつながります。

商品や顧客のデータにコード番号を付けて情報を管理している場合を考えてみましょう。VLOOKUP（ブイルックアップ）関数を使えば、図3-1のような「売上一覧表」に商品コードを入力すると、あらかじめ商品情報を登録しておいた「商品リスト」から商品コードを検索し、商品名、分類、単価などを指定したセルに転記できます。これなら売上一覧表に入力するのは商品コードだけで済みます。

参照→ 1-7 分析用の表（リスト）の作成ルール

図3-1　コード番号から商品情報を検索する

●売上一覧表

No.	日付	商品コード	商品名	分類	単価	数量	金額
1	10/7/2020	T1003	朝の紅茶	お茶	1,800	120	216,000
⋮	⋮	⋮	⋮	⋮	⋮	⋮	⋮

検索 ❶

❷ 商品名、分類、単価を取り出す

●商品リスト

商品コード	商品名	分類	単価
T1001	煎茶	お茶	1,170
T1002	すこやか麦茶	お茶	900
T1003	朝の紅茶	お茶	1,800
C1001	アロマコーヒー	コーヒー	2,150
⋮	⋮	⋮	⋮

VLOOKUP関数の引数を理解する

VLOOKUP関数は、図3-2のように4つの引数を指定します。

「検索値」には、検索に使いたいコード番号が入力されたセルを指定し、「範囲」に情報を参照する別表のセル範囲を指定します。「列番号」には、その表の何列目の内容を転記するかを番号で指定し、「検索方法」には、コード番号が完全に一致する場合だけを検索対象とするかどうかを指定します。

図3-2　VLOOKUP関数の書式

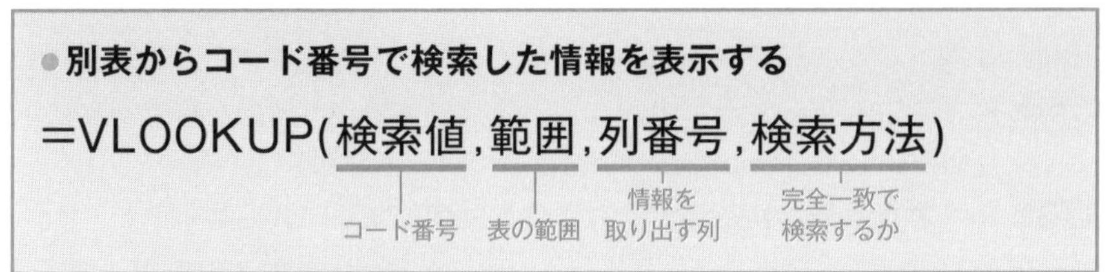

なお、引数「範囲」に指定する表は、**列がフィールド、行がレコードになったリスト形式の表であること**が原則です。また、検索のキーとなるコード番号は表の左端の列から検索されるため、商品コードなどは1列目に入力しておく必要があります（図3-3）。

図3-3　引数「範囲」に指定する表のレイアウト

商品コード	商品名	分類	単価
T1001	煎茶	お茶	1,170
T1002	すこやか麦茶	お茶	900
T1003	朝の紅茶	お茶	1,800
C1001	アロマコーヒー	コーヒー	2,150

コード番号は1列目に入力

VLOOKUP関数を入力して「商品名」を表示する

F2セルにVLOOKUP関数の式を入力し、「商品リスト」シートの表から、E2セルの商品コードに該当する商品名を自動で表示させてみましょう。この場合、F2セルに入力する関数の式は「=VLOOKUP($E2,商品リスト!$A$2:$D$11,2,FALSE)」となり、それぞれの引数は**図3-4**のように指定します。

「検索値」には、検索に使う商品コードが入力されたE2セルを指定します。なお、F2セルに入力したVLOOKUP関数の式は、入力後に右と下の2方向のセルへコピーして、G列には「分類」、H列には「単価」を自動表示したいと考えています。そのため、コピー時に列番号がE列から移動しないよう、複合参照にして「$E2」としておきます。

参照→ 1-4-3 行番号・列番号の片方だけを固定にする「複合参照」

図3-4　VLOOKUP関数の指定方法

●F2セルに入力したVLOOKUP関数の式

	A	B	C	D	E	F	G	H	I	J
1	NO	日付	顧客名	支社名	商品コード	商品名	分類	単価	数量	金額
2	1	2020/1/7	ミムラ出版	本社	E1001	おいしい水α			120	0
3	2	2020/1/7	ミムラ出版	本社	E1002				75	0
4	3	2020/1/7	加藤システム	本社	E1001				150	0
5	4	2020/1/7	加藤システム	本社	E1003				150	0

=VLOOKUP($E2,商品リスト!$A$2:$D$11,2,FALSE)

検索値　範囲　列番号　検索方法

●「商品リスト」シート

	A	B	C	D
1	商品コード	商品名	分類	単価
2	T1001	煎茶	お茶	1,170
3	T1002	すこやか麦茶	お茶	900
4	T1003	朝の紅茶	お茶	1,800
5	C1001	アロマコーヒー	コーヒー	2,150
6	C1002	魅惑のカフェラテ	コーヒー	1,700
7	C1003	コーヒーブラック	コーヒー	2,000
8	E1001	おいしい水α	その他	820
9	E1002	熱々ポタージュ	その他	1,500
10	E1003	カップ麺セット	その他	1,800
11	E1004	ミルクココア	その他	1,300
12	1列目	2列目	3列目	4列目

「範囲」には、「商品リスト」シートのA2からD11までのセル範囲を選びます。なお、F2セルに入力した式をコピーした際に、商品リストのセル番地がずれないよう「商品リスト!$A$2:$D$11」という絶対参照に変更しておきます。

「列番号」には、セルに返すデータが「範囲」の表の何列目にあるのかを、左から「1」「2」…と数えた数値で指定します。商品名は2列目なので「2」となります。

「検索方法」では、商品コードが完全に一致するものだけを検索対象とする場合は「FALSE」、そうではない場合「TRUE」という論理値を入力します。一般に商品コードや顧客コードは1文字でも違うと別の対象を指してしまうため、「FALSE」（完全一致）での検索にするのが基本です。

参照→ 1-2-1 関数の基本
参照→ 1-4-2 数式内のセル番地が移動しないようにする「絶対参照」

VLOOKUP関数をコピーする

G列に分類を、H列に単価を求めるには、VLOOKUP関数をコピーすると効率的です。そこでVLOOKUP関数の式が入力されたF2セルを選んで右方向へオートフィルを実行して、H2セルまでコピーします。すると、この時点ではG2セルとH2セルにも商品名が表示されます（図3-5）。

図3-5　VLOOKUP関数をコピーする

	A	B	C	D	E	F	G	H	I	J
1	NO	日付	顧客名	支社名	商品コード	商品名	分類	単価	数量	金額
2	1	2020/1/7	ミムラ出版	本社	E1001	おいしい水α	おいしい才	おいしい	120	######
3	2	2020/1/7	ミムラ出版	本社	E1002				75	0
4	3	2020/1/7	加藤システム	本社	E1001				150	0
5	4	2020/1/7	加藤システム	本社	E1003				150	0

「=VLOOKUP($E2,商品リスト!$A$2:$D$11,2,FALSE)」と入力 ❶

❷ ドラッグ

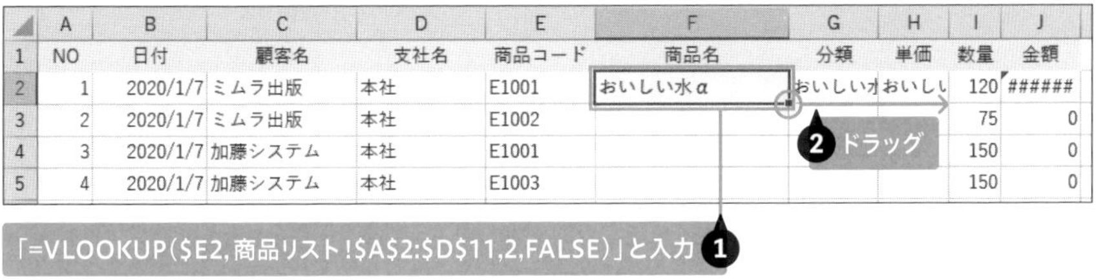

これらの戻り値を分類と単価に変更するには、コピーされたVLOOKUP関数の引数「列番号」を変更します。G2セルの数式では「列番号」を「3」に、H2セルの数式は「列番号」を「4」にそれぞれ変更します。これで、該当する分類と単価が検索され、セルに表示されます（図3-6）。

図3-6　VLOOKUP関数の列番号を変更する

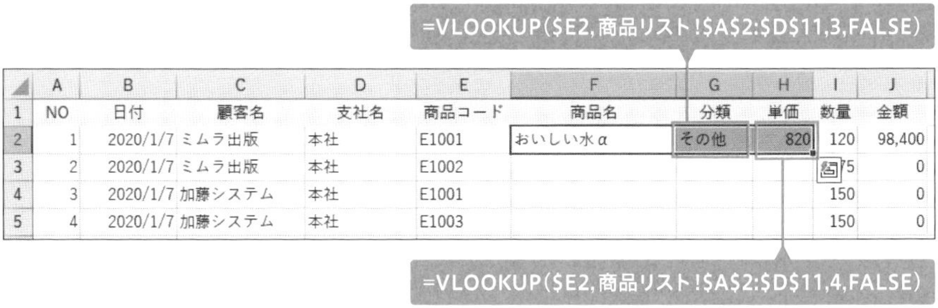

=VLOOKUP($E2,商品リスト!$A$2:$D$11,3,FALSE)

	A	B	C	D	E	F	G	H	I	J
1	NO	日付	顧客名	支社名	商品コード	商品名	分類	単価	数量	金額
2	1	2020/1/7	ミムラ出版	本社	E1001	おいしい水α	その他	820	120	98,400
3	2	2020/1/7	ミムラ出版	本社	E1002				75	0
4	3	2020/1/7	加藤システム	本社	E1001				150	0
5	4	2020/1/7	加藤システム	本社	E1003				150	0

=VLOOKUP($E2,商品リスト!$A$2:$D$11,4,FALSE)

最後に、F2からH2までのセルを選択して、選択範囲の右下の角をダブルクリックすると、下方向へ最終行までのオートフィルが実行され、すべてのレコードの商品名、分類、単価が自動表示されます（図3-7）。

図3-7　複数の列をまとめてコピーする

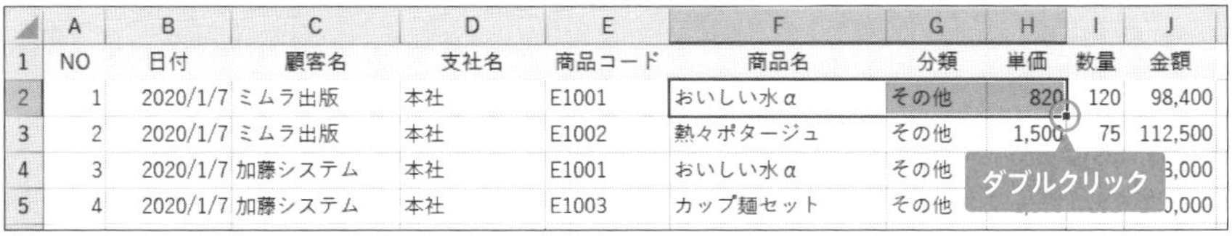

	A	B	C	D	E	F	G	H	I	J
1	NO	日付	顧客名	支社名	商品コード	商品名	分類	単価	数量	金額
2	1	2020/1/7	ミムラ出版	本社	E1001	おいしい水α	その他	820	120	98,400
3	2	2020/1/7	ミムラ出版	本社	E1002	熱々ポタージュ	その他	1,500	75	112,500
4	3	2020/1/7	加藤システム	本社	E1001	おいしい水α	その他			3,000
5	4	2020/1/7	加藤システム	本社	E1003	カップ麺セット	その他			0,000

ダブルクリック

ONEPOINT

検索に使うコード番号が「範囲」の表に存在しない場合、VLOOKUP関数を入力したセルには「#N/A」というエラー値が表示されます。「#N/A」と表示されたら、「検索値」に指定したコード番号に誤りがないかどうか、「範囲」の表の1列目がコード番号の列であるかどうかを確認しましょう。また、「検索値」のセルが未入力の場合も同様のエラーが表示されます。この場合は、正しいコード番号を入力すれば、結果が表示されます。

3-1-2 コード番号から情報を参照する（XLOOKUP関数）

Microsoft 365版のExcelでは、VLOOKUP関数の改良版であるXLOOKUP関数を利用できます※。XLOOKUP関数はVLOOKUPよりも引数の指定がシンプルで、エラーになった際、セルに表示するコメントを指定することもできます。

XLOOKUP関数の仕組み

Microsoft 365版のExcelでは、XLOOKUP（エックスルックアップ）関数が新しく追加されました。これは**VLOOKUP関数の後継版の関数で、引数指定がわかりやすく、少ない手順で済むように改良されています。**

XLOOKUP関数の引数は**図3-8**の6つですが、指定が必須なのは「検索値」、「検索範囲」、「戻り範囲」の3つだけです。「検索値」には、VLOOKUP関数と同様、検索に使いたいコード番号が入力されたセルを指定します。「検索範囲」には、商品リストなどの別表からコード番号の列だけを指定し、「戻り範囲」には、その別表でセルに表示したい情報が入力された列を指定します。

なお、省略可能な引数のうち「見つからない場合」には、検索値のコード番号が見つからない場合に、セルに表示する文字列を指定できます。「一致モード」は、VLOOKUP関数の「検索方法」に似ていて、コード番号が完全に一致する場合だけを検索対象とするかどうかを指定するものです。省略すると自動的に完全一致になるため、VLOOKUP関数のように「FALSE」と入力する手間を省けます。「検索モード」は検索を実行する順序です。省略するとVLOOKUPと同様に先頭行から末尾の行へと検索されます。

参照→ 3-1-1 コード番号から情報を参照する（VLOOKUP関数）

※2020年10月の執筆時点では、XLOOKUP関数はMicrosoft 365版のExcelでのみ利用可能です。買い切り型のExcel 2019や2016、2013では利用できません。

図3-8　XLOOKUP関数の書式

●別表から検索した情報を表示する

=XLOOKUP(検索値,検索範囲,戻り範囲,見つからない場合,一致モード,検索モード)

コード番号　コード番号の列　情報を取り出す列　見つからない場合のコメント　完全一致で探すかどうか　検索の順序

XLOOKUP関数を入力する

図3-9では図3-4と同じように商品コードから商品名を求めています。F2セルに入力するXLOOKUP関数の式は「=XLOOKUP($E2,商品リスト!$A$2:$A$11,商品リスト!$B$2:$B$11)」となります。

図3-9　XLOOKUP関数の指定方法

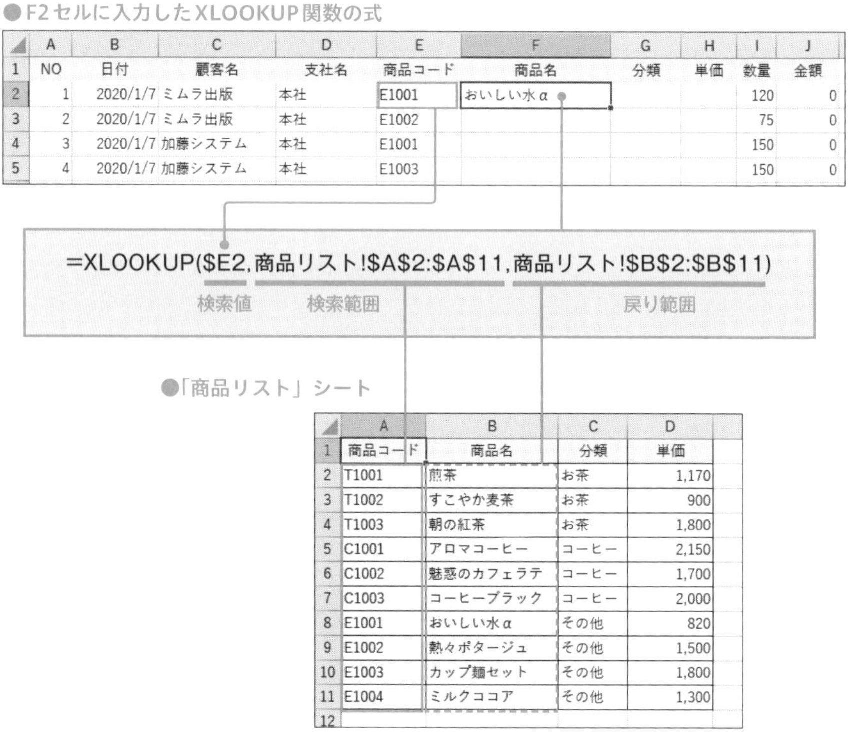

●F2セルに入力したXLOOKUP関数の式

	A	B	C	D	E	F	G	H	I	J
1	NO	日付	顧客名	支社名	商品コード	商品名	分類	単価	数量	金額
2	1	2020/1/7	ミムラ出版	本社	E1001	おいしい水α			120	0
3	2	2020/1/7	ミムラ出版	本社	E1002				75	0
4	3	2020/1/7	加藤システム	本社	E1001				150	0
5	4	2020/1/7	加藤システム	本社	E1003				150	0

=XLOOKUP($E2,商品リスト!$A$2:$A$11,商品リスト!$B$2:$B$11)

検索値　検索範囲　戻り範囲

●「商品リスト」シート

	A	B	C	D
1	商品コード	商品名	分類	単価
2	T1001	煎茶	お茶	1,170
3	T1002	すこやか麦茶	お茶	900
4	T1003	朝の紅茶	お茶	1,800
5	C1001	アロマコーヒー	コーヒー	2,150
6	C1002	魅惑のカフェラテ	コーヒー	1,700
7	C1003	コーヒーブラック	コーヒー	2,000
8	E1001	おいしい水α	その他	820
9	E1002	熱々ポタージュ	その他	1,500
10	E1003	カップ麺セット	その他	1,800
11	E1004	ミルクココア	その他	1,300
12				

引数「検索値」は、VLOOKUP関数と同じように、商品コードのセルを複合参照で「$E2」と指定します。VLOOKUP関数と異なるのは「検索範囲」と「戻り範囲」です。どちらも情報の参照先である「商品リスト」シートの表から該当する列の範囲を抜き出します。「検索範囲」には、商品コードの列「A2:A11」を、「戻り範囲」には商品名の列「B2:B11」を、どちらも絶対参照で指定（それぞれ「$A$2:$A$11」、「$B$2:$B$11」と入力）しましょう。数式の入力が完了すると、**図3-10**のように該当する商品名がF2セルに表示されます。

なお、分類と単価を自動で表示するには、F2セルのXLOOKUP関数の式をオートフィルで右方向にコピーし、引数「戻り範囲」を変更します。分類（G2セル）、単価（H2セル）に指定するXLOOKUP関数の数式は**図3-10**を、オートフィルの手順については**図3-5**、**図3-7**をそれぞれ参照してください。

図3-10　XLOOKUP関数で分数や単価を求める

=XLOOKUP($E2,商品リスト!$A$2:$A$11,商品リスト!$C$2:$C$11)

	A	B	C	D	E	F	G	H	I	J
1	NO	日付	顧客名	支社名	商品コード	商品名	分類	単価	数量	金額
2	1	2020/1/7	ミムラ出版	本社	E1001	おいしい水α	その他	820	120	98,400
3	2	2020/1/7	ミムラ出版	本社	E1002				75	0
4	3	2020/1/7	加藤システム	本社	E1001				150	0
5	4	2020/1/7	加藤システム	本社	E1003				150	0

=XLOOKUP($E2,商品リスト!$A$2:$A$11,商品リスト!$B$2:$B$11)

=XLOOKUP($E2,商品リスト!$A$2:$A$11,商品リスト!$D$2:$D$11)

COLUMN　コード番号がなくてもエラーを表示しない

XLOOKUP関数では、指定したコード番号が見つからない場合に、セルに表示したい文字列を引数「見つからない場合」に指定できます。**図3-11**は、F列の商品名を求めるXLOOKUP関数式で、「見つからない場合」に「(該当商品なし)」と表示するよう指定した例です。これにより、E列の商品コードが商品リストにない場合、商品名の欄にエラー値が表示されるのを防げます。

図3-11　XLOOKUP関数の「見つからない場合」を指定する

	A	B	C	D	E	F
1	NO	日付	顧客名	支社名	商品コード	商品名
2	1	2020/1/7	ミムラ出版	本社	E1000	(該当商品なし)
3	2	2020/1/7	ミムラ出版	本社	E1002	熱々ポタージュ
4	3	2020/1/7	加藤システム	本社	E1001	おいしい水α

=XLOOKUP($E2,商品リスト!$A$2:$A$11,商品リスト!$B$2:$B$11,"(該当商品なし)")

3-1-3 表現のばらつきを統一する

商品名や顧客名などを手作業でリストに入力すると、表現にばらつきが生じる恐れがあります。データ分析の前にリストの表現を統一するには「置換」機能を利用しましょう。

「カフェ・ラテ」を「カフェラテ」に置き換えたい

リスト上ですべての項目を手作業で入力すると、どうしても入力ミスが生じます。**図3-12**のF列の「商品名」フィールドには「魅惑のカフェラテ」と「魅惑のカフェ・ラテ」という2種類の名称がありますが、これらは同じ商品を指しています。このような表現の不統一をそのままにしておくと、抽出や集計などで正しい結果が出ない原因になります。そのような事態を避けるため、分析前にリストのデータを見直して表現を統一する作業のことを**「データクレンジング」**といいます。

データクレンジングを効率よく行うには、「置換」機能を活用しましょう。

図3-12 表現を統一する

Before

E	F	G
商品コード	商品名	分類
E1001	おいしい水α	その他
E1002	熱々ポタージュ	その他
C1002	魅惑のカフェラテ	コーヒー
E1003	カップ麺セット	その他
C1003	コーヒーブラック	コーヒー
T1001	煎茶	お茶
T1003	朝の紅茶	お茶
C1002	魅惑のカフェ・ラテ	コーヒー
E1003	カップ麺セット	その他
E1004	ミルクココア	その他
E1001	おいしい水α	その他
E1004	ミルクココア	その他
C1001	アロマコーヒー	コーヒー
C1002	魅惑のカフェ・ラテ	コーヒー

After

E	F	G
商品コード	商品名	分類
E1001	おいしい水α	その他
E1002	熱々ポタージュ	その他
C1002	魅惑のカフェラテ	コーヒー
E1003	カップ麺セット	その他
C1003	コーヒーブラック	コーヒー
T1001	煎茶	お茶
T1003	朝の紅茶	お茶
C1002	魅惑のカフェラテ	コーヒー
E1003	カップ麺セット	その他
E1004	ミルクココア	その他
E1001	おいしい水α	その他
E1004	ミルクココア	その他
C1001	アロマコーヒー	コーヒー
C1002	魅惑のカフェラテ	コーヒー

「置換」とは、セルのデータに含まれる特定の文字を別の文字に機械的に置き換える機能で、短時間で統一が完了します。ここでは、F列の商品名に含まれる「カフェ・ラテ」を「カフェラテ」に統一します。

置換機能で統一する

置換はシート単位で行われますが、あらかじめセル範囲を選んでおくと、その部分だけが操作の対象になります。F列を選択し、「ホーム」タブの「検索と選択」から「置換」を選択します（図3-13）。

図3-13 「検索と置換」ダイアログボックスを開く

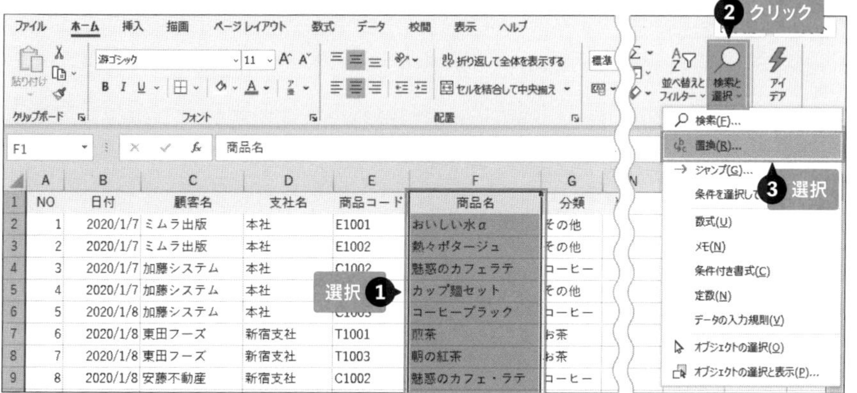

「検索と置換」ダイアログボックスの「置換」タブが表示されます。「検索する文字列」には「カフェ・ラテ」と入力し、「置換後の文字列」に「カフェラテ」と入力して、「すべて置換」をクリックします（図3-14）。

2件の文字列が置換され、これで図3-12のAfterのように「カフェ・ラテ」が「カフェラテ」に一括で統一されます。

図3-14 文字列を置換する

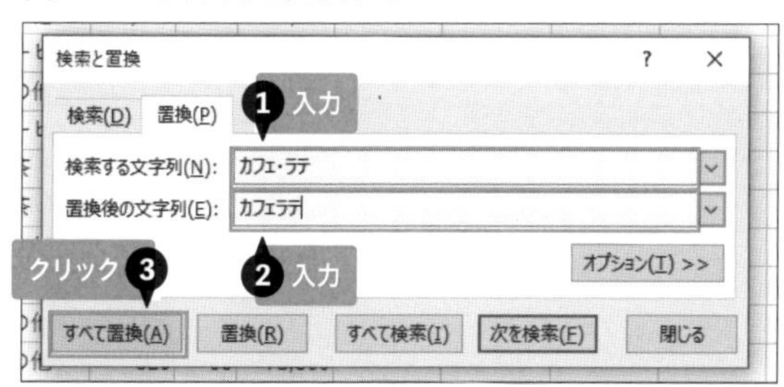

3-2-1 条件を満たすデータだけを集計する「+IF」関数

Excelの関数には、SUMIFやCOUNTIFのように、後ろに「IF」が付く種類の関数があります。これらの関数は、指定した条件を満たすデータだけを対象に集計を行います。データ分析でも頻度の高いこのような関数の共通ルールを知っておきましょう。

1
2
3
4
5
6
7
8
販売・注文データを分析する

条件に合うデータだけを集計したい

末尾にIFやIFSが付く関数には、図3-15のような種類があります。たとえば、SUMIF（サムイフ）関数は、「SUM」＋「IF」という名前からわかるとおり、合計を求めるSUM関数と、条件に応じて処理を分けるIF関数の2つの役割を持ちます。表のデータを単純に合計するならSUMを使いますが、**特定のデータを対象にして合計を求めたい場合にはSUMIFを利用します。**他の「+IF」関数も同様で、何らかの条件を満たすデータだけを集計する点が共通しています。

なお、「SUMIFS」のように、「IF」の後ろに「S」が付く「+IFS」関数では、条件を複数指定できます。「S」は英語の複数形の「S」と考えると違いがわかりやすいでしょう。

参照→ 2-3-1 売上額や販売数を合計したい
参照→ 2-8-1「達成」または「未達成」と表示したい

図3-15 「+IF」関数と「+IFS」関数

関数名	内容	本書の掲載箇所
SUMIF	条件に合うデータだけを合計する	3-2-2
SUMIFS	複数の条件に合うデータを合計する	3-2-3
COUNTIF	条件に合うセルの個数を数える	4-5-2
COUNTIFS	複数の条件に合うセルの個数を数える	4-5-3
AVERAGEIF	条件に合うデータだけを対象に平均を求める	3-2-3 コラム
AVERAGEIFS	複数の条件に合うデータを対象に平均を求める	3-2-3 コラム

「+IF」関数はリスト形式の表で利用する

「+IF」や「+IFS」関数は、列を「フィールド」、行を「レコード」として作成されたリスト形式の表でなければ、検索や集計が正しく行われません。したがってリスト形式の表での利用が前提になります。

「+IF」関数では、「条件を検索する列」と「集計の対象にする列」の2つの列を使って検索と集計が行われます。たとえば「朝の紅茶」という商品の金額を合計するには、「商品名」フィールドの列を上から順に検索して「朝の紅茶」を探し、見つかった場合は同じ行にある「金額」フィールドの数値を取り出して合計する、という仕組みで集計を行います（**図3-16**）。

図3-16　「+IF」関数の集計の仕組み

No.	日付	支社名	商品名	単価	数量	金額
1	10/7/2020	本社	おいしい水α	820	120	98,400
2	10/7/2020	本社	朝の紅茶	1,800	150	270,000
3	10/8/2020	新宿支社	煎茶	1,170	60	70,200
4	10/8/2020	新宿支社	朝の紅茶	1,800	150	270,000
5	10/8/2020	新宿支社	おいしい水α	820	90	73,800
6	10/8/2020	新宿支社	ミルクココア	1,300	15	19,500

「+IFS」関数の場合は、条件を検索する列が複数になります。たとえば、「朝の紅茶」を「新宿支社」が販売したデータの売上金額を合計するには、「商品名」フィールドが「朝の紅茶」で、なおかつ「支社名」フィールドが「新宿支社」であるレコードを検索し、両方の条件を共に満たすレコードが見つかったら、同じ行の「金額」を合計します（**図3-17**）。

図3-17　「+IFS」関数の集計の仕組み

No.	日付	支社名	商品名	単価	数量	金額
1	10/7/2020	本社	おいしい水α	820	120	98,400
2	10/7/2020	本社	朝の紅茶	1,800	150	270,000
3	10/8/2020	新宿支社	煎茶	1,170	60	70,200
4	10/8/2020	新宿支社	朝の紅茶	1,800	150	270,000
5	10/8/2020	新宿支社	おいしい水α	820	90	73,800
6	10/8/2020	新宿支社	ミルクココア	1,300	15	19,500

3-2-2 条件を1つ指定して合計する

条件に当てはまるレコードだけを対象にして合計を求めたい場合は、SUMIF関数を使います。売上一覧表から特定の商品や販売店を指定して、その売上金額だけを合計する場合などに利用できます。

商品名が「朝の紅茶」であるレコードの金額を合計したい

図3-18のような売上表から、「朝の紅茶」という商品の販売データだけを選んで、L2セルにその金額を合計する場合を考えてみましょう。このように、特定の商品や支社を指定して販売数や金額の合計を求めるには、SUMIF関数が便利です。

図3-18 条件を満たすデータのみ集計する

	A	B	C	D	E	F	G	H	I	J	K	L
1	NO	日付	顧客名	支社名	商品コード	商品名	分類	単価	数量	金額		「朝の紅茶」の合計金額
2	1	2020/1/7	ミムラ出版	本社	E1001	おいしい水α	その他	820	120	98,400		30,105,000
3	2	2020/1/7	ミムラ出版	本社	E1002	熱々ポタージュ	その他	1,500	75	112,500		
4	3	2020/1/7	加藤システム	本社	E1001	おいしい水α	その他	820	150	123,000		
5	4	2020/1/7	加藤システム	本社	E1003	カップ麺セット	その他	1,800	150	270,000		
6	5	2020/1/8	加藤システム	本社	C1003	コーヒーブラック	コーヒー	2,000	450	900,000		
7	6	2020/1/8	東田フーズ	新宿支社	T1001	煎茶	お茶	1,170	60	70,200		
8	7	2020/1/8	東田フーズ	新宿支社	T1003	朝の紅茶	お茶	1,800				
9	8	2020/1/8	安藤不動産	新宿支社	E1001	おいしい水α	その他	820				
10	9	2020/1/8	安藤不動産	新宿支社	E1003	カップ麺セット	その他	1,800	75	135,000		

30,105,000

SUMIF関数は、「範囲」、「検索条件」、「合計範囲」の3つの引数を指定します（図3-19）。

最初の引数「範囲」には条件を探すフィールドを指定し、2番目の引数「検索条件」には、条件内容を指定します。その際、条件が入力されたセルを指定するか、商品名などの文字列を半角の「"」で囲んで直接入力します。最後の引数「合計範囲」には、合計したい数値データが入力されたフィールドを指定します。

図3-19　SUMIF関数の書式

●条件に当てはまるデータを取り出して集計する

=SUMIF(範囲,検索条件,合計範囲)

範囲：条件の列　検索条件：条件　合計範囲：合計する数値の列

SUMIF関数を入力する

図3-20のように、L2セルに入力するSUMIF関数の式は「=SUMIF(F2:F1086,"朝の紅茶",J2:J1086)」となります。引数「範囲」には商品名が入力されたF2からF1086までのセル範囲を指定しています。「検索条件」には「"朝の紅茶"」と入力し、「合計範囲」には売上金額が入力されたJ2からJ1086までのセル範囲を指定すると、図3-18のように「朝の紅茶」の金額の合計が求められます。

図3-20　SUMIF関数の数式を入力する

入力

	A	B	C	D	E	F	G	H	I	J	K	L	M
1	NO	日付	顧客名	支社名	商品コード	商品名	分類	単価	数量	金額		「朝の紅茶」の合計金額	
2	1	2020/1/7	ミムラ出版	本社	E1001	おいしい水α	その他	820	120	98,400		=SUMIF(F2:F1086,"朝の紅茶",J2:J1086)	
3	2	2020/1/7	ミムラ出版	本社	E1002	熱々ポタージュ	その他	1,500	75	112,500			
4	3	2020/1/7	加藤システム	本社	E1001	おいしい水α	その他	820	150	123,000			
5	4	2020/1/7	加藤システム	本社	E1003	カップ麺セット	その他	1,800	150	270,000			
6	5	2020/1/8	加藤システム	本社	C1003	コーヒーブラック	コーヒー	2,000	450	900,000			
7	6	2020/1/8	東田フーズ	新宿支社	T1001	煎茶	お茶	1,170	60	70,200			
8	7	2020/1/8	東田フーズ	新宿支社	T1003	朝の紅茶	お茶	1,800	150	270,000			
9	8	2020/1/8	安藤不動産	新宿支社	E1001	おいしい水α	その他	820	90	73,800			
10	9	2020/1/8	安藤不動産	新宿支社	E1003	カップ麺セット	その他	1,800	75	135,000			
11	10	2020/1/9	安藤不動産	新宿支社	E1004	ミルクココア	その[illegible]	[illegible]	[illegible]	[illegible]			
12	11	2020/1/9	春日部トラベル	さいたま支社	E1001	おいしい水α	その[illegible]	[illegible]	[illegible]	[illegible]			
13	12	2020/1/9	春日部トラベル	さいたま支社	E1004	ミルクココア	その[illegible]	[illegible]	[illegible]	[illegible]			
14	13	2020/1/9	柿本食品	さいたま支社	C1001	アロマコーヒー	コーヒー	2,150	300	645,000			

=SUMIF(F2:F1086,"朝の紅茶",J2:J1086)

ONEPOINT

引数のセルが広範囲でドラッグでは選択しづらい場合、先頭のセルをクリックしてから、「Shift」キーと「Ctrl」キーを押した状態で「↓」キーを押すと、フィールドの末尾のセルまでを自動で選択できます。

複数の商品の合計金額を求めたい

SUMIF関数を使って金額を合計したい商品が複数ある場合は、図3-21のL列～M列のように集計欄を表にしておくとわかりやすくなります。

最初の商品「朝の紅茶」の金額の合計をM2セルに求めるには、M2セルをクリックして、SUMIF関数の式を「=SUMIF($F$2:$F$1086,L2,$J$2:$J$1086)」と入力します。このとき、入力後に数式を下にコピーした際、セル範囲が移動しないよう引数「範囲」と「合計範囲」を絶対参照にしておきます。

また、「検索条件」には、最初の商品名が入力されたL2のセルを指定します。こちらは数式をコピーしたときに条件のセルも下方向に移動させたいので、セル番地は相対参照のままにしておきます。

図3-21　複数の商品をそれぞれ集計する

	A	B	C	D	E	F	G	H	I	J	K	L	M
1	NO	日付	顧客名	支社名	商品コード	商品名	分類	単価	数量	金額		商品名	合計金額
2	1	2020/1/7	ミムラ出版	本社	E1001	おいしい水α	その他	820	120	98,400		朝の紅茶	=SUMIF($F$2:$F$1086,L2,$J$2:$J$1086)
3	2	2020/1/7	ミムラ出版	本社	E1002	熱々ポタージュ	その他	1,500	75	112,500		コーヒーブラック	
4	3	2020/1/7	加藤システム	本社	E1001	おいしい水α	その他	820	150	123,000		煎茶	
5	4	2020/1/7	加藤システム	本社	E1003	カップ麺セット	その他	1,800	150	270,000			
6	5	2020/1/8	加藤システム	本社	C1003	コーヒーブラック	コーヒー	2,000	450	900,000			
7	6	2020/1/8	東田フーズ	新宿支社	T1001	煎茶	お茶	1,170	60	70,200			
8	7	2020/1/8	東田フーズ	新宿支社	T1003	朝の紅茶	お茶	1,800	150	270,000			
9	8	2020/1/8	安藤不動産	新宿支社	E1001	おいしい水α	その他	820	90	73,800			
10	9	2020/1/8	安藤不動産	新宿支社	E1003	カップ麺セット	その他	1,800	75	135,000			
11	10	2020/1/9	安藤不動産	新宿支社	E1004	ミルクココア	その他	1,300	15	19,500			
12	11	2020/1/9	春日部トラベル	さいたま支社	E1001	おいしい水α	その他	820	90	73,800			
13	12	2020/1/9	春日部トラベル	さいたま支社	E1004	ミルクココア	その他	1,300	60	78,000			
14	13	2020/1/9	柿本食品	さいたま支社	C1001	アロマコーヒー	コーヒー	2,150	300	645,000			

入力

=SUMIF($F$2:$F$1086,L2,$J$2:$J$1086)

範囲　検索条件　合計範囲

M2セルに入力したSUMIF関数の式を、オートフィル操作で下方向にコピーすると、M3、M4セルに「コーヒーブラック」と「煎茶」の売上金額が正しく合計されます（図3-22）。

図3-22　SUMIF関数をコピーする

	A	B	C	D	E	F	G	H	I	J	K	L	M
1	NO	日付	顧客名	支社名	商品コード	商品名	分類	単価	数量	金額		商品名	合計金額
2	1	2020/1/7	ミムラ出版	本社	E1001	おいしい水α	その他	820	120	98,400		朝の紅茶	30,105,000
3	2	2020/1/7	ミムラ出版	本社	E1002	熱々ポタージュ	その他	1,500	75	112,500		コーヒーブラック	65,500,000
4	3	2020/1/7	加藤システム	本社	E1001	おいしい水α	その他	820	150	123,000		煎茶	19,111,950
5	4	2020/1/7	加藤システム	本社	E1003	カップ麺セット	その他	1,800	150	270,000			
6	5	2020/1/8	加藤システム	本社	C1003	コーヒーブラック	コーヒー	2,000	450	900,000			
7	6	2020/1/8	東田フーズ	新宿支社	T1001	煎茶	お茶	1,170	60	70,200			

ドラッグ

3-2-3 条件を複数指定して合計する

複数の条件に該当するレコードを対象に金額などの合計を求めたい場合は、SUMIFの複数形版である「SUMIFS関数」を使いましょう。「商品『A』を顧客『B』に販売した金額の合計を求めたい」といった場合に利用できます。

「朝の紅茶」を「新宿支社」が販売した金額を合計したい

図3-23の売上表で、「朝の紅茶」を「新宿支社」が販売したデータを検索し、L3セルにその金額を合計する場合を考えてみましょう。複数のフィールドに検索条件を指定して販売数や金額の合計を求めるには、SUMIFS（サムイフエス）関数を使います。

図3-23　複数の条件に当てはまるデータを集計する

	A	B	C	D	E	F	G	H	I	J	K	L
1	NO	日付	顧客名	支社名	商品コード	商品名	分類	単価	数量	金額		「朝の紅茶」の「新宿支
2	1	2020/1/7	ミムラ出版	本社	E1001	おいしい水α	その他	820	120	98,400		社」の合計金額
3	2	2020/1/7	ミムラ出版	本社	E1002	熱々ポタージュ	その他	1,500	75	112,500		13,878,000
4	3	2020/1/7	加藤システム	本社	E1001	おいしい水α	その他	820	150	123,000		
5	4	2020/1/7	加藤システム	本社	E1003	カップ麺セット	その他	1,800	150	270,000		
6	5	2020/1/8	加藤システム	本社	C1003	コーヒーブラック	コーヒー	2,000	450	900,000		
7	6	2020/1/8	東田フーズ	新宿支社	T1001	煎茶	お茶	1,170	60	70,200		
8	7	2020/1/8	東田フーズ	新宿支社	T1003	朝の紅茶	お茶	1,800	150	270,000		
9	8	2020/1/8	安藤不動産	新宿支社	E1001	おいしい水α	その他	820	90	73,800		
10	9	2020/1/8	安藤不動産	新宿支社	E1003	カップ麺セット	その他	1,800	75	135,000		

SUMIFS関数の引数は**図3-24**のとおりです。最初の引数「合計対象範囲」には、合計したい数値データが入力されたフィールドを指定します。続けて1つ目の条件が入力されたフィールドを「条件範囲1」に、条件の内容を「条件1」にそれぞれ指定します。2つ目以降の条件についても、「条件範囲2」、「条件2」に同様に指定します。

「+IFS」関数では条件を複数指定するため、**「条件範囲」と「条件」がペアになるように引数を設定する**のがポイントです。このペアを2組、3組…と増やすと、すべての条件を満たすレコードだけが対象として残り、合計や個数が求められる仕組みになっています。

図3-24　SUMIFS関数の書式

● **複数の条件に当てはまるデータを取り出して集計する**

=SUMIFS(合計対象範囲,条件範囲1,条件1,条件範囲2,条件2,…)

- 合計対象範囲：合計する数値の列
- 条件範囲1：1つ目の条件の列
- 条件1：1つ目の条件
- 条件範囲2：2つ目の条件の列
- 条件2：2つ目の条件

SUMIFS関数を入力する

図3-25のように、L3セルに入力するSUMIFS関数の式は、「=SUMIFS(J2:J1086,F2:F1086,"朝の紅茶",D2:D1086,"新宿支社")」となります。

引数「合計対象範囲」には、売上金額が入力されたJ2からJ1086までのセル範囲を指定します。「条件範囲1」に商品名が入力されたF2からF1086までのセル範囲を指定し、「条件1」には「"朝の紅茶"」と入力します。同様に、「条件範囲2」に支社名が入力されたD2からD1086までのセル範囲を指定し、「条件2」には「"新宿支社"」と入力します。入力を完了すると、完成図（**図3-23**）のように結果が表示されます。

図3-25　複数の条件に当てはまるデータを集計する数式を入力する

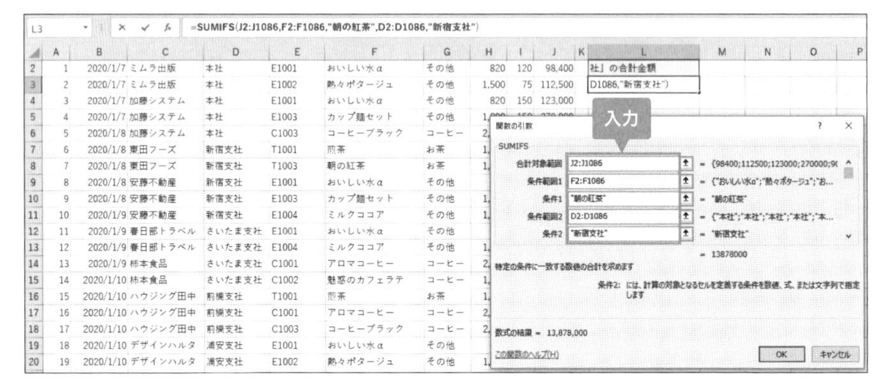

COLUMN 条件を満たすデータの平均を求める

SUMIFとSUMIFSが使えるようになったら、AVERAGEIF（アベレージイフ）とAVERAGEIFS（アベレージイフエス）関数も使ってみましょう。AVERAGEIF、AVERAGEIFSは、条件を満たすレコードを対象に平均を求める用途で利用します。

2つの関数の引数は図3-26のようになります。集計の種類が合計から平均に変わるだけで、指定方法はSUMIF、SUMIFSとまったく同じです。

図3-26　AVERAGEIF関数・AVERAGEIFS関数の書式

●条件に当てはまるデータの平均を求める

=AVERAGEIF(範囲,条件,平均対象範囲)

- 範囲：条件の列
- 条件：条件
- 平均対象範囲：平均を求める数値の列

●複数の条件に当てはまるデータの平均を求める

=AVERAGEIFS(平均対象範囲,条件範囲1,条件1,条件範囲2,条件2,…)

- 平均対象範囲：平均を求める数値の列
- 条件範囲1：1つ目の条件の列
- 条件1：1つ目の条件
- 条件範囲2：2つ目の条件の列
- 条件2：2つ目の条件

図3-27の例では、L2セルにAVERAGEIF関数の式を入力して、「朝の紅茶」の販売データの売上金額の平均を求めています。また、L6セルにはAVEARAGEIFS関数の式を入力して、「朝の紅茶」を「新宿支社」が販売したデータの売上金額の平均を求めています。両者の金額を比べると、L2セルよりもL6セルの方が金額が低いことから、「朝の紅茶」全体の売上平均よりも、新宿支社が同商品を販売した場合の売上額の平均が低いことがわかります。

図3-27　条件に当てはまるデータの平均を求めて比較した例

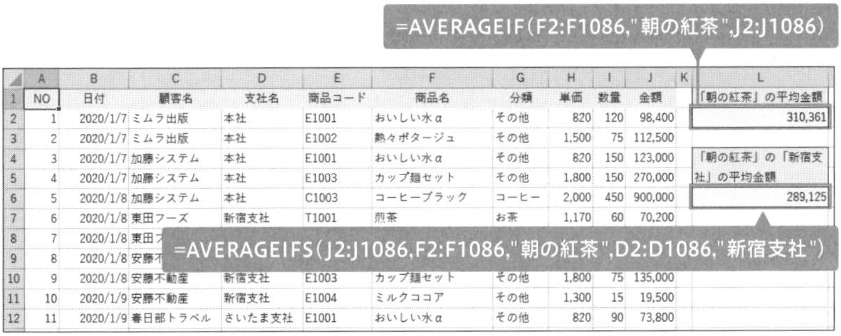

=AVERAGEIF(F2:F1086,"朝の紅茶",J2:J1086)

	A	B	C	D	E	F	G	H	I	J	K	L
1	NO	日付	顧客名	支社名	商品コード	商品名	分類	単価	数量	金額		「朝の紅茶」の平均金額
2	1	2020/1/7	ミムラ出版	本社	E1001	おいしい水α	その他	820	120	98,400		310,361
3	2	2020/1/7	ミムラ出版	本社	E1002	熱々ポタージュ	その他	1,500	75	112,500		
4	3	2020/1/7	加藤システム	本社	E1001	おいしい水α	その他	820	150	123,000		「朝の紅茶」の「新宿支
5	4	2020/1/7	加藤システム	本社	E1003	カップ麺セット	その他	1,800	150	270,000		社」の平均金額
6	5	2020/1/8	加藤システム	本社	C1003	コーヒーブラック	コーヒー	2,000	450	900,000		289,125
7	6	2020/1/8	東田フーズ	新宿支社	T1001	煎茶	お茶	1,170	60	70,200		
8	7	2020/1/8	東田フ									
9	8	2020/1/8	安藤不									
10	9	2020/1/8	安藤不動産	新宿支社	E1003	カップ麺セット	その他	1,800	75	135,000		
11	10	2020/1/9	安藤不動産	新宿支社	E1004	ミルクココア	その他	1,300	15	19,500		
12	11	2020/1/9	春日部トラベル	さいたま支社	E1001	おいしい水α	その他	820	90	73,800		

=AVERAGEIFS(J2:J1086,F2:F1086,"朝の紅茶",D2:D1086,"新宿支社")

3-3-1 条件を指定して売上データを抽出する

特定の支社や商品名の販売記録を確認する際には「フィルター」機能を使いましょう。フィルターを利用すると、リストのレコードの中から条件に当てはまるレコードだけを一時的に表示できます。

特定の支社や分類のレコードだけを表示したい

日々の販売データが蓄積されたリストから、特定の支社や商品のデータを確認するのに便利なのが**「フィルター」**です。フィルターを設定すると、**指定した条件に該当するレコードだけが表示され、それ以外のレコードは一時的に非表示になります。**レコードをコピーしたり削除したりする手間をかけずに、見たいデータだけを表示した表を手軽に用意できます。なお、フィルターはリスト形式で作成された表で利用することが前提です。

図3-28では、フィルターを使って、販売データの中から「さいたま支社」が「その他」の分類の商品を販売したときのレコードを抽出しています。

参照→ 1-7-1 リストの特徴と構造を理解する

図3-28　条件を満たすレコードだけを表示する

	A	B	C	D	E	F	G	H	I	J
1	NO	日付	顧客名	支社名	商品コー	商品名	分類	単価	数量	金額
12	11	2020/1/9	春日部トラベル	さいたま支社	E1001	おいしい水α	その他	820	90	73,800
13	12	2020/1/9	春日部トラベル	さいたま支社	E1004	ミルクココア	その他	1,300	60	78,000
37	36	2020/1/15	春日部トラベル	さいたま支社	E1001	おいしい水α	その他	820	90	73,800
38	37	2020/1/15	春日部トラベル	さいたま支社	E1004	ミルクココア	その他	1,300	60	78,000
61	60	2020/2/1	春日部トラベル	さいたま支社	E1001	おいしい水α	その他	820	90	73,800
62	61	2020/2/1	春日部トラベル	さいたま支社	E1004	ミルクココア	その他	1,300	60	78,000
85	84	2020/2/15	春日部トラベル	さいたま支社	E1001	おいしい水α	その他	820	90	73,800
86	85	2020/2/15	春日部トラベル	さいたま支社	E1002	熱々ポタージュ	その他	1,500	45	67,500
87	86	2020/2/15	春日部トラベル	さいたま支社	E1004	ミルクココア	その他	1,300	75	97,500
110	109	2020/3/1	春日部トラベル	さいたま支社	E1001	おいしい水α	その他	820	90	73,800

フィルター矢印を設定する

抽出を行うには、まずリストにフィルター矢印を設定します。リスト内の任意のセルを選択し、「データ」タブの「フィルター」をクリックします（**図3-29**）。

図3-29　フィルターの矢印を表示する

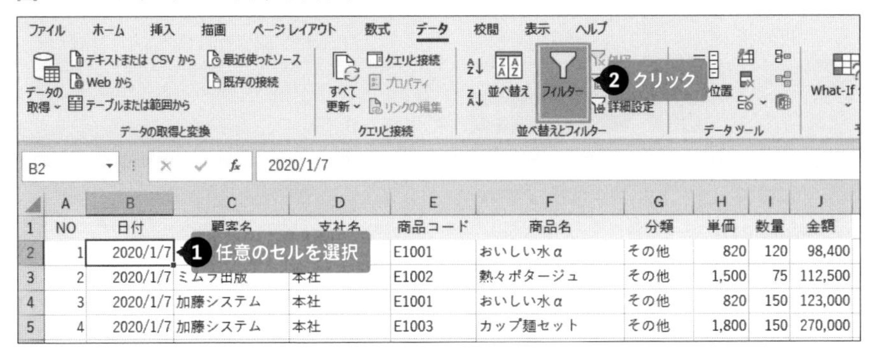

フィールド名のセルに、フィルター矢印が表示されました（**図3-30**）。

図3-30　フィルターの矢印が表示された

	A	B	C	D	E	F	G	H	I	J
1	NO	日付	顧客名	支社名	商品コード	商品名	分類	単価	数量	金額
2	1	2020/1/7	ミムラ出版	本社	E1001	おいしい水α	その他	820	120	98,400
3	2	2020/1/7	ミムラ出版	本社	E1002	熱々ポタージュ	その他	1,500	75	112,500
4	3	2020/1/7	加藤システム	本社	E1001	おいしい水α	その他	820	150	123,000
5	4	2020/1/7	加藤システム	本社	E1003	カップ麺セット	その他	1,800	150	270,000
6	5	2020/1/8	加藤システム	本社	C1003	コーヒーブラック	コーヒー	2,000	450	900,000

矢印（▼）が表示された

ONEPOINT

表をテーブルに変換すると、フィルター矢印は自動的に設定されます。

参照→ **5-1-3 調査結果を「テーブル」に変換する**

フィルターでレコードを抽出する

最初に、支社名が「さいたま支社」であるレコードを抽出しましょう。「支社名」フィールドのフィルター矢印をクリックし、表示されるチェックボックスで「(すべて選択)」のチェックをオフにします。次に「さいたま支社」だけにチェックを入れて「OK」をクリックします（図3-31）。

図3-31　「さいたま支社」で抽出する

これで、支社名が「さいたま支社」であるレコードだけが抽出されます。この中から商品分類が「その他」であるレコードをさらに抽出しましょう。「分類」フィールドのフィルター矢印をクリック後、「(すべて選択)」のチェックを外し、「その他」だけにチェックを入れて「OK」をクリックします（図3-32）。これで、完成図（図3-28）のように抽出されます。

図3-32　さらに条件を絞ってレコードを抽出する

ONEPOINT

フィルター矢印をクリックして表示されるチェックボックスで、複数の項目にチェックを入れれば、複数の支社や商品を抽出できます。

ONEPOINT

抽出を行ったフィールドのフィルター矢印をクリックし、「(すべて選択)」にチェックを入れると、そのフィールドの抽出を解除できます。なお、すべてのフィールドの抽出を一括で解除するには、「データ」タブの「クリア」をクリックします。

COLUMN フィルターの実行結果

フィルターを実行すると、リストの行番号が青色に変わります(**図3-33**の❶)。また、ステータスバーには「○レコード中○個が見つかりました」と表示され、抽出の結果、現在表示されているレコード数を確認できます(❷)。抽出したフィールドでは、フィルター矢印の外観が変わり、マウスを矢印にポイントすると設定した抽出条件が表示され、抽出の設定内容を確認できる仕組みです(❸)。

図3-33　フィルターの実行結果の見方

	A	B	C	D	E	F	G	H	I	J
1	NO	日付	顧客名	支社名	商品コード	商品名	分類	単価	数量	金額
12	11	2020/1/9	春日部トラベル	さいたま支社	E1001	おいしい水α	その他	820	90	73,800
13	12	2020/1/9	春日部トラベル	さいたま支社		ミルクココア	その他	1,300	60	78,000
37	36	2020/1/15	春日部トラベル	さいたま支社	E1001	おいしい水α	その他	820	90	73,800
38	37	2020/1/15	春日部トラベル	さいたま支社	E1004	ミルクココア	その他	1,300	60	78,000
61	60	2020/2/1	春日部トラベル	さいたま支社	E1001	おいしい水α	その他	820	90	73,800
62	61	2020/2/1	春日部トラベル	さいたま支社	E1004	ミルクココア	その他	1,300	60	78,000
85	84	2020/2/15	春日部トラベル	さいたま支社	E1001	おいしい水α	その他	820	90	73,800
86	85	2020/2/15	春日部トラベル	さいたま支社	E1002	熱々ポタージュ	その他	1,500	45	67,500
87	8	2020/2/15	春日部トラベル	さいたま支社	E1004	ミルクココア	その他	1,300	75	97,500
110	109	2020/3/1	春日部トラベル	さいたま支社	E1001	おいしい水α	その他	820	90	73,800
111	110	2020/3/1	春日部トラベル	さいたま支社	E1004	ミルクココア	その他	1,300	75	97,500
134	133	2020/3/15	春日部トラベル	さいたま支社	E1001	おいしい水α	その他	820	90	73,800
135	134	2020/3/15	春日部トラベル	さいたま支社	E1004	ミルクココア	その他	1,300	45	58,500
159	158	2020/4/1	春日部トラベル	さいたま支社	E1001	おいしい水α	その他	820	105	86,100
160	159	2020/4/1	春日部トラベル	さいたま支社	E1004	ミルクココア	その他	1,300	60	78,000
182	181	2020/4/15	春日部トラベル	さいたま支社	E1001	おいしい水α	その他	820	90	73,800
183	182	2020/4/15	春日部トラベル	さいたま支社	E1004	ミルクココア	その他	1,300	75	97,500

支社名:
"さいたま支社" に等しい

Sheet1

1085 レコード中 97 個が見つかりました

❶ ❷ ❸

ONEPOINT

抽出を行った状態のままでもレコードは追加できます。その場合は、リストの最下行にレコードを追加して「データ」タブの「再適用」をクリックすると、追加したレコードを含めて、現在の条件での抽出が再度実行されます。

3-3-2 特定の文字を含むデータを抽出する

商品名や顧客名などでレコードを抽出する際、「○○コーヒー」「○○茶」のように、名称の一部を指定して抽出したい場合は少なくありません。このように特定のキーワードを含む商品をまとめて抽出する方法を紹介します。

商品名の一部を指定してレコードを抽出したい

フィルターの条件を設定する方法は、**3-3-1**で解説したように表示された名称をチェックボックスでオンオフするだけではありません。**商品名や顧客名の一部を指定して、その言葉を含むレコードをまとめて抽出することも可能です。**

図3-34は、商品名に「コーヒー」という言葉を含む商品のレコードを一括で抽出した結果です。「コーヒーブラック」や「アロマコーヒー」といった商品が並んでいます。

図3-34　商品名の一部を指定してレコードを抽出する

	A	B	C	D	E	F	G	H	I	J
1	NO	日付	顧客名	支社名	商品コー	商品名	分類	単価	数	金額
6	5	2020/1/8	加藤システム	本社	C1003	コーヒーブラック	コーヒー	2,000	450	900,000
14	13	2020/1/9	柿本食品	さいたま支社	C1001	アロマコーヒー	コーヒー	2,150	300	645,000
17	16	2020/1/10	ハウジング田中	前橋支社	C1001	アロマコーヒー	コーヒー	2,150	75	161,250
18	17	2020/1/10	ハウジング田中	前橋支社	C1003	コーヒーブラック	コーヒー	2,000	75	150,000
21	20	2020/1/10	デザインハルタ	浦安支社	C1001	アロマコーヒー	コーヒー	2,150	300	645,000
22	21	2020/1/11	デザインハルタ	浦安支社	C1003	コーヒーブラック	コーヒー	2,000	350	700,000
32	31	2020/1/15	加藤システム	本社	C1003	コーヒーブラック	コーヒー	2,000	450	900,000
39	38	2020/1/15	柿本食品	さいたま支社	C1001	アロマコーヒー	コーヒー	2,150	300	645,000
44	43	2020/1/15	デザインハルタ	浦安支社	C1001	アロマコーヒー	コーヒー	2,150	300	645,000
45	44	2020/1/15	デザインハルタ	浦安支社	C1003	コーヒーブラック	コーヒー	2,000	250	500,000
55	54	2020/2/1	加藤システム	本社	C1003	コーヒーブラック	コーヒー	2,000	450	900,000
63	62	2020/2/1	柿本食品	さいたま支社	C1001	アロマコーヒー	コーヒー	2,150	375	806,250
69	68	2020/2/1	デザインハルタ	浦安支社	C1001	アロマコーヒー	コーヒー	2,150	350	752,500
70	69	2020/2/1	デザインハルタ	浦安支社	C1003	コーヒーブラック	コーヒー	2,000	300	600,000
80	79	2020/2/15	加藤システム	本社	C1003	コーヒーブラック	コーヒー	2,000	450	900,000
88	87	2020/2/15	柿本食品	さいたま支社	C1001	アロマコーヒー	コーヒー	2,150	300	645,000
93	92	2020/2/15	デザインハルタ	浦安支社	C1001	アロマコーヒー	コーヒー	2,150	300	645,000

商品名の一部をフィルターで検索して抽出する

このような抽出を行うには、「商品名」フィールドのフィルター矢印をクリックし、検索欄に抽出したい商品名の一部を入力します。ここでは、「コーヒー」と入力すると、下のチェックボックスが「コーヒー」という語を含む商品だけの表示に変わります（**図3-35**）。「OK」をクリックすると、完成図（**図3-34**）のように抽出されます。

図3-35　商品名の一部を入力して抽出する

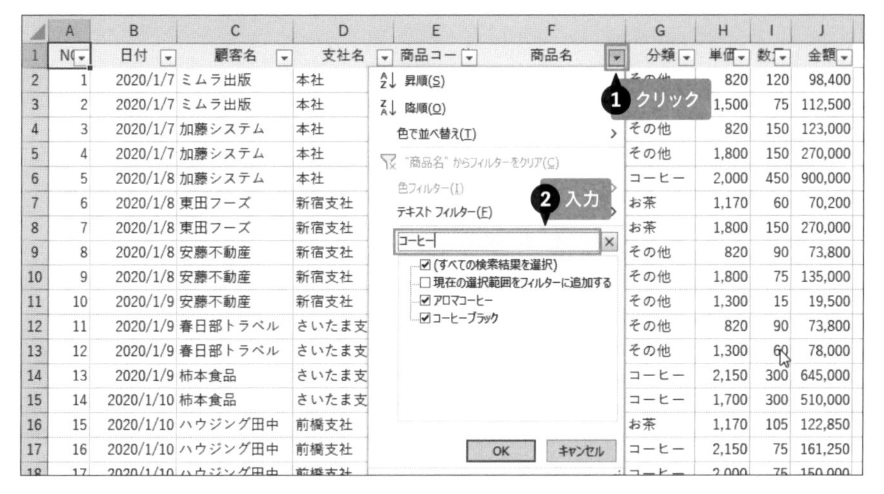

ONEPOINT

この時点で表示させたくない商品がある場合は、個別の商品のチェックボックスをオフにすると、抽出対象から外すことができます。たとえば、「アロマコーヒー」を除外したい場合は、「アロマコーヒー」のチェックを外します。

ONEPOINT

「『コーヒー』で始まる」、「『コーヒー』で終わる」のように、指定した言葉が含まれる位置を限定して抽出するには、フィルター矢印をクリックし、「テキストフィルター」から「指定の値で始まる」、「指定の値で終わる」などの選択肢を選びます。表示される画面で「コーヒー」と入力すれば、指定した位置に「コーヒー」が含まれるレコードだけを抽出できます。

3-3-3 抽出されたデータだけを集計する

合計を求めるSUM関数や平均を求めるAVERAGE関数では、抽出とは無関係に集計が行われます。フィルター機能で抽出したレコードだけを対象にして合計や平均を求めるには、SUBTOTAL関数を利用しましょう。

抽出されたレコードの金額だけを合計したい

フィルター機能で抽出を行うと、条件に該当するレコードだけが表示され、条件を満たさないレコードは一時的に表示されなくなります。このとき、SUM関数やAVERAGE関数では、抽出の結果に関係なく、引数に指定したセル範囲全体が常に集計されます。

抽出されたレコードだけを対象に集計を行いたい場合は、SUBTOTAL（サブトータル）関数を利用しましょう。

図3-36は、J1セルにSUBTOTAL関数の式を入力して、J列の「金額」フィールドから抽出された数値だけを合計しています。抽出の条件を変更すれば、J1セルの合計金額も連動して変わるので、**抽出されたレコード合計を常に確認できます。**

図3-36　抽出されたレコードの金額だけを合計する

J1 =SUBTOTAL(9,J4:J1088)

	A	B	C	D	E	F	G	H	I	J
1										88,320,300
3	NO	日付	顧客名	支社名	商品コード	商品名	分類	単価	数量	金額
4	1	2020/1/7	ミムラ出版	本社	E1001	おいしい水α	その他	820	120	98,400
5	2	2020/1/7	ミムラ出版	本社	E1002	熱々ポタージュ	その他	1,500	75	112,500
6	3	2020/1/7	加藤システム	本社	E1001	おいしい水α	その他	820	150	123,000
7	4	2020/1/7	加藤システム	本社	E1003	カップ麺セット	その他	1,800	150	270,000
8	5	2020/1/8	加藤システム	本社	C1003	コーヒーブラック	コーヒー	2,000	450	900,000

SUBTOTAL関数は、「集計方法」と「参照」の2つの引数を指定して、様々な集計を行う関数です（**図3-37**）。**フィルターを設定すると、抽出されたセルだけが集計対象になります。**引数「集計方法」には、集計の種類を数

値で指定し（**図3-38**）、「参照」には集計したいセル範囲を指定します。

図3-37　SUBTOTAL関数の書式

●**フィルターで抽出された範囲を集計する**

=SUBTOTAL(集計方法,参照1,…)

集計方法：集計の種類
参照1：集計したいセル範囲

図3-38　引数「集計方法」の主な内容

値	集計の内容
1	平均
2	数値のセルの個数
3	空欄ではないセルの個数
4	最大値
5	最小値
6	積

値	集計の内容
7	標準偏差
8	標本標準偏差
9	合計
10	分散
11	標本分散

SUBTOTAL関数の数式を入力する

ここでは、J1セルにSUBTOTAL関数の式を「=SUBTOTAL(9,J4:J1088)」と入力します。引数「集計方法」には合計を求める「9」を入力し、「参照」には「金額」フィールドのセル範囲J4からJ1088までを指定します。数式の入力後、フィルターで抽出を行うと、表示されたレコードだけを対象にした合計金額に変わります（**図3-39**）。ここでは支社名が「本社」のレコードを抽出しています。

図3-39　SUBTOTAL関数の式を入力する

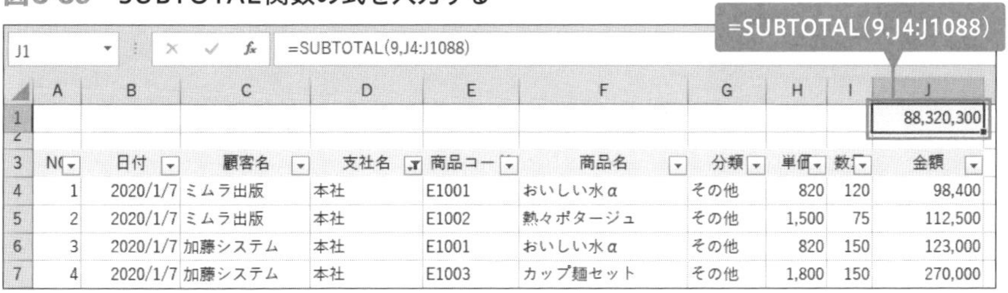

=SUBTOTAL(9,J4:J1088)

J1　=SUBTOTAL(9,J4:J1088)

	A	B	C	D	E	F	G	H	I	J
1										88,320,300
2										
3	NO	日付	顧客名	支社名	商品コード	商品名	分類	単価	数量	金額
4	1	2020/1/7	ミムラ出版	本社	E1001	おいしい水α	その他	820	120	98,400
5	2	2020/1/7	ミムラ出版	本社	E1002	熱々ポタージュ	その他	1,500	75	112,500
6	3	2020/1/7	加藤システム	本社	E1001	おいしい水α	その他	820	150	123,000
7	4	2020/1/7	加藤システム	本社	E1003	カップ麺セット	その他	1,800	150	270,000

3-4-1 分類や商品コード順にレコードを表示する

特定の列を基準にしてレコードを並べ替えると、見たいデータから並ぶようにレコードを表示したり、同じ顧客や商品のデータどうしがまとまるようにレコードを整理できます。ここでは、データ分析に欠かせない「並べ替え」機能の使い方を理解しましょう。

分類と商品コードの2列を基準に並べ替えたい

レコードの並び順を変更するには「並べ替え」機能を使いましょう。リストのレコードは上から下へと見ていくため、探したい情報が先頭に来るようにデータが並んでいると仕事が早くなります。たとえば、売上高の大きい取引データから表示すれば、大口案件から順にレコードを確認できます。

なお、大量のレコードを扱うリストでは、並べ替えのルールを複数設定することが一般的です。

図3-40では、販売データのリストに並べ替えを設定して、「分類」の五十音順にレコードが並ぶようにしています。さらに、同じ分類内では、「商品コード」順にレコードが表示されるようにします。このように複数の基準で並べ替えると、レコードはより見やすく、探しやすくなります。

図3-40　複数の列を基準にして並べ替える

	A	B	C	D	E	F	G	H	I	J
1	NO	日付	顧客名	支社名	商品コード	商品名	分類	単価	数量	金額
2	6	2020/1/8	東田フーズ	新宿支社	T1001	煎茶	お茶	1,170	60	70,200
3	15	2020/1/10	ハウジング田中	前橋支社	T1001	煎茶	お茶	1,170	105	122,850
4	24	2020/1/11	マツダ飲料販売	横浜支社	T1001	煎茶	お茶	1,170	150	175,500
5	32	2020/1/15	東田フーズ	新宿支社	T1001	煎茶	お茶	1,170	60	70,200
6	40	2020/1/15	ハウジング田中	前橋支社	T1001	煎茶	お茶	1,170	105	122,850
7	47	2020/1/15	マツダ飲料販売	横浜支社	T1001	煎茶	お茶	1,170	150	175,500
8	55	2020/2/1	東田フーズ	新宿支社	T1001	煎茶	お茶	1,170	60	70,200
9	64	2020/2/1	ハウジング田中	前橋支社	T1001	煎茶	お茶	1,170	105	122,850
10	72	2020/2/1	マツダ飲料販売	横浜支社	T1001	煎茶	お茶	1,170	150	175,500

並べ替えを行う際は、「昇順」、「降順」という2つの基準のどちらかを指定

します。「昇順」は小さなものから大きなものへと並べる順序で、その反対が「降順」です。セルに入力されたデータの種類によって、図3-41のように結果が並びます。

なお、単に同じ項目が隣り合うようにしたい場合、並び順は特に問わない場合もあります。その場合は、初期値である「昇順」をそのまま利用するとよいでしょう。

図3-41　昇順と降順

データの種類	昇順（小さい順）	降順（大きい順）
数字	小→大	大→小
日付	古い→新しい	新しい→古い
英字	A→Z	Z→A
漢字・かな	（原則として）五十音順	五十音順の反対

「分類」と「商品コード」を基準にして並べ替える

ここでは、まず「分類」フィールドを基準に「昇順」での並べ替えを設定し、さらに、同じ分類のレコード間では「商品コード」フィールドを基準に「昇順」での並べ替えを行います。

リスト内の任意のセルを選択しておき、「データ」タブの「並べ替え」(Excel 2019では「並べ替えとフィルター」から「ユーザー設定の並べ替え」）をクリックします（図3-42）。

図3-42　「並べ替え」ダイアログボックスを開く

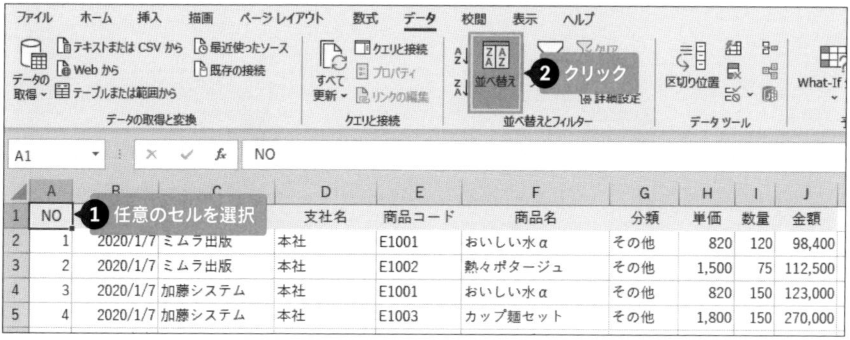

リスト全体が自動的に選択され、「並べ替え」ダイアログボックスが表示されます。

「最優先されるキー」に並べ替えの基準となるフィールド「分類」を選択し、「順序」欄には「昇順」を選択して、「レベルの追加」をクリックします（図3-43）。

図3-43　最優先される並べ替えルールを設定する

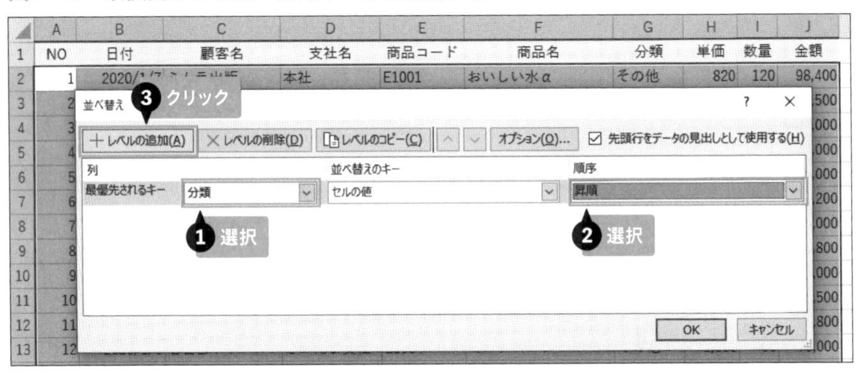

「次に優先されるキー」の行が追加されるので、2番目の並べ替えルールの内容を設定します。並べ替えの基準フィールドとして「商品コード」を選択し、「順序」欄には「昇順」を選択して「OK」をクリックします（図3-44）。

図3-44　2番目に優先される並べ替えルールを設定する

これで、完成図（図3-40）のように並べ替えが行われます。

なお、さらに「レベルの追加」をクリックして同様にルールの内容を指定すれば、3つ以上の並べ替えルールを設定することも可能です。

ONEPOINT

1列だけを基準に並べ替えたい場合は、基準となる列内のセルを右クリックして、ショートカットメニューから「並べ替え」→「昇順」または「降順」を選択すれば、すばやく並べ替えることができます。

ONEPOINT

何度も並べ替えを実行すると、レコードの並びを登録順に戻したい場合も出てきます。そこでリストの左端には、あらかじめ連番のフィールドを作っておきましょう。

参照→ 1-7-1 リストの特徴と構造を理解する

COLUMN 列見出しを常に表示する

行数の多い表になると下にスクロールした際にフィールド名が隠れてしまうため、列の内容がわかりづらくなります。この場合、「表示」タブの「ウィンドウ枠の固定」から「先頭行の固定」を選択すると、画面をスクロールしても先頭行（行番号「1」の行）が常に表示されるようになります（図3-45）。

図3-45　先頭行を固定する

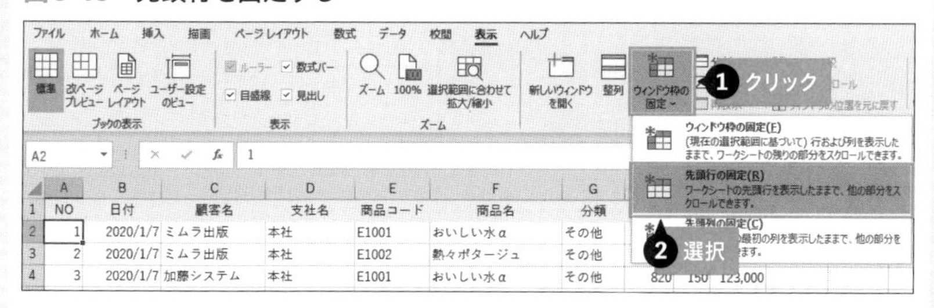

なお、テーブルに変換した表では、スクロールすると列番号にフィールド名が自動で表示されるので、この設定は不要です。

参照→ 5-1-3 調査結果を「テーブル」に変換する

3-5-1 項目ごとの集計行を追加する

合計や平均などの集計結果をリスト内に表示するには、「小計」機能が便利です。分類や商品名など集計の基準となるフィールドを指定すれば、同じ項目でグループ化して合計や平均を求めた行が自動でリストに追加されます。

商品ごとに販売数や金額の合計を求めたい

日々の販売データを蓄積したリストから、項目ごとにレコードを集計するには「小計」機能を使いましょう。**小計を設定すると、集計結果を求めた行がリスト内に自動で追加されます。**リストの明細データを見ながら、商品ごとの合計や平均を同時に確認できます。

図3-46では、G列の「分類」フィールドでグループ化して、I列の「数量」とJ列の「金額」の合計を求めています。さらに、同じ分類内では、F列の「商品名」別の合計を表示しています。

図3-46　項目ごとに販売数や金額の合計を求める

	A	B	C	D	E	F	G	H	I	J
1	NO	日付	顧客名	支社名	商品コード	商品名	分類	単価	数量	金額
194	1061	2021/12/1	マツダ飲料販売	横浜支社	T1002	すこやか麦茶	お茶	900	150	135,000
195	1069	2021/12/15	東田フーズ	新宿支社	T1002	すこやか麦茶	お茶	900	30	27,000
196	1084	2021/12/15	マツダ飲料販売	横浜支社	T1002	すこやか麦茶	お茶	900	195	175,500
197						**すこやか麦茶 集計**			7,425	6,682,500
198						朝の紅茶	お茶	1,800	150	270,000
199	26	2020/1/11	マツダ飲料販売	横浜支社	T1003	朝の紅茶	お茶	1,800	150	270,000
293	1070	2021/12/15	東田フーズ	新宿支社	T1003	朝の紅茶	お茶	1,800	225	405,000
294	1085	2021/12/15	マツダ飲料販売	横浜支社	T1003	朝の紅茶	お茶	1,800	225	405,000
295						**朝の紅茶 集計**			16,725	30,105,000
296							**お茶 集計**		40,485	55,899,450
297	13	2020/1/9	柿本食品	さいたま支社	C1001	アロマコーヒー	コーヒー	2,150	300	645,000

同じ「分類」内では「商品名」で集計

「分類」で集計

CAUTION

「分類」や「商品名」など、集計の基準となるフィールドでは、同じものが隣り合うようにレコードが並んでいないと正しい集計が行われません。あらかじめレコードの並べ替えを済ませておきましょう。

参照→ 3-4-1 分類や商品コード順にレコードを表示する

「分類」と「商品名」の小計を設定する

小計の設定は、上位レベルの集計から行います。ここでは、まず「分類」ごとに「数量」と「金額」の合計を表示しましょう。リスト内の任意のセルを選択しておき、「データ」タブの「小計」をクリックします（図3-47）。

図3-47　「集計の設定」ダイアログボックスを開く

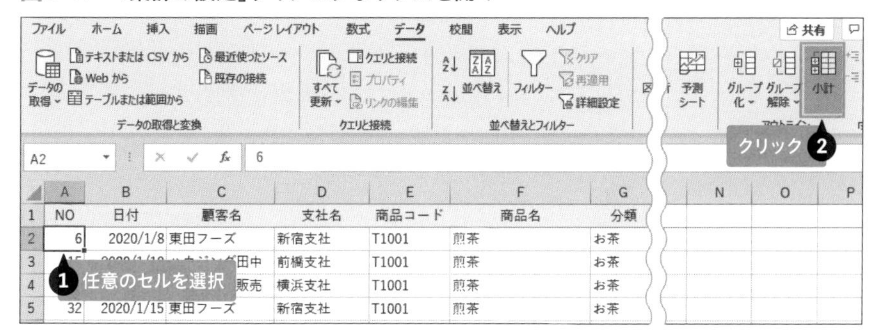

リスト全体の範囲が自動で選択され、「集計の設定」ダイアログボックスが表示されます。「グループの基準」で「分類」を選択し、「集計の方法」で「合計」を選択します。「集計するフィールド」では、「数量」と「金額」にチェックを入れ、「OK」をクリックします（図3-48）。

図3-48　項目ごとの小計を設定する

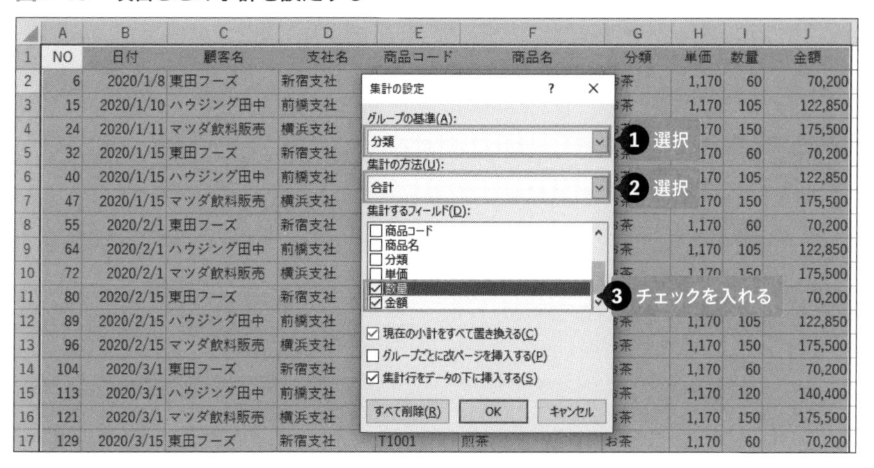

ONEPOINT

「集計の設定」ダイアログボックスでは、「グループの基準」に集計の基準となるフィールド名を、「集計の方法」には合計や平均などの集計方法をそれぞれ選択します。また「集計するフィールド」では、集計対象となるデータが入力されたフィールドにチェックを入れます。

「分類」フィールドでグループ化され、I列の「数量」とJ列の「金額」の合計がそれぞれの分類の最下行に挿入されます。

続けて同じ分類内ではF列の「商品名」ごとに合計を求めましょう。再度「データ」タブの「小計」をクリックします（図3-49）。

図3-49　集計した項目の最下行に集計欄が追加された

「集計の設定」ダイアログボックスには、先ほどの設定が残っているので、「グループの基準」を「商品名」に変更します。「集計の方法」と「集計するフィールド」は変更せず、「現在の小計をすべて置き換える」のチェックを外して「OK」をクリックします（図3-50）。

図3-50　小計を追加する

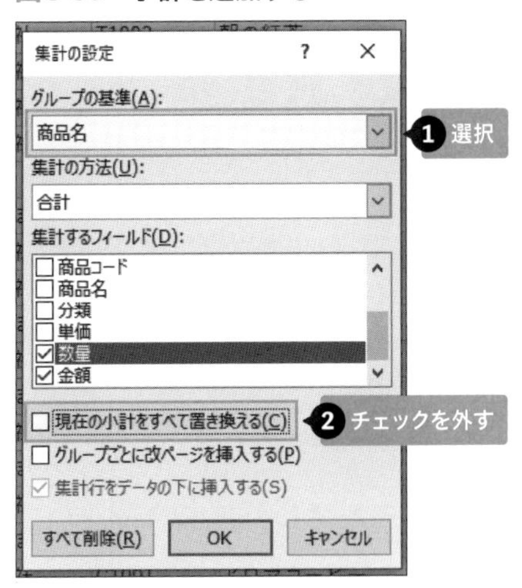

CAUTION

既存の小計にさらに小計を追加する際は、「現在の小計をすべて置き換える」のチェックを外します。ここにチェックを付けたまま「OK」をクリックすると、先に設定しておいた「分類」での合計が削除されてしまうので注意が必要です。

商品ごとにI列の「数量」とJ列の「金額」の合計を表す行が追加され、完成図（図3-46）のように表示されました。

ONEPOINT

リストにレコードを追加する場合は、「集計の設定」ダイアログボックスで「すべて削除」をクリックし、いったんすべての小計を解除する必要があります。また、レコードの追加後に再び小計を設定する場合は、並べ替えも再度必要になります。

CAUTION

テーブルに変換したリストでは、「小計」機能は使えません。小計を利用したい場合は、事前にテーブルを解除して通常のセル範囲に変換しておく必要があります。

参照→ 5-1-3 調査結果を「テーブル」に変換する

3-5-2 明細を省略して集計値だけを表示する

「小計」機能を使うと、自動的に「アウトライン」が設定されます。アウトラインを活用すれば、リストの表示を集計値だけに変更して明細部分を折りたたみ、集計結果のみを一覧することができます。

「アウトライン」で階層の表示を切り替えられる

「小計」機能を使ってリストにグループ集計の行を挿入すると、シートの左端には**「アウトライン」**が表示されます。アウトラインは、リストに設定された集計の階層構造を反映したもので、**リストをどの階層まで表示するかを切り替える際に使います。**

左端の「1」、「2」、「3」、「4」という番号のボタンをクリックすると、それぞれの階層レベルまでの表示に切り替わります。「1」が最も上位の階層で、「2」、「3」と番号が大きくなるほど表示される階層が下がります（**図3-51**）。

図3-51 アウトライン

	A	B	C	D	E	F	G	H	I	J
1	NO	日付	顧客名	支社名	商品コード	商品名	分類	単価	数量	金額
288	1019	2021/11/1	マツダ飲料販売	横浜支社	T1003	朝の紅茶	お茶	1,800	180	324,000
289	1026	2021/11/15	東田フーズ	新宿支社	T1003	朝の紅茶	お茶	1,800	150	270,000
290	1040	2021/11/15	マツダ飲料販売	横浜支社	T1003	朝の紅茶	お茶	1,800	210	378,000
291	1047	2021/12/1	東田フーズ	新宿支社	T1003	朝の紅茶	お茶	1,800	300	540,000
292	1062	2021/12/1	マツダ飲料販売	横浜支社	T1003	朝の紅茶	お茶	1,800	210	378,000
293	1070	2021/12/15	東田フーズ	新宿支社	T1003	朝の紅茶	お茶	1,800	225	405,000
294	1085	2021/12/15	マツダ飲料販売	横浜支社	T1003	朝の紅茶	お茶	1,800	225	405,000
295						**朝の紅茶 集計**			16,725	30,105,000
296							**お茶 集計**		40,485	55,899,450
297	13	2020/1/9	柿本食品	さいたま支社	C1001	アロマコーヒー	コーヒー	2,150	300	645,000
298	16	2020/1/10	ハウジング田中	前橋支社	C1001	アロマコーヒー	コーヒー	2,150	75	161,250
299	20	2020/1/10	デザインハルタ	浦安支社	C1001	アロマコーヒー	コーヒー	2,150	300	645,000

ONEPOINT

番号の下にある「＋」や「－」のボタンは、その階層のフィールドの中で、特定の項目ごとに詳細を表示するかどうかを切り替えるボタンです。「＋」をクリックすると、その部分の詳細が展開され、「－」をクリックすると、逆に詳細部分が折りたたまれます。

3-5-3 折りたたまれた明細を除外して表をコピーする

アウトラインで明細を非表示にした表を通常の方法でコピーすると、折りたたまれている明細行も一緒にコピーされてしまいます。ここでは、「小計」機能でリストに追加した集計行だけを別の表としてコピーする方法を紹介します。

アウトラインで表示した行だけをコピーしたい

アウトラインを利用して集計値の階層までを表示した状態の表をコピーすれば、集計結果を資料などに載せる際に便利です。ところが、明細を非表示にした状態の表を、通常の方法で「コピー」し、「貼り付け」をすると、折りたたまれて隠れている状態の明細行も一緒に貼り付けされてしまいます。集計結果の行だけを別の表にコピーするには、次の手順で操作しましょう。

アウトラインの番号のボタン「3」をクリックし、「分類」と「商品名」の合計を表示した表があります（**図3-52**）。

コピーしたい表の範囲（ここではF1からJ1100まで）をドラッグして選択したら、「Alt」キーを押しながら「；」(セミコロン）キーを押します。

図3-52　見えているセルのみ選択する

ONEPOINT

「Alt」キーを押しながら「;」キーを押すと、あらかじめ選択しておいたセル範囲からアウトラインで非表示にされたセルを除外して、現在表示されているセルだけが選び直されます。

選択範囲から集計行のセルが選び直されました。その後、「ホーム」タブの「コピー」をクリックします（図3-53）。

図3-53　見えているセルのみコピーする

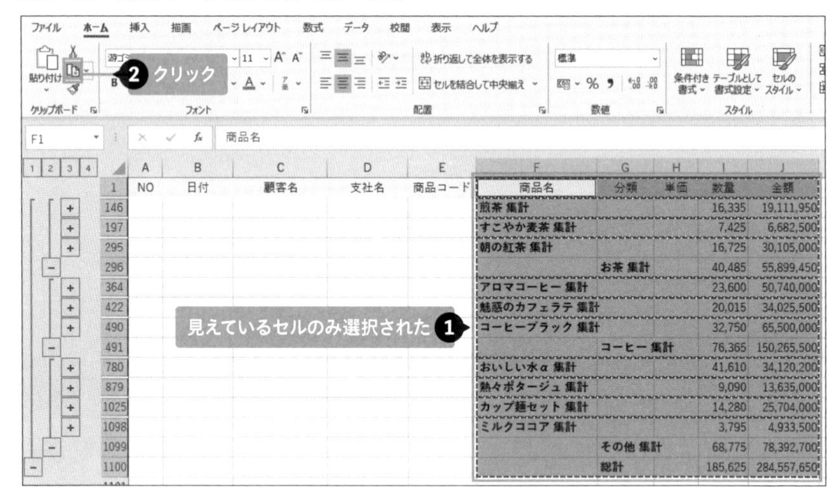

新しいシートのA1セルをクリックして「貼り付け」の操作を行うと、アウトラインで表示されていた集計結果の行だけが貼り付けられます（図3-54）。

図3-54　見えているセルのみ貼り付けできた

	A	B	C	D	E	F
1	商品名	分類	単価	数量	金額	
2	煎茶 集計			16,335	19,111,950	
3	すこやか麦茶 集計			7,425	6,682,500	
4	朝の紅茶 集計			16,725	30,105,000	
5		お茶 集計		40,485	55,899,450	
6	アロマコーヒー 集計			23,600	50,740,000	
7	魅惑のカフェラテ 集計			20,015	34,025,500	
8	コーヒーブラック 集計			32,750	65,500,000	
9		コーヒー 集計		76,365	150,265,500	
10	おいしい水α 集計			41,610	34,120,200	
11	熱々ポタージュ 集計			9,090	13,635,000	
12	カップ麺セット 集計			14,280	25,704,000	
13	ミルクココア 集計			3,795	4,933,500	
14		その他 集計		68,775	78,392,700	
15		総計		185,625	284,557,650	
16						(Ctrl)

貼り付け

第4章
顧客を分析する

4-1-1 セルの選択方向を右に変える

[Enter] キーを押したときに、次の編集対象となる「アクティブセル」は下へ移動します。この方向は「Excel」のオプションで変更できます。

アクティブセルの移動方向を変更したい

図4-1の顧客名簿では、「会員NO」、「お名前」、「フリガナ」…と右方向へセルを移動しながらデータを入力します。入力効率を上げるために、[Enter] キーを押すとアクティブセルが右へ移動するようExcelの設定を変更しましょう。

図4-1　アクティブセルを右へ移動させたい

	A	B	C	D	E	F	G	H	I	J	K
1	会員NO	お名前	フリガナ	性別	電話番号	会員種別	ご来店のきっかけ	入会年月日	生年月日	年齢	DM
28	127	宗像　翔	ムナカタ　ショウ	男	089-925-0000	プレミアム	その他	2019/8/2	1974/5/24	45	○
29	128	山口　仁	ヤマグチ　ジン	男	089-920-0000	ホリデー	その他	2019/5/20	1980/3/5	39	○
30	129	鷲尾　千恵子	ワシオ　チエコ	女	089-925-0000	レギュラー	SNS	2013/12/8	1982/2/9	37	
31	130	江本　玲子	エモト　レイコ	女	089-944-0000	レギュラー	その他	2019/11/7	1995/11/29	24	
32											

アクティブセル

「ファイル」タブをクリックし（Excel 2016では「その他」を選択後）、「オプション」を選択して「Excelのオプション」ダイアログボックスを開きます。「詳細設定」を選択し、「編集オプション」の「Enterキーを押したら、セルを移動する」の「方向」を「右」に変更し、「OK」をクリックします（図4-2）。

図4-2　アクティブセルの方向を変更する

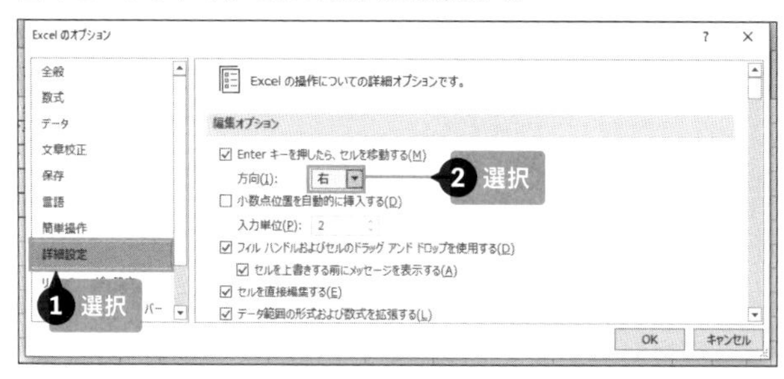

4-1-2 直前のデータを繰り返し入力する

リスト形式の表では、フィールドに入力する値が直前のレコードと同じなら、1つ上のセルと同じ内容を入力することになります。この場合、上のセルのデータをコピーするショートカットキーを使うと入力の手間を省けます。

1つ上のセルの内容をコピーしたい

図4-3のF32セルには、1つ上のF31セルと同じ値を入力します。この場合、F32セルを選択して、**[Ctrl] キーを押しながら [D] キーを押すと、上のセルの内容がそのままコピーされます。**「コピー」&「貼り付け」よりもスピーディーで、レコード単位でデータを入力するリストでは便利なショートカットキーです。

図4-3　1つ上のセルと同じ内容を入力する

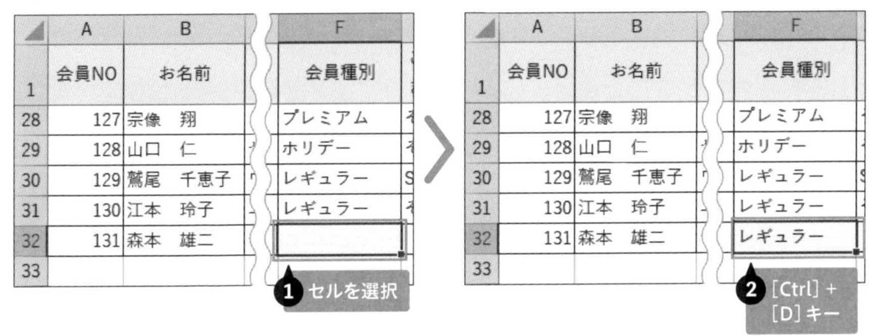

ONEPOINT

左のセルのデータをコピーする場合は、[Ctrl] キーを押しながら [R] キーを押します。

4-1-3 複数セルに同じデータをまとめて入力する

複数のセルに同じデータを入力するには、「コピー」&「貼り付け」を使わずに、最初から複数セルにまとめて一括入力することができます。ここで紹介するキー操作を知っておくと、「コピー」&「貼り付け」を使う必要がなくなります。

複数セルに同じ内容をまとめて入力したい

図4-4のF19からF22までのセル範囲に、「プレミアム」という同じ会員種別を入力します。

あらかじめ対象となるセル範囲を選択しておき、「プレミアム」とキーを打ち、カタカナに変換します。続けて、入力を確定するときに、[Ctrl] キーを押しながら [Enter] キーを押します。

これで、選んでおいた複数のセルに「プレミアム」と一括で入力されます。

図4-4　複数のセルに一括入力する

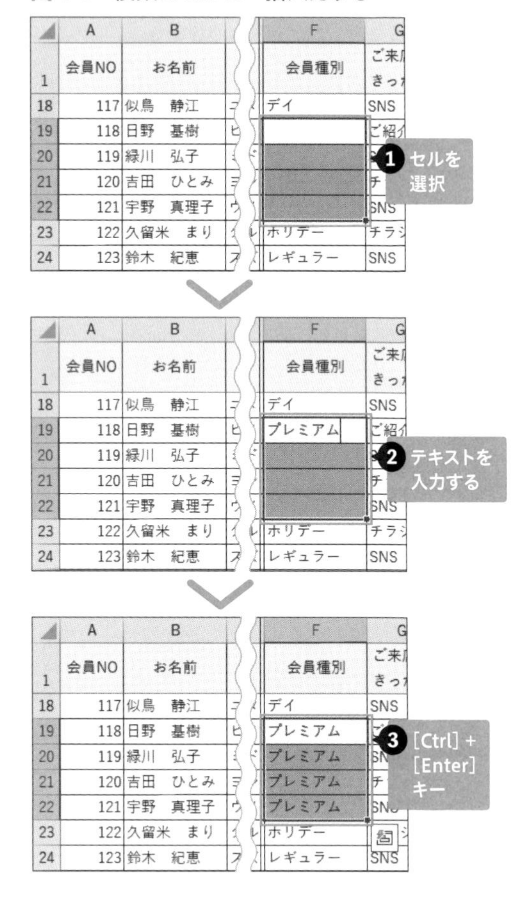

4-1-4 氏名のフリガナを自動で入力する

名簿では、氏名の隣にフリガナの欄を作ることが一般的ですが、氏名を入力するとフリガナが自動で入力されるようにしておけば、入力の手間が軽減されます。これにはPHONETIC関数を使いましょう。

氏名を入力したときにフリガナを自動で表示したい

顧客や得意先の名簿には、名称の正確な読みを明記したフリガナのフィールドが欠かせません。**図4-5**の顧客名簿では、B列のセルに氏名を入力すると、C列のセルに自動的にそのフリガナを表示するよう設定しましょう。PHONETIC（フォネティック）関数を使えば、セルに入力した文字列の読みを別のセルに取り出して、フリガナとして表示できます。

なお、本書の例ではB列にあらかじめ氏名が入力されていますが、氏名が未入力の状態で、先にC列にPHONETIC関数を入力しておくことも可能です。その場合は、氏名が入力された時点でフリガナが表示されます。

図4-5　フリガナを自動的に表示する

	A	B	C	D	E	F	G
1	会員NO	お名前	フリガナ	性別	電話番号	会員種別	ご来店のきっかけ
2	101	安藤　博美	アンドウ　ヒロミ	女	[illegible]	[illegible]アム	SNS
3	102	草野　みどり	クサノ　ミドリ	女	[illegible]	[illegible]ー	チラシ
4	103	佐々木　宏	ササキ　ヒロシ	男	089-925-0000	レギュラー	ご紹介
5	104	辻　安江	ツジ　ヤスエ	女	089-983-0000	デイ	SNS
6	105	加藤　康代	カトウ　ヤスヨ	女	089-944-0000	デイ	その他
7	106	新藤　雄介	シンドウ　ユウスケ	男	089-983-0000	ホリデー	チラシ

B2セルの氏名の読みをフリガナとして表示する

PHONETIC関数を入力する

C2セルにPHONETIC関数の式を入力して、B2セルに入力した氏名の読みをフリガナとして表示させましょう。C2セルを選択し、「＝PHONETIC

(B2)」と入力します（図4-6）。

PHONETIC関数の引数「参照」には、読みを表示させたいデータが入力されたセルを指定します（図4-7）。ここでは、氏名が入力されたB2セルを指定しましょう。

図4-6　セルにフリガナを表示する関数を入力する

	A	B	C	D	E	F	G
1	会員NO	お名前	フリガナ	性別	電話番号	会員種別	ご来店のきっかけ
2	101	安藤　博美	=PHONETIC(B2)	女	[illegible]-908-0000	プレミアム	SNS
3	102	草野　みどり		女	089-982-0000	ホリデー	チラシ
4	103	佐々木　宏		男	089-925-0000	レギュラー	ご紹介
5	104	辻　安江		女	089-983-0000	デイ	SNS
6	105	加藤　康代		女	089-944-0000	デイ	その他
7	106	新藤　雄介		男	089-983-0000	ホリデー	チラシ

図4-7　PHONETIC関数の書式

●文字を入力したときの読みをフリガナとして表示する

=PHONETIC(参照)

フリガナを表示させたい文字列のセル

C2セルにフリガナが表示されました。C2セルを選択し、下方向にオートフィルを実行すると、他の会員のフリガナも同様に表示されます（図4-8）。なお、**氏名欄が未入力の行でもエラー値などは表示されず空欄のままになる**ので、あらかじめ未入力のレコードのセルにPHONETIC関数の式をコピーしておいても問題はありません。

図4-8　セルにフリガナを表示する関数をコピーする

	A	B	C	D	E	F	G
1	会員NO	お名前	フリガナ	性別	電話番号	会員種別	ご来店のきっかけ
2	101	安藤　博美	アンドウ　ヒロミ	女	089-908-0000	プレミアム	SNS
3	102	草野　みどり		女	089-982-0000	ホリデー	チラシ
4	103	佐々木　宏		男	[illegible]-0000	レギュラー	ご紹介
5	104	辻　安江		女	[illegible]-0000	デイ	SNS
6	105	加藤　康代		女	089-944-0000	デイ	その他
7	106	新藤　雄介		男	089-983-0000	ホリデー	チラシ

COLUMN 誤ったフリガナを修正する

PHONETIC関数では、セルに入力した言葉の読みが機械的に表示されるため、異なる読みを入力して氏名に変換した場合であってもそのまま表示されてしまいます。ここでは、図4-9のC12セルの「ユカワショウコ」を「ユカワサチコ」に修正してみましょう。

対象となる氏名のセル（ここではB12）を選択し、「ホーム」タブの「ふりがなの表示/非表示」の▼から「ふりがなの編集」を選択します。セル内に表示されたフリガナの「ショウコ」を「サチコ」に修正し、[Enter] キーを2回押して確定すると、C12セルのフリガナが「サチコ」に修正されます。

図4-9　フリガナを編集する

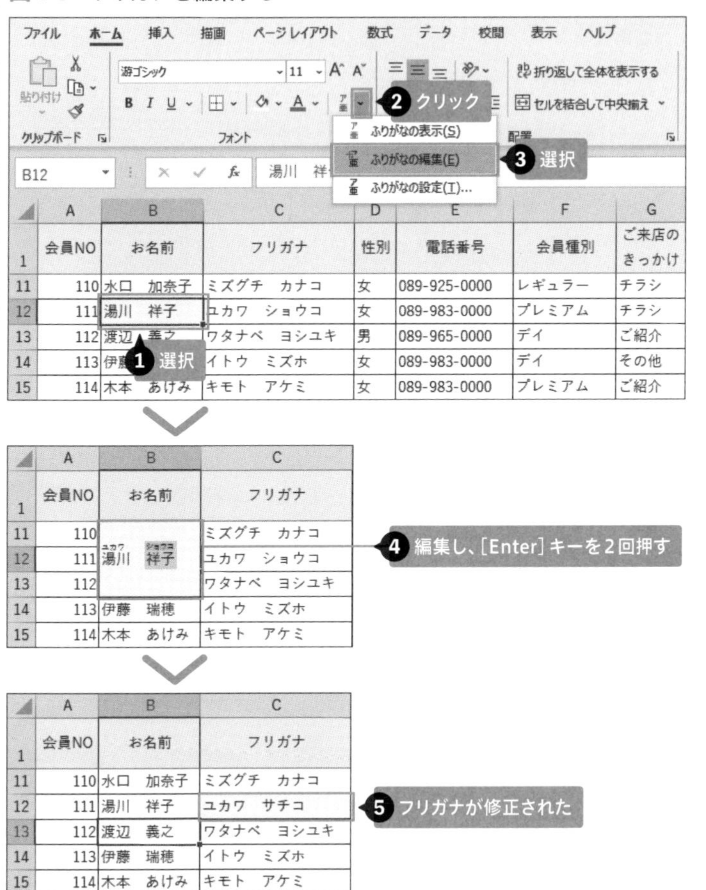

4-1-5 IMEの入力モードを列ごとに切り替える

名簿形式のリストには、「ひらがな」モードで漢字やかな文字を入力するフィールドと、「半角英数」モードで英数字を入力するフィールドの両方が存在します。日本語を入力するセルを選択すると自動的にIMEが「ひらがな」モードに変わるよう設定しておくと、入力効率を上げることができます。

列を選択したときに自動で「ひらがな」モードにしたい

Excelでは、IMEの初期値は変換を必要としない「半角英数」モードです。**図4-10**の顧客名簿の場合、大部分の列では「半角英数」モードのまま入力ができますが、氏名を入力するB列では「ひらがな」モードにIMEを切り替えなければなりません。右方向へセルを移動しながら、B列に来るたびにIMEのモードを切り替えるのはわずらわしいものです。

そこで、「データの入力規則」を利用して、B列のセルが選択されると、自動的にIMEが「ひらがな」モードに切り替わるよう設定しましょう。

図4-10 B列のセルでは「ひらがな」モードに切り替える

	A	B	C	D	E	F
1	会員NO	お名前	フリガナ	性別	電話番号	会員種別
28	127	宗像　翔	ムナカタ　ショウ	男	089-925-0000	プレミアム
29	128	山口　仁	ヤマグチ　ジン	男	089-920-0000	ホリデー
30	129	鷲尾　千恵子	ワシオ　チエコ	女	089-925-0000	レギュラー
31	130	江本　玲子	エモト　レイコ	女	089-944-0000	レギュラー
32						
33						
	半角英数	ひらがな	半角英数	半角英数	半角英数	半角英数

B列に「データの入力規則」を設定する

「データの入力規則」とは、セルにデータを入力するときのルールを設定する機能です。 これを利用すれば、IMEの入力モードを自動で切り替えることができます。

B列を選択し、「データ」タブの「データの入力規則」をクリックします(**図4-11**)。

図4-11 「データの入力規則」ダイアログボックスを開く

	A	B	C	D	E	F	G	H	I
1	会員NO	お名前	フリガナ	性別	電話番号	会員種別	ご来店のきっかけ	入会年月日	生年月日
29	128	山口　仁	ヤマグチ　ジン	男	089-920-0000	ホリデー	その他	2019/5/20	1980/3/
30	129	鷲尾　千恵子	ワシオ　チエコ	女	089-925-0000	レギュラー	SNS	2013/12/8	1982/2/
31	130	江本　玲子	エモト　レイコ	女	089-944-0000	レギュラー	その他	2019/11/7	1995/11/2
32									
33									

1 選択
2 クリック

「データの入力規則」ダイアログボックスが開いたら、「日本語入力」タブで「ひらがな」を選択して「OK」をクリックします(**図4-12**)。

これ以降、B列のセルを選択すると、IMEが自動的に「ひらがな」モードに変わるので、日本語の入力、変換がスムーズにできるようになります。

図4-12 「ひらがな」モードに設定する

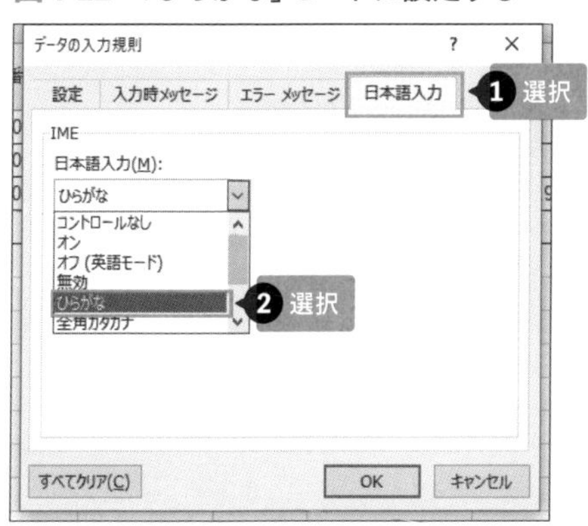

ONEPOINT

設定した入力規則を解除するには、対象となるセルを選択し、「データの入力規則」ダイアログボックスを開いて、いずれかのタブの「すべてクリア」をクリックします。

4-2-1 リストから選択式で入力する

「男」か「女」のどちらかを入力する性別欄のように、決められた値の中から選んで入力するフィールドでは、リストから項目を選択できるように設定しておくと入力がスムーズになります。これは「データの入力規則」で設定できます。

「性別」をリストから選択して入力したい

図4-13のD列の「性別」フィールドには、「男」または「女」のどちらかの値を入力します。そこで「データの入力規則」を使って、**セルを選んだときに選択肢がリスト表示され、クリック1つで入力できる**ように設定しましょう。

「データの入力規則」を設定すると、入力が楽になるだけでなく、決められた項目以外の内容を入力できなくなります。そのため、複数メンバーで共有する表などで、**不正確なデータが入力されるのを防ぐ目的でも使われます。**

なお、「データの入力規則」は設定後に有効になるため、それ以前に入力されていた内容については、表現の不統一があってもそのままになります。本書の例では、D列にはすでに性別が入力されていますが、本来は入力規則を設定してからデータ入力を行います。

図4-13　選択肢から値を入力する

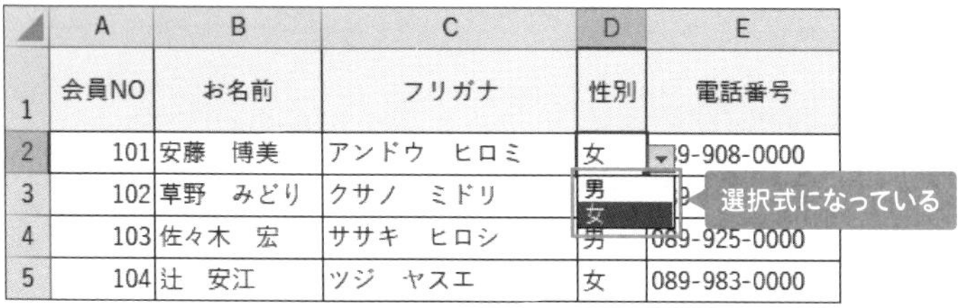

	A	B	C	D	E
1	会員NO	お名前	フリガナ	性別	電話番号
2	101	安藤　博美	アンドウ　ヒロミ	女	089-908-0000
3	102	草野　みどり	クサノ　ミドリ	男 女	0
4	103	佐々木　宏	ササキ　ヒロシ	男	089-925-0000
5	104	辻　安江	ツジ　ヤスエ	女	089-983-0000

選択式になっている

性別欄に入力規則を設定する

D列を選択し、「データ」タブの「データの入力規則」をクリックします（**図4-14**）。

図4-14 「データの入力規則」ダイアログボックスを開く

「データの入力規則」ダイアログボックスが開いたら、「設定」タブを選択し、「入力値の種類」で「リスト」を選択します。続けて「元の値」欄をクリックし、リストに表示させる項目を半角カンマで区切って入力します。ここでは「男,女」と入力して「OK」をクリックします（図4-15）。

これで、図4-13のように、D列のセルを選択すると▼が表示され、表示されたリストから「男」か「女」のどちらかを選択して入力できるようになります。

図4-15 「データの入力規則」を設定する

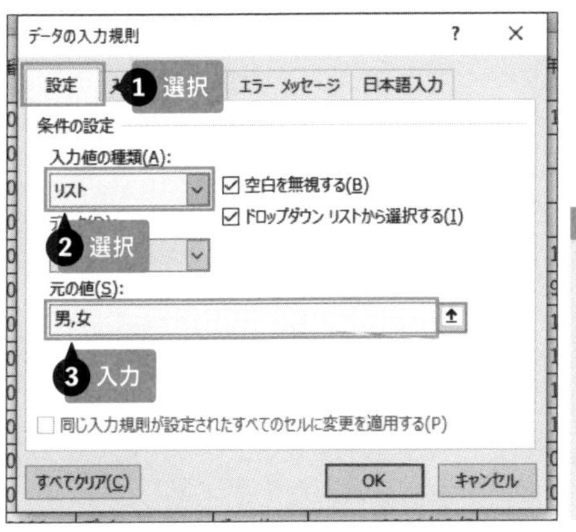

ONEPOINT

設定した入力規則を解除するには、対象となるセルを選択し、「データの入力規則」ダイアログボックスを開いて、いずれかのタブの「すべてクリア」をクリックします。

4-2-2 選択肢が多いリストを簡単に作成する

「データの入力規則」の「リスト」機能で、4つ以上の項目の中から選択させたい場合は、空いたセルにあらかじめ選択肢となる内容を入力しておくとよいでしょう。「データの入力規則」ダイアログボックスでは、そのセル範囲を元データとして参照できるので、リストの設定がしやすくなります。

選択肢が多いリストの設定の手間を省きたい

図4-16のG列では、顧客の来店のきっかけを「SNS」、「チラシ」、「ご紹介」、「その他」の中から選んで入力できます。これは、**4-2-1**で紹介した「データの入力規則」を利用すれば設定できますが、選択肢の数が増えると、設定画面の「元の値」の欄に項目を入力するのが手間になります。

このような場合は、同じシートの空いたセルに、表示させたい項目を縦一列に入力しておきましょう。そうすれば、「データの入力規則」ダイアログボックスで、そのセル範囲をリストの範囲として指定できます。

図4-16　複数の項目を選択肢に表示させる

	A	B	F	G	H	I	J	K	L	M
1	会員NO	お名	会員種別	ご来店のきっかけ	入会年月日	生年月日	年齢	DM		ご来店のきっかけ
2	101	安藤　博	プレミアム	SNS	2010/12/5	1985/12/1	34	○		SNS
3	102	草野　み	ホリデー	SNS	2017/11/24	1998/5/7	21			チラシ
4	103	佐々木	レギュラー	チラシ	2013/3/2	1972/8/4	47	○		ご紹介
5	104	辻　安江	デイ	ご紹介	2012/2/1	1958/9/3	61			その他
6	105	加藤　康	デイ	その他	2018/1/24	1984/10/7	35			
7	106	新藤　雄	ホリデー	チラシ	2019/5/25	1954/11/30	65	○		
8	107	近棟　宏	プレミアム	SNS	2015/3/7	1963/2/14	56	○		

この内容をリストに表示して選択させる

CAUTION

「元の値」欄では、異なるシートのセル範囲を参照することはできません。リストの選択肢は、入力規則を設定するセルと同じシートに入力しましょう。

G列に「データの入力規則」を設定する

あらかじめM2からM5までのセル範囲に「ご来店のきっかけ」の選択肢となる項目を入力しておきます。G列を選択し、**4-2-1**の手順で「データの入力規則」ダイアログボックスを開いたら、「設定」タブの「入力値の種類」で「リスト」を選択し、「元の値」欄をクリックしてカーソルを移しておきます（**図4-17**）。

図4-17 「データの入力規則」の「元の値」にカーソルを移す

M2からM5までのセル範囲をドラッグして選択すると、「元の値」にそのセル番地が絶対参照で表示されます（**図4-18**）。「OK」をクリックしてダイアログボックスを閉じると、**図4-16**のように設定できます。

図4-18 「元の値」に指定したセルを参照させる

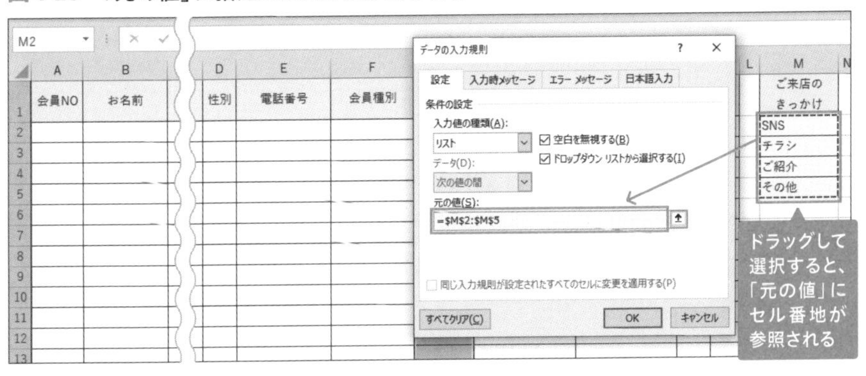

4-3-1 生年月日から年齢を割り出す

年齢は毎年変わるため、数値で入力すると次の年には古くなってしまいます。常に現時点での年齢を間違いなく表示するには、DATEDIF関数を利用して、満年齢を計算しましょう。

DATEDIF関数を入力する

図4-19のI列には、顧客の生年月日が入力されています。これをもとにJ列に顧客の年齢を表示させましょう。

年齢は、「現在の日付」と「顧客の生年月日」の間に何年の差があるのかを計算すれば求められます。DATEDIF（デイトディフ）関数を利用すれば、**2つの日付の差を求め、「年」や「月」などの単位で表示できます。**なお、「現在の日付」はパソコンに内蔵されたカレンダーをもとにTODAY（トゥデイ）関数を使って求めます。一度計算式を入力しておけば、ファイルを開くたびに再計算が行われるので、セルには常に最新の年齢が表示されます。

図4-19　DATEDIF関数を使って年齢を求める

	A	B	C	D	E	F	G	H	I	J	K
1	会員NO	お名前	フリガナ	性別	電話番号	会員種別	ご来店のきっかけ	入会年月日	生年月日	年齢	DM
2	101	安藤　博美	アンドウ　ヒロミ	女	089-908-0000	プレミアム	SNS	2010/12/5	1985/12/1	34	○
3	102	草野　みどり	クサノ　ミドリ	女	089-982-0000	ホリデー	チラシ	2017/11/24	1998/5/7	21	
4	103	佐々木　宏	ササキ　ヒロシ	男	089-925-0000	レギュラー	ご紹介	2013/3/2			
5	104	辻　安江	ツジ　ヤスエ	女	089-983-0000	デイ	SNS	2012/2/1			
6	105	加藤　康代	カトウ　ヤスヨ	女	089-944-0000	デイ	その他	2018/1/24			
7	106	新藤　雄介	シンドウ　ユウスケ	男	089-983-0000	ホリデー	チラシ	2019/5/25			
8	107	近棟　宏	チカムネ　ヒロシ	男	089-965-0000	プレミアム	SNS	2015/3/7	1963/2/14	57	○

生年月日をもとにDATEDIF関数で年齢を求める

J2セルには、図4-20のように「=DATEDIF(I2,TODAY(),"y")」と入力します。それぞれの引数は、図4-21を参考に、次のように指定しましょう。

引数「開始日」には、古い日付を指定するので、「生年月日」が入力されたI2セルを指定します。同様に「終了日」には新しい日付を指定します。ここでは現在の日付を自動で指定できるよう、TODAY関数をそのまま入力します（図4-22）。引数「単位」には計算結果を年単位で表示するため、「"y"」と入力します。

関数の入力後、J2セルを選択してオートフィル操作を実行すれば、すべての顧客の年齢が求められます。なお、本書の画面は執筆時のものであるため、その時点での年齢が表示されています。

図4-20　年齢を表示させる数式を入力する

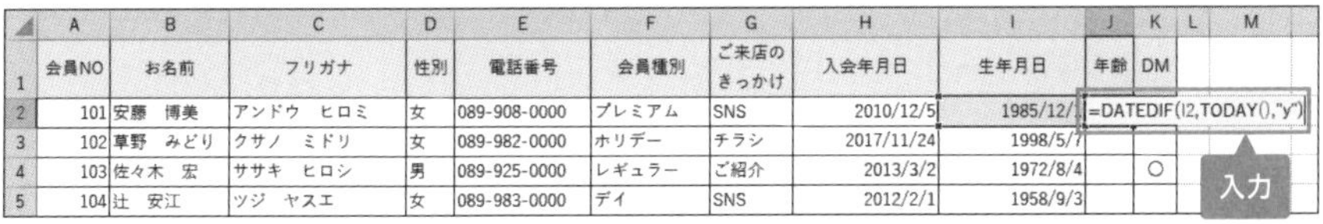

	A	B	C	D	E	F	G	H	I	J	K	L	M
1	会員NO	お名前	フリガナ	性別	電話番号	会員種別	ご来店のきっかけ	入会年月日	生年月日	年齢	DM		
2	101	安藤　博美	アンドウ　ヒロミ	女	089-908-0000	プレミアム	SNS	2010/12/5	1985/12/1	=DATEDIF(I2,TODAY(),"y")			
3	102	草野　みどり	クサノ　ミドリ	女	089-982-0000	ホリデー	チラシ	2017/11/24	1998/5/7				
4	103	佐々木　宏	ササキ　ヒロシ	男	089-925-0000	レギュラー	ご紹介	2013/3/2	1972/8/4		○		
5	104	辻　安江	ツジ　ヤスエ	女	089-983-0000	デイ	SNS	2012/2/1	1958/9/3				

入力

図4-21　DATEDIF 関数の書式

●2つの日付の差を年、月、日などの単位で求める

=DATEDIF(開始日,終了日,単位)

古い日付　新しい日付　差分の単位

※「単位」は下の表から選んで入力します。大文字小文字は問いません。

単位	内容
"Y"	満年数を求める
"M"	満月数を求める
"D"	日数を求める

単位	内容
"YM"	1年に満たない月数を求める
"YD"	1年に満たない日数を求める
"MD"	1月に満たない日数を求める

※「関数の挿入」ダイアログボックスからは入力できないため、キーボードから手入力します。

参照➔ 1-2-2 関数を正しく入力する

図4-22　TODAY 関数の書式

●現在の日付を表示する

=TODAY()

※コンピュータ内蔵のカレンダーを元に、現在の日付を自動的に表示します。
※引数はなく、「=TODAY()」とそのまま入力します。

4-3-2 特定の年代の顧客を抜き出す

作成した顧客名簿のデータを元に、「フィルター」機能を利用して40代の顧客のデータだけを抽出してみましょう。数値の大小を基準にレコードを抽出するには、「数値フィルター」を利用します。

年齢が「40歳以上49歳以下」の顧客を抜き出したい

図4-23では、J列の年齢をもとに40代の顧客のレコードだけを表示しています。

これには、「数値フィルター」を利用して、「年齢」フィールドの数値が「40以上49以下である」という条件で抽出を行います。

なお、あらかじめ顧客名簿の項目見出しには、フィルター矢印を表示しておきましょう。

参照→ 3-3-1 条件を指定して売上データを抽出する

図4-23 数値フィルターを使って40代の顧客だけ表示する

	A	B	C	D	E	F	G	H	I	J	K
1	会員NO	お名前	フリガナ	性別	電話番号	会員種別	ご来店のきっかけ	入会年月日	生年月日	年齢	DM
4	103	佐々木　宏	ササキ　ヒロシ	男	089-925-0000	レギュラー	ご紹介	2013/3/2	1972/8/4	47	○
10	109	引場　聡	ヒキバ　サトシ	男	089-983-0000	レギュラー	チラシ	2006/3/5	1970/7/21	49	○
16	115	木本　麗奈	キモト　レナ	女	089-983-0000	ホリデー	その他	2011/2/26	1975/8/24	44	○
22	121	宇野　真理子	ウノ　マリコ	女	089-983-0000	プレミアム	SNS	2018/2/5	1978/12/27	41	
28	127	宗像　翔	ムナカタ　ショウ	男	089-925-0000	プレミアム	その他	2019/8/2	1974/5/24	45	○
32											

40代の顧客だけ表示

年齢を数値フィルターで抽出する

「年齢」フィールドの▼（J1セル）をクリックし、「数値フィルター」を選択すると、「指定の値以上」、「指定の値より小さい」といった数値の範囲の選択肢が表示されます。ここから「指定の範囲内」を選択します（**図4-24**）。

図4-24 「オートフィルターオプション」ダイアログボックスを開く

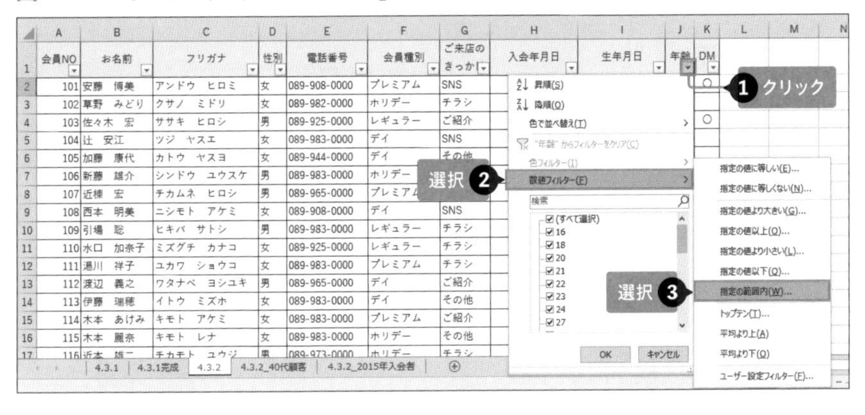

「オートフィルターオプション」ダイアログボックスが表示されます。最初の年齢欄に「40」と入力し、次の年齢欄に「49」と入力すると、「40以上49以下」という抽出条件を設定できます（**図4-25**）。「OK」をクリックすると、**図4-23**のように40代の顧客が抽出されます。

図4-25 抽出したい年齢を入力する

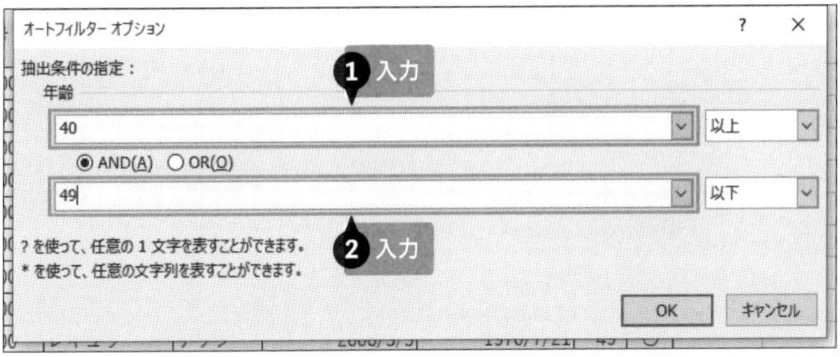

オートフィルター オプション
抽出条件の指定：
年齢
40 以上
◉ AND(A) ○ OR(O)
49 以下
? を使って、任意の 1 文字を表すことができます。
* を使って、任意の文字列を表すことができます。
1 入力
2 入力
OK キャンセル

入会年が「2015年」である顧客を抽出したい

今度は、H列の「入会年月日」フィールドを利用して、2015年に入会した顧客を抽出しましょう。これには「日付フィルター」を利用します。日付フィルターを使うと、日付の新旧や範囲を条件にしてレコードを抽出できます。なお、2015年の範囲を指定するには、「2015年1月1日以降2015年12月31日以前」となるように条件を設定します。

「入会年月日」の▼（H1セル）をクリックし、「日付フィルター」から「指定の範囲内」を選択します（図4-26）。

図4-26 「オートフィルターオプション」ダイアログボックスを開く

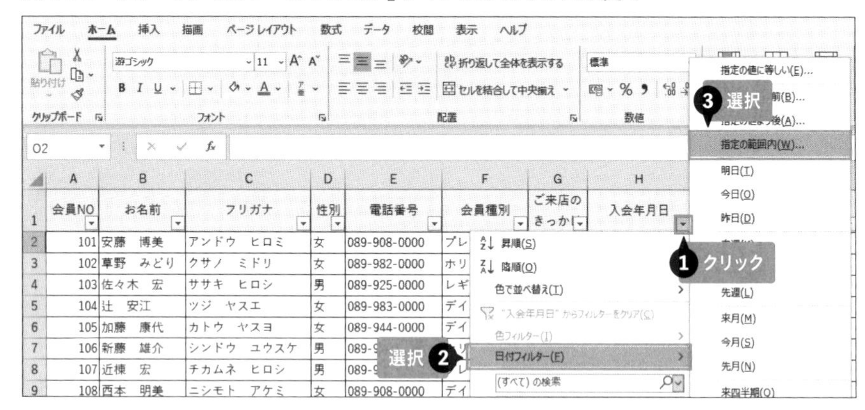

「オートフィルターオプション」ダイアログボックスが表示されたら、最初の欄に「2015/1/1」と入力し、次の欄に「2015/12/31」と入力します（図4-27）。「OK」をクリックすると、入会年月日が2015年である顧客が抽出されます。

図4-27 抽出したい入会年月日を入力する

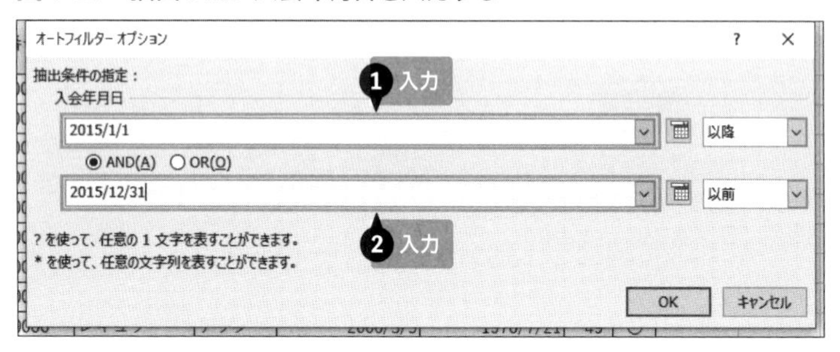

ONEPOINT

「日付フィルター」に表示される「今日」、「先週」、「来月」などを選択すると、パソコン内蔵のカレンダーをもとに、現時点を基準にして日付のデータを抽出できます。たとえば2020年の時点で「昨年」を選択すると、2019年のレコードが抽出されます。

4-4-1 五十音順以外で顧客を並べ替える

文字列のフィールドで並べ替えを行うと、レコードは五十音順で並べ替えられます。五十音順以外の基準で並べ替えを行うには、あらかじめユーザー設定リストに並び順を登録しておきましょう。

自分で決めたルールで並べたい

「会員種別」フィールドを基準に、昇順で並べ替えを実行すると、五十音順にレコードが並ぶため、デイ会員が先頭に来てしまいます。

ここでは、O列に入力した「プレミアム」、「レギュラー」、「ホリデー」、「デイ」の順に会員レコードを並べ替えましょう（**図4-28**）。このような独自の順序でリストのレコードを並べ替えるには、「ユーザー設定リスト」にその並び順を登録しておく必要があります。

図4-28　独自の順序でレコードを並べ替える

	A	B	C	D	E	F	G	H	I	J	K	L	M	N	O	P
1	会員NO	お名前	フリガナ	性別	電話番号	会員種別	ご来店のきっかけ	入会年月日	生年月日	年齢	DM		ご来店のきっかけ		会員種別	月会費
2	101	安藤　博美	アンドウ　ヒロミ	女	089-908-0000	プレミアム	SNS	2010/12/5	1985/12/1	34	○		SNS		プレミアム	12,000
3	107	近棟　宏	チカムネ　ヒロシ	男	089-965-0000	プレミアム	SNS	2015/3/7	1963/2/14	56	○		チラシ		レギュラー	9,800
4	111	湯川　祥子	ユカワ　ショウコ	女	089-983-0000	プレミアム	チラシ	2015/1/5	2001/10/15	18	○		ご紹介		ホリデー	9,500
5	114	木本　あけみ	キモト　アケミ	女	089-983-0000	プレミアム	ご紹介	2014/8/2	1987/3/26	32	○		その他		デイ	5,500
6	118	日野　基樹	ヒノ　モトキ	男	089-944-0000	プレミアム	ご紹介	2010/12/26	1992/2/26	27	○					
7	120	吉田　ひとみ	ヨシダ　ヒトミ	女	089-944-0000	プレミアム	チラシ	2017/3/8	19[illegible]	[illegible]	[illegible]					
8	121	宇野　真理子	ウノ　マリコ	女	089-983-0000	プレミアム	SNS	2018/2/5	197[illegible]	[illegible]	[illegible]					
9	125	宇野　春樹	ウノ　ハルキ	男	089-983-0000	プレミアム	ご紹介	2018/5/23	19[illegible]	[illegible]	[illegible]					
10	127	宗像　翔	ムナカタ　ショウ	男	089-925-0000	プレミアム	その他	2019/8/2	1974/5/24	45	○					
11	103	佐々木　宏	ササキ　ヒロシ	男	089-925-0000	レギュラー	ご紹介	2013/3/2	1972/8/4	47	○					
12	109	引場　聡	ヒキバ　サトシ	男	089-983-0000	レギュラー	チラシ	2006/3/5	1970/7/21	49	○					
13	110	水口　加奈子	ミズグチ　カナコ	女	089-925-0000	レギュラー	チラシ	2010/3/15	1999/9/12	20	○					
14	123	鈴木　紀恵	スズキ　ノリエ	女	089-925-0000	レギュラー	SNS	2010/2/7	1991/8/9	28						
15	124	辻本　幸子	ツジモト　サチコ	女	089-925-0000	レギュラー	その他	2014/7/25	1997/9/20	22	○					
16	129	鷲尾　千恵子	ワシオ　チエコ	女	089-925-0000	レギュラー	SNS	2013/12/8	1982/2/9	37						

この順番でレコードを並べ替えたい

ユーザー設定リストを登録する

O2からO5までのセル範囲に入力した「会員種別」をユーザー設定リストに登録します。

「ファイル」タブをクリックして（Excel 2016では「その他」を選択後）

「オプション」を選択し、「Excelのオプション」ダイアログボックスを表示します。「詳細設定」を選択し、「ユーザー設定リストの編集」をクリックします（**図4-29**）。

図4-29　「ユーザー設定リスト」ダイアログボックスを開く

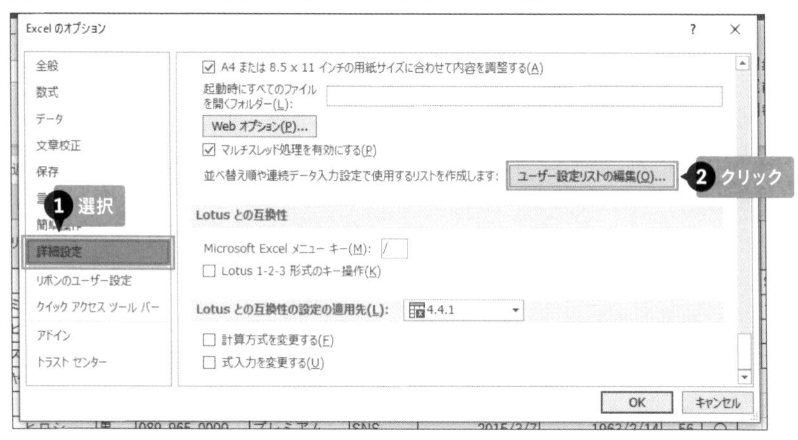

「ユーザー設定リスト」ダイアログボックスで、「新しいリスト」をクリックし、「リストの取り込み元範囲」にカーソルを移動します（**図4-30**）。

図4-30　「新しいリスト」を作成する

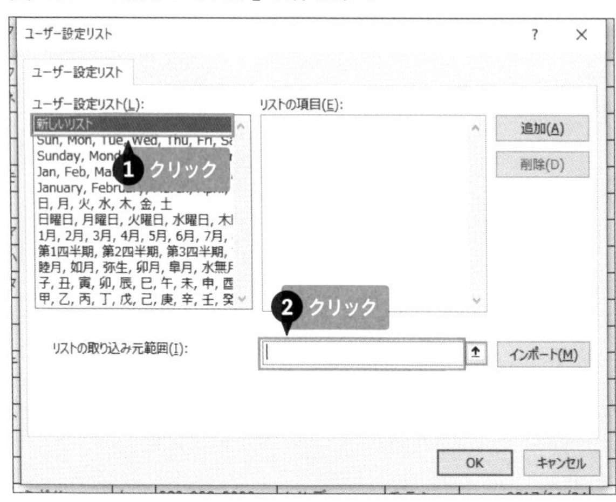

O2からO5までのセル範囲をドラッグして選択すると、そのセル番地が表示されるのを確認して、「インポート」をクリックします（**図4-31**）。

図4-31　セルの範囲をリストに取り込む

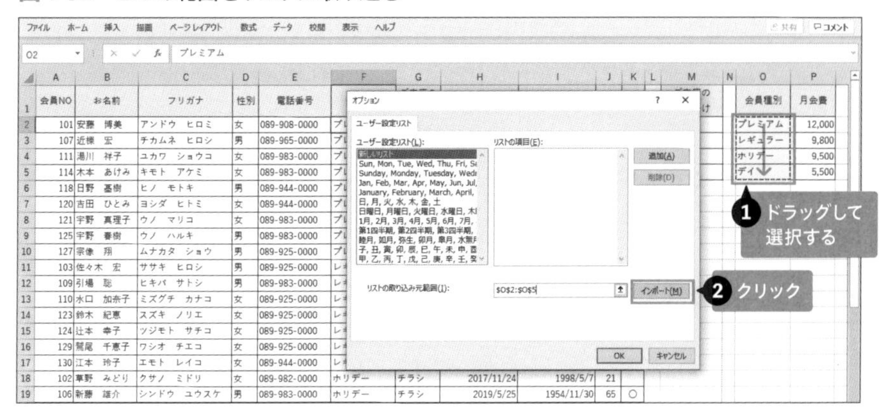

「ユーザー設定リスト」の末尾に取り込んだ並び順が追加されます。「OK」をクリックしてダイアログボックスを閉じ、「Excelのオプション」ダイアログボックスでも同様に「OK」をクリックすると、並び順の登録が完了します（**図4-32**）。

図4-32　並び順が登録された

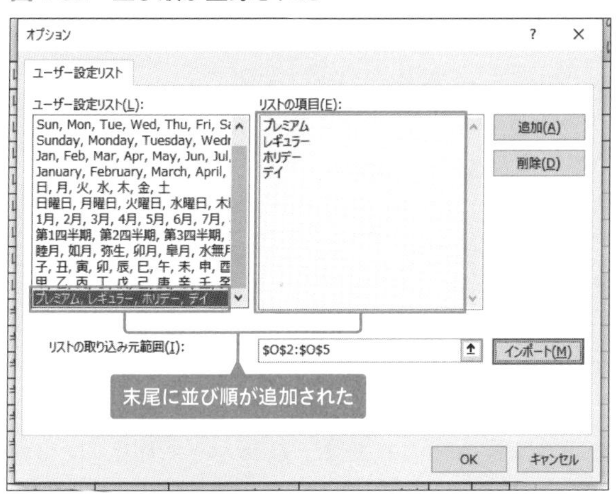

ONEPOINT

「ユーザー設定リスト」ダイアログボックスでは、[Enter]キーで改行しながら「リストの項目」欄に項目を入力し、「追加」ボタンをクリックして並び順を登録することもできます。

ONEPOINT

「ユーザー設定リスト」ダイアログボックスに登録した並び順は、お使いのExcelアプリケーションの設定の一部として保存されるため、同じアカウントのExcelがインストールされた機器でのみ有効です。なお、不要になった並び順の設定を削除するには、「ユーザー設定リスト」欄で登録内容を選び、「削除」をクリックします。

ユーザー設定リストを使って並べ替える

ユーザー設定リストに登録した順序を使って顧客名簿を並べ替えましょう。

名簿内の任意のセルを選択し、「データ」タブの「並べ替え」をクリックします（**図4-33**）。

図4-33　「並べ替え」ダイアログボックスを開く

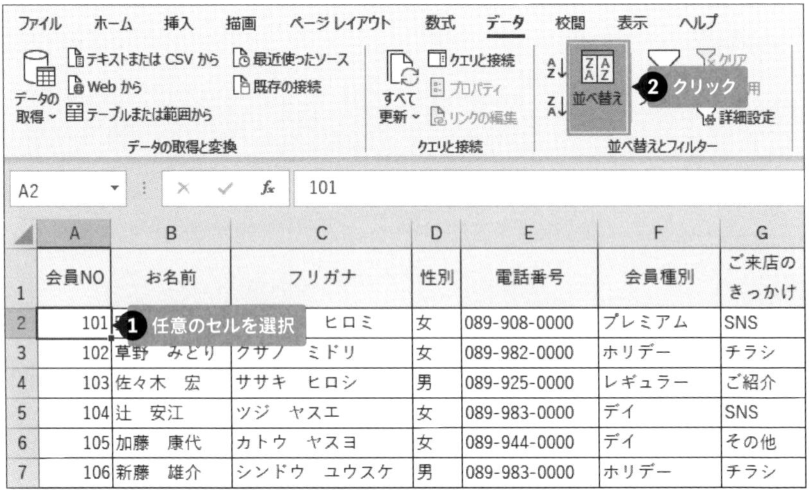

❶任意のセルを選択
❷クリック

	A	B	C	D	E	F	G
1	会員NO	お名前	フリガナ	性別	電話番号	会員種別	ご来店のきっかけ
2	101		ヒロミ	女	089-908-0000	プレミアム	SNS
3	102	草野　みどり	クサノ　ミドリ	女	089-982-0000	ホリデー	チラシ
4	103	佐々木　宏	ササキ　ヒロシ	男	089-925-0000	レギュラー	ご紹介
5	104	辻　安江	ツジ　ヤスエ	女	089-983-0000	デイ	SNS
6	105	加藤　康代	カトウ　ヤスヨ	女	089-944-0000	デイ	その他
7	106	新藤　雄介	シンドウ　ユウスケ	男	089-983-0000	ホリデー	チラシ

「並べ替え」ダイアログボックスが表示されます。基準となる列に「会員種別」を選択し、「並べ替えのキー」には「セルの値」を選択します。「順序」から「ユーザー設定リスト」を選択します（**図4-34**）。

「ユーザー設定リスト」ダイアログボックスが開いたら、「ユーザー設定リスト」欄で登録した並び順を選択し、「OK」をクリックします（**図4-35**）。

図4-34　最優先されるキーを選択する

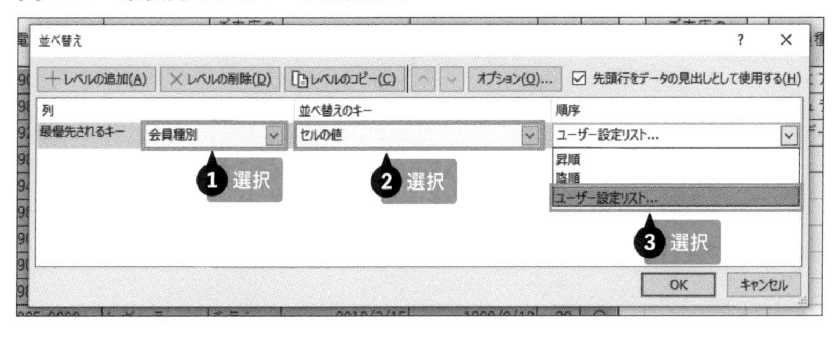

図4-35　登録した並び順を選択する

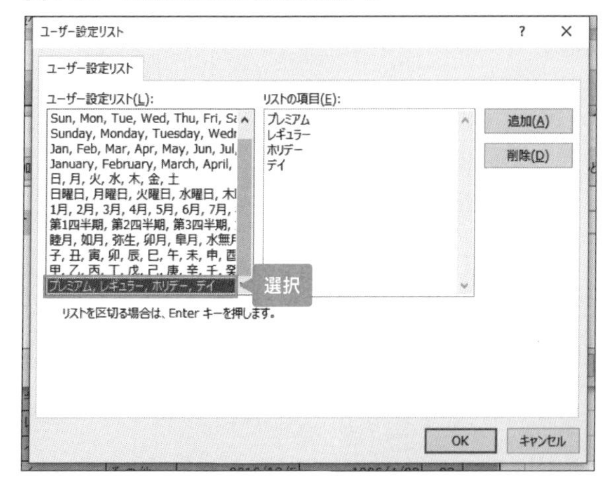

「並べ替え」ダイアログボックスの「順序」に登録した項目が表示されるのを確認し、「OK」をクリックすると、図4-28のように、顧客名簿のレコードが「プレミアム」を先頭に並べ替えられます（図4-36）。

図4-36　登録した順序で並べ替える

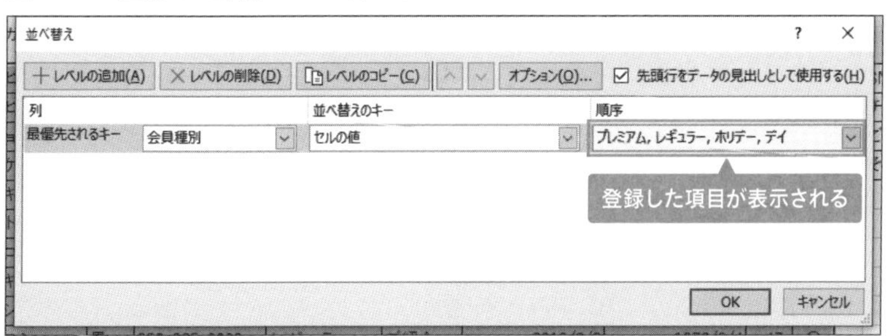

4-4-2 色の付いたセルを先頭に並べる

重要なデータを見落とさないようにする目的でセルに背景色を設定する人は多いものです。このようなリストでは、色の付いたセルが表の先頭や末尾に来る特殊な並べ替えを利用できます。注目しているレコードを1カ所にまとめておきたい場合に便利です。

名前に色が付いた顧客を名簿の先頭に配置したい

図4-37の顧客名簿では、重要な顧客のセルの背景色に塗りつぶしを設定して、ひと目でわかるようにしています。顧客名簿を並べ替えたとき、B列の「お名前」フィールドに背景色が設定された顧客データが先頭に来るように並べ替えてみましょう。

図4-37　色の付いたレコードを先頭に表示する

	A	B	C	D	E	F	G
1	会員NO	お名前	フリガナ	性別	電話番号	会員種別	ご来店のきっかけ
2	109	引場　聡	ヒ			レギュラー	チラシ
3	111	湯川　祥子	ユ			プレミアム	チラシ
4	101	安藤　博美	アンドウ　ヒロミ	女	089-908-0000	プレミアム	SNS
5	102	草野　みどり	クサノ　ミドリ	女	089-982-0000	ホリデー	チラシ
6	103	佐々木　宏	ササキ　ヒロシ	男	089-925-0000	レギュラー	ご紹介
7	104	辻　安江	ツジ　ヤスエ	女	089-983-0000	デイ	SNS

名前のセルに色の付いたレコードを先頭に表示させたい

セルの色を基準にしてレコードを並べ替える

顧客名簿の任意のセルを選択し、「データ」タブの「並べ替え」をクリックします。（図4-38）

「並べ替え」ダイアログボックスが表示されたら、基準となる「列」（最優先されるキー）に「お名前」を選択し、「並べ替えのキー」に「セルの色」を選択します。続けて「順序」の欄をクリックすると、そのフィールドで使われている塗りつぶしの色が一覧表示されます。ここから色を選択し、その色

図4-38　「並べ替え」ダイアログボックスを開く

ファイル　ホーム　挿入　描画　ページレイアウト　数式　データ　校閲　表示　ヘルプ

データの取得・テキストまたは CSV から・Web から・テーブルまたは範囲から・最近使ったソース・既存の接続（データの取得と変換）／すべて更新・クエリと接続・プロパティ・リンクの編集（クエリと接続）／並べ替え・詳細設定（並べ替えとフィルター）／区切り位置・フラッシュ フィル・重複の削除・データの入力規則（データ ツール）

❷クリック

A4　103

❶任意のセルを選択

	A	B	C	D	E	F	G	H	I
1	会員NO	お名前	フリガナ	性別	電話番号	会員種別	ご来店のきっかけ	入会年月日	生年月日
2	101	安藤　博美	アンドウ　ヒロミ	女	089-908-0000	プレミアム	SNS	2010/12/5	1985/
3	102	草野　みどり	クサノ　ミドリ	女	089-982-0000	ホリデー	チラシ	2017/11/24	1998
4	103			男	089-925-0000	レギュラー	ご紹介	2013/3/2	1972
5	104	辻　安江	ツジ　ヤスエ	女	089-983-0000	デイ	SNS	2012/2/1	1958
6	105	加藤　康代	カトウ　ヤスヨ	女	089-944-0000	デイ	その他	2018/1/24	1984/
7	106	新藤　雄介	シンドウ　ユウスケ	男	089-983-0000	ホリデー	チラシ	2019/5/25	1954/1
8	107	近棟　宏	チカムネ　ヒロシ	男	089-965-0000	プレミアム	SNS	2015/3/7	1963/
9	108	西本　明美	ニシモト　アケミ	女	089-908-0000	デイ	SNS	2018/1/24	1966/
10	109	引場　聡	ヒキバ　サトシ	男	089-983-0000	レギュラー	チラシ	2006/3/5	1970/
11	110	水口　加奈子	ミズグチ　カナコ	女	089-925-0000	レギュラー	チラシ	2010/3/15	1999/
12	111	湯川　祥子	ユカワ　ショウコ	女	089-983-0000	プレミアム	チラシ	2015/1/5	2001/1
13	112	渡辺　義之	ワタナベ　ヨシユキ	男	089-965-0000	デイ	ご紹介	2017/11/7	2003/1

が含まれるレコードをリストの「上」、「下」どちらに表示するかを右端の欄で選択します。ここでは「『背景色として使用した色』のセルを『上』に表示する」ように指定しています。「OK」をクリックすると、**図4-37**のように、レコードが並べ替えられます（**図4-39**）。

図4-39　背景色のあるセルを上に表示するように設定する

ONEPOINT

「並べ替え」ダイアログボックスの「並べ替えのキー」には、フォントの色や条件付き書式のアイコンを選ぶこともできます。リストにこれらの書式を設定している場合は、セルの色と同様に並べ替えの基準として利用できます。

参照→ **6-4-3** 売上成績を格付けして、マークを表示する

4-5-1 内容に応じてセルの数を数える

「COUNT」で始まる複数の関数を使い分けると、何らかのデータが入力されたセルの数を数えたり、反対に空欄のままになっているセルの数を数えたりすることができます。特定のフィールドの内容を基準にしてレコード件数を知りたいときに役立ちます。

「DM対象」、「DM対象外」のそれぞれの顧客数を知りたい

図4-40のK列には「DM」というフィールドを用意して、ダイレクトメールの受け取りを希望する顧客には「○」を入力しています。逆にこのフィールドが空欄である顧客は、ダイレクトメールを希望しないお客様です。この情報をもとに、M2セルにDM対象の顧客の人数を、N2セルにDM対象外の顧客の人数をそれぞれ求めてみましょう。

データが入力されたセルの数を数えるCOUNTA（カウントエー）関数と、空欄のセルの数を数えるCOUNTBLANK（カウントブランク）関数を利用すれば、両者の人数をすばやく求めることができます。

図4-40　「DM対象」「DM対象外」の人数を求める

	A	B		H	I	J	K	L	M	N	O
1	会員NO	お名前	フ	入会年月日	生年月日	年齢	DM		DM対象	DM対象外	
2	101	安藤　博美	アンドウ	2010/12/5	1985/12/1	34	○		16人	14人	
3	102	草野　みどり	クサノ	2017/11/24	1998/5/7	21					
4	103	佐々木　宏	ササキ	2013/3/2	1972/8/4	47	○				
5	104	辻　安江	ツジ　ヤ	2012/2/1	1958/9/3	61					
6	105	加藤　康代	カトウ	2018/1/24	1984/10/7	35					
7	106	新藤　雄介	シンドウ	2019/5/25	1954/11/30	65	○				
8	107	近棟　宏	チカムネ	2015/3/7	1963/2/14	56	○				
9	108	西本　明美	ニシモト	2018/1/24	1966/6/17	53	○				
10	109	引場　聡	ヒキバ	2006/3/5	1970/7/21	49	○				
11	110	水口　加奈子	ミズグチ	2010/3/15	1999/9/12	20	○				
12	111	湯川　祥子	ユカワ	2015/1/5	2001/10/15	18	○				
13	112	渡辺　義之	ワタナベ	2017/11/7	2003/12/16	16					
14	113	伊藤　瑞穂	イトウ	2016/12/5	1996/4/23	23					

K列にデータが入力されたセルを数える

K列で空欄のセルを数える

COUNTA関数、COUNTBLANK関数を入力する

セルの数を数える関数には、**図4-41**のように、**COUNT**、**COUNTA**、**COUNTBLANK**の3種類があります。COUNT関数は、**数値データが入力されたセルの数を求め**、COUNTA関数は、**数値や文字列を問わず何らかのデータが入力されたセルの数を求めます**。またCOUNTBLANK関数は、**何も入力されていない空欄セルの数を求める際に使います**。

図4-41　COUNT系関数の書式

● **数値が入力されたセルを数える**
=COUNT(値1,値2…)

● **数値・文字列など何らかのデータが入力されたセルを数える**
=COUNTA(値1,値2…)

● **空欄のセルを数える**
=COUNTBLANK(範囲)

※COUNTとCOUNTAの引数「値」には、セル範囲を複数指定できますが、
COUNTBLANKの引数「範囲」に指定できるセル範囲は1カ所だけです。

M2セルにDM対象となる顧客の人数を求めるには、K列の「DM」フィールドに「○」が入力されたセルの数を数えます。「○」は文字列なのでCOUNTA関数を使って「＝COUNTA（K2:K31)」という数式を入力します。

同様に、N2セルにDM対象外である顧客の人数を求めるには、DMフィールドが空欄であるセルの数を求めればよいので、「=COUNTBLANK(K2:K31)」というCOUNTBLANK関数の式を入力します（**図4-42**)。

図4-42　顧客の人数を求める式を入力する

	A	B	C	H	I	J	K	L	M	N	O
1	会員NO	お名前	フリガナ	入会年月日	生年月日	年齢	DM		DM 対象	DM 対象外	
2	101	安藤　博美	アンドウ　ヒロミ	2010/12/5	1985/12/1	34	○		16	14	
3	102	草野　みどり	クサノ　ミドリ	2017/11/24	1998/5/7	21					
4	103	佐々木　宏	ササキ　ヒロシ	2013/3/2	1972/8/4	47					
5	104	辻　安江	ツジ　ヤスエ	2012/2/1	1958/9/3	61					
6	105	加藤　康代	カトウ　ヤスヨ	2018/1/24	1984/10/7	35					
7	106	新藤　雄介	シンドウ　ユウス	2019/5/25	1954/11/30	65	○				

=COUNTA(K2:K31)

=COUNTBLANK(K2:K31)

COLUMN 単位を付けて「〇人」と表示する

関数を使って求めた結果に単位を付けて「〇人」という形で表示するには、次の手順で、数値に単位を追加する「表示形式」を設定しましょう。

M2からN2までのセル範囲を選んで右クリックし、「セルの書式設定」を選択します（図4-43）。

図4-43 「セルの書式設定」ダイアログボックスを開く

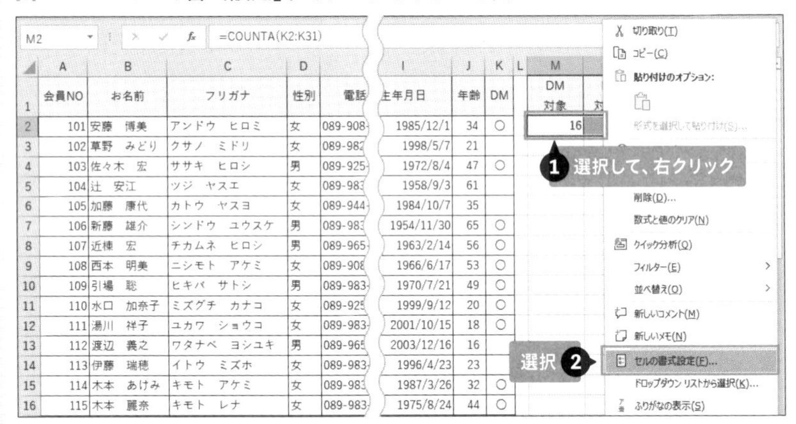

図4-44 「〇人」という表示形式を設定する

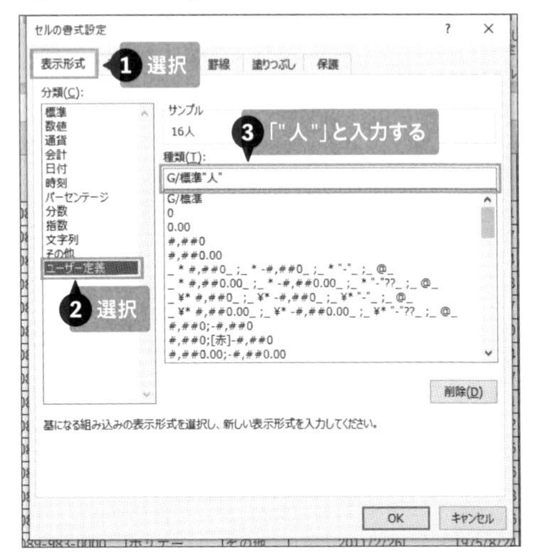

「セルの書式設定」ダイアログボックスの「表示形式」タブを開きます。「分類」で「ユーザー定義」を選択し、「種類」の欄に表示された「G/標準」の後ろに「"人"」と追加して「OK」をクリックします（図4-44）。

このように、表示させたい単位を半角のダブルクォーテーション「"」で囲んで指定すれば、図4-40のように、計算結果の数値に単位が表示されます。

4-5-2 条件別にセルの数を数える

単純にセルを数えるだけではなく、特定の条件を満たすセルだけを取り出してその数を数える場合は、COUNTIF関数を利用しましょう。COUNTIF関数は条件を満たすレコードの数を数えるときに役立つ関数です。

顧客の人数を男女別に数えたい

図4-45のD列には、顧客の性別が入力されています。この「性別」フィールドをもとにして男女別に顧客の人数を求めるにはCOUNTIF（カウントイフ）関数を利用します。

COUNTIF関数は、**3-2-1**で紹介した「+IF」関数の仲間です。特定の条件を満たすセルを指定した範囲の中から抜き出して、その個数を数える働きをします。リスト形式の表では、求めたセルの数はレコード数に等しいので、**条件を満たすレコード件数を求める用途で使われます。**

ここでは、「性別」フィールドに「男」と入力されたセルの数を数えて、それを男性顧客の人数としてM2セルに求めています。まずはこの指定をCOUNTIF関数で行いましょう。

図4-45 「性別」フィールドが「男」であるレコードを数える

	A	B	C	D	E		J	K	L	M	N
1	会員NO	お名前	フリガナ	性別	電話番号		年齢	DM		男	女
2	101	安藤　博美	アンドウ　ヒロミ	女	089-908-0000	12/1	34	○		10人	20人
3	102	草野　みどり	クサノ　ミドリ	女	089-982-0000	3/5/7	21				
4	103	佐々木　宏	ササキ　ヒロシ	男	089-925-0000	/8/4	47	○			
5	104	辻　安江	ツジ　ヤスエ	女	089-983-0000	/9/3	61				
6	105	加藤　康代	カトウ　ヤスヨ	女	089-944-0000	/10/7	35				
7	106	新藤　雄介	シンドウ　ユウスケ	男	089-983-0000	1/30	65	○			
8	107	近棟　宏	チカムネ　ヒロシ	男	089-965-0000	2/14	56	○			
9	108	西本　明美	ニシモト　アケミ	女	089-908-0000	/6/17	53	○			
10	109	引場　聡	ヒキバ　サトシ	男	089-983-0000	7/21	49	○			
11	110	水口　加奈子	ミズグチ　カナコ	女	089-925-0000	9/12	20	○			
12	111	湯川　祥子	ユカワ　ショウコ	女	089-983-0000	0/15	18	○			

条件：性別が「男」

条件が入力された列

COUNTIF関数を入力する

COUNTIF関数の引数は**図4-46**のようになり、引数「範囲」に指定したセルの中に、「検索条件」に指定した条件を満たすセルがいくつあるのかを数えます。引数指定のルールはSUMIF関数と同じです。

参照→ **3-2-1** 条件を満たすデータだけを集計する「+IF」関数
参照→ **3-2-2** 条件を1つ指定して合計する

図4-46　COUNTIF関数の書式

● **条件に当てはまるセルの数を求める**

=COUNTIF(範囲,検索条件)

範囲：条件の列
検索条件：条件

M2セルに入力する数式は「=COUNTIF($D$2:$D$31,M1)」となります。引数「範囲」には、性別が入力されたD2からD31までのセル範囲を指定し、「検索条件」には「男」と入力されたM1セルを指定します。なお引数「範囲」については、数式をコピーしたときに移動しないよう絶対参照にしておきます。

その後、オートフィル操作を利用してM2セルの数式をN2セルにコピーすれば、女性顧客の人数を求められます（**図4-47**）。なお、計算結果に単位を付けて表示する方法については、**4-5-1**を参照してください。

参照→ **1-4-2** 数式内のセル番地が移動しないようにする「絶対参照」

図4-47　男女別の人数を求める

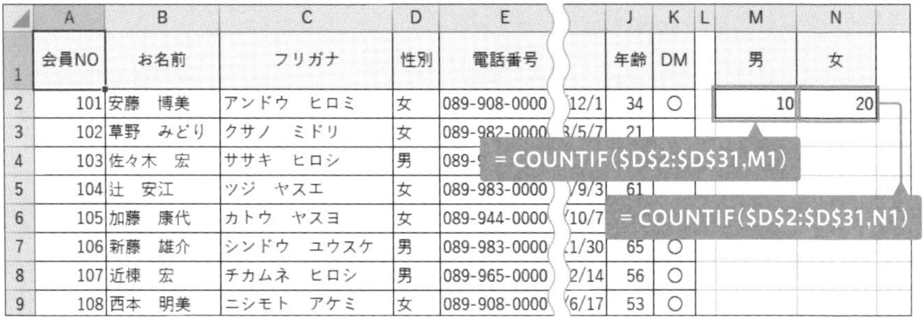

	A	B	C	D	E		J	K	L	M	N
1	会員NO	お名前	フリガナ	性別	電話番号		年齢	DM		男	女
2	101	安藤　博美	アンドウ　ヒロミ	女	089-908-0000	12/1	34	○		10	20
3	102	草野　みどり	クサノ　ミドリ	女	089-982-0000	3/5/7	21				
4	103	佐々木　宏	ササキ　ヒロシ	男	089-						
5	104	辻　安江	ツジ　ヤスエ	女	089-983-0000	/9/3	61				
6	105	加藤　康代	カトウ　ヤスヨ	女	089-944-0000	10/7					
7	106	新藤　雄介	シンドウ　ユウスケ	男	089-983-0000	1/30	65	○			
8	107	近棟　宏	チカムネ　ヒロシ	男	089-965-0000	2/14	56	○			
9	108	西本　明美	ニシモト　アケミ	女	089-908-0000	6/17	53	○			

4-5-3 複数の条件別にセルの数を数える

複数の条件に該当するレコードの件数を求めるには、COUNTIFS関数を利用しましょう。縦軸に「会員種別」、横軸に「性別」の見出しを持つクロス集計表に顧客人数を求めたい場合などに役立ちます。

複数の条件を指定して人数を求める

図4-48の顧客名簿ではD列に「性別」、F列に「会員種別」のフィールドがあります。これらの内容を縦軸と横軸の見出しに設定したクロス集計表を作り、該当する顧客人数をN2からO5までのセル範囲に集計してみましょう。

まず、N2セルにCOUNTIFS（カウントイフエス）関数の式を入力して、性別が「男」で会員種別が「プレミアム」である顧客の人数を求めます。COUNTIFS関数は、COUNTIFの複数形版で、複数の条件を満たすレコード件数を求めます。この場合は、「性別が『男』である」、「会員種別が『プレミアム』である」という両方の条件を満たすレコード（図4-48の色が付いた行）の数が算出されます。

参照➔ 1-6-1「単純集計表」と「クロス集計表」

参照➔ 4-5-2 条件別にセルの数を数える

図4-48　複数の条件に当てはまるレコードを数える

	A	B	C	D	E	F			K	L	M	N	O
1	会員NO	お名前	フリガナ	性別	電話番号	会員種別	ご きっ	齢	DM			男	女
2	101	安藤　博美	アンドウ　ヒロミ	女	089-908-0000	プレミアム	SNS	34	○		プレミアム	4人	5人
3	102	草野　みどり	クサノ　ミドリ	女	089-982-0000	ホリデー	チラ	1			レギュラー	2人	5人
4	103	佐々木　宏	ササキ　ヒロシ	男	089-925-0000	レギュラー	ご紹	17	○		ホリデー	3人	5人
5	104	辻　安江	ツジ　ヤスエ	女	089-983-0000	デイ	SNS	1			デイ	1人	5人
6	105	加藤　康代	カトウ　ヤスヨ	女	089-944-0000	デイ	その	5					
7	106	新藤　雄介	シンドウ　ユウスケ	男	089-983-0000	ホリデー	チラ	55	○				
8	107	近棟　宏	チカムネ　ヒロシ	男	089-965-0000	プレミアム	SNS	6	○				
9	108	西本　明美	ニシモト　アケミ	女	089-908-0000	デイ	SNS	53	○				
10	109	引場　聡	ヒキバ　サトシ	男	089-983-0000	レギュラー	チラ	9	○				
11	110	水口　加奈子	ミズグチ　カナコ	女	089-925-0000	レギュラー	チラ	20	○				

1つ目の条件が入力された列

2つ目の条件が入力された列

2つ目の条件：会員種別が「プレミアム」

1つ目の条件：性別が「男」

COUNTIFS関数を入力する

COUNTIFS関数の引数は**図4-49**のようになり、1つ目の条件が入力されたフィールドを「検索条件範囲1」に、条件の内容を「検索条件1」にそれぞれ指定します。2つ目以降の条件についても、同様に「条件範囲」と「条件」がペアになるように引数を設定します。結果は、**すべての条件を満たすレコードだけが件数として数えられます。**

図4-49　COUNTIFS関数の書式

● **複数の条件に当てはまるセルの数を求める**

=COUNTIFS(検索条件範囲1,検索条件1,検索条件範囲2,検索条件2…)

検索条件範囲1：1つ目の条件の列　検索条件1：1つ目の条件　検索条件範囲2：2つ目の条件の列　検索条件2：2つ目の条件

N2セルに入力する数式は「=COUNTIFS($D$2:$D$31,N$1,$F$2:$F$31,$M2)」となります（**図4-50**）。引数「検索条件範囲1」には、性別が入力されたD2からD31までのセル範囲を絶対参照で指定し、「検索条件1」には「男」と入力されたN1セルを指定します。

同様に、「検索条件範囲2」には、会員種別が入力されたF2からF31までのセル範囲をやはり絶対参照で指定し、「検索条件2」には最初の会員種別「プレミアム」が入力されたM2セルを指定します。

なお、数式をコピーする際、**「検索条件1」と「検索条件2」が次の条件のセルに適切に移動するよう、この2つの引数は複合参照にしておきます。**

参照→ **1-4-2** 数式内のセル番地が移動しないようにする「絶対参照」

参照→ **1-4-3** 行番号・列番号の片方だけを固定にする「複合参照」

図4-50　COUNTIFS関数を入力する

	A	B	C	D	E	F			K	L	M	N	O
1	会員NO	お名前	フリガナ	性別	電話番号	会員種別	ご… きっ…	…齢	DM			男	女
2	101	安藤　博美	アンドウ　ヒロミ	女	089-908-0000	プレミアム	SN…	…34	○		プレミアム	4	
3	102	草野　みどり	クサノ　ミドリ	女	089-982-0000	ホリデー	チラ…	…1			レギュラー		
4	103	佐々木　宏	ササキ　ヒロシ	男	089-925-0000	レギュラー	ご紹…	…7	○		ホリデー		
5	104	辻　安江	ツジ　ヤスエ	女	089-983-0000	デイ	SNS…	…1			デイ		
6	105	加藤　康代	カトウ　ヤスヨ	女	089-944-0000	デイ	その…	…5					
7	106	新藤　雄介	シンドウ　ユウスケ	男	089-983-0…								
8	107	近棟　宏	チカムネ　ヒロシ	男	089-965-0…								

=COUNTIFS($D$2:$D$31,N$1,$F$2:$F$31,$M2)

オートフィルで数式をコピーする

まず、N2セルを選択し、下方向にオートフィルを実行してN5セルまで数式をコピーします（**図4-51**）。

図4-51 COUNTIFS関数をコピーする

	A	B	C	D	E	F			K	L	M	N	O
1	会員NO	お名前	フリガナ	性別	電話番号	会員種別	ご きっ	齢	DM			男	女
2	101	安藤　博美	アンドウ　ヒロミ	女	089-908-0000	プレミアム	SNS	34	○		プレミアム	4	
3	102	草野　みどり	クサノ　ミドリ	女	089-982-0000	ホリデー	チラ	1			レギュラー	2	
4	103	佐々木　宏	ササキ　ヒロシ	男	089-925-0000	レギュラー	ご紹	17	○		ホリデー	3	
5	104	辻　安江	ツジ　ヤスエ	女	089-983-0000	デイ	SNS	1			デイ	1	
6	105	加藤　康代	カトウ　ヤスヨ	女	089-944-0000	デイ	その	5					
7	106	新藤　雄介	シンドウ　ユウスケ	男	089-983-0000	ホリデー	チラ	65	○				
8	107	近棟　宏	チカムネ　ヒロシ	男	089-965-0000	プレミアム	SNS	6	○				
9	108	西本　明美	ニシモト　アケミ	女	089-908-0000	デイ	SNS	53	○				
10	109	引場　聡	ヒキバ　サトシ	男	089-983-0000	レギュラー	チラ	9	○				
11	110	水口　加奈子	ミズグチ　カナコ	女	089-925-0000	レギュラー	チラ	20	○				

次に、N2からN5までのセル範囲を選択し、右方向にオートフィルを実行すれば集計表が完成します（**図4-52**）。なお、計算結果に単位を付けて人数として表示する方法については、**4-5-1**のCOLUMNを参照してください。

図4-52 COUNTIFS関数をO列にコピーする

	A	B	C	D	E	F			K	L	M	N	O
1	会員NO	お名前	フリガナ	性別	電話番号	会員種別	ご きっ	齢	DM			男	女
2	101	安藤　博美	アンドウ　ヒロミ	女	089-908-0000	プレミアム	SNS	34	○		プレミアム	4	5
3	102	草野　みどり	クサノ　ミドリ	女	089-982-0000	ホリデー	チラ	1			レギュラー	2	5
4	103	佐々木　宏	ササキ　ヒロシ	男	089-925-0000	レギュラー	ご紹	17	○		ホリデー	3	5
5	104	辻　安江	ツジ　ヤスエ	女	089-983-0000	デイ	SNS	1			デイ	1	5
6	105	加藤　康代	カトウ　ヤスヨ	女	089-944-0000	デイ	その	5					
7	106	新藤　雄介	シンドウ　ユウスケ	男	089-983-0000	ホリデー	チラ	65	○				
8	107	近棟　宏	チカムネ　ヒロシ	男	089-965-0000	プレミアム	SNS	6	○				
9	108	西本　明美	ニシモト　アケミ	女	089-908-0000	デイ	SNS	53	○				
10	109	引場　聡	ヒキバ　サトシ	男	089-983-0000	レギュラー	チラ	9	○				
11	110	水口　加奈子	ミズグチ　カナコ	女	089-925-0000	レギュラー	チラ	20	○				

ONEPOINT

COUNTIFS関数で集計するには、あらかじめ「性別」フィールドと「会員種別」フィールドにあるすべての項目を手作業で洗い出して集計欄の見出しを作っておく必要があります。これは手間がかかる作業なので、項目数の多いフィールドの場合は、ピボットテーブルで作成すると効率的です。

参照→ **8-1** ピボットテーブルで動的に分析する

4-5-4 条件に当てはまる人数の割合を求める

関数の戻り値は、計算式で利用できます。ここでは、「年齢」フィールドをもとに関数を使って50歳以上の顧客の人数を求め、全体に占める割合を計算してみましょう。

一定の年齢以上の顧客の割合を求めたい

図4-53の「年齢」フィールド（J列）のデータをもとに、50歳以上の顧客が全体の何割を占めるのかを計算してみましょう。

割合を求める計算式は「50歳以上の顧客の人数÷顧客全体の人数」となります。この式で利用する「50歳以上の顧客の人数」はCOUNTIF関数で、「顧客全体の人数」はCOUNT関数でそれぞれ求めます。

参照→ 4-5-1 内容に応じてセルの数を数える
参照→ 4-5-2 条件別にセルの数を数える

図4-53　50歳以上の顧客の割合を求める

	A	B	C	D	E	F	G	H	I	J	K	L	M
1	会員NO	お名前	フリガナ	性別	電話番号	会員種別	ご来店のきっかけ	入会年月日	生年月日	年齢	DM		50歳以上の顧客の割合
2	101	安藤　博美	アンドウ　ヒロミ	女	089-908-0000	プレミアム	SNS	2010/12/5	1985/12/1	34	○		30%
3	102	草野　みどり	クサノ　ミドリ	女	089-982-0000	ホリデー	チラシ	2017/11/24	1998/5/7	21			
4	103	佐々木　宏	ササキ　ヒロシ	男	089-925-0000	レギュラー	ご紹介	2013/3/2	1972/8/4	47	○		
5	104	辻　安江	ツジ　ヤスエ	女	089-983-0000	デイ	SNS	2012/2/1	1958/9/3	61			
6	105	加藤　康代	カトウ　ヤスヨ	女	089-944-0000	デイ	その他	2018/1/24	1984/10/7	35			
7	106	新藤　雄介	シンドウ　ユウスケ	男	089-983-0000	ホリデー	チラシ	2019/5/25	1954/11/30	65	○		
8	107	近棟　宏	チカムネ　ヒロシ	男	089-965-0000	プレミアム	SNS	2015/3/7	1963/2/14	56	○		
9	108	西本　明美	ニシモト　アケミ	女	089-908-0000	デイ	SNS	2018/1/24	1966/6/17	53	○		
10	109	引場　聡	ヒキバ　サトシ	男	089-983-0000	レギュラー	チラシ	2006/3/5	1970/7/21	49	○		

「50歳以上の顧客の人数÷顧客全体の人数」で求める

割合を求める計算式を入力する

M2セルに入力する数式は「=COUNTIF(J2:J31,">=50")/COUNT(J2:J31)」となります（**図4-54**）。

前半の「COUNTIF(J2:J31,">=50")」の部分ではCOUNTIF関数を使って「50歳以上の顧客の人数」を求めています。まず、この部分を詳しく見てみましょう。

COUNTIF関数の引数「条件範囲」には「年齢」フィールドのセル範囲(J2からJ31まで)を指定し、「条件」には「50以上である」という内容を「">=50"」と入力しています。「+IF」関数や「+IFS」関数では、条件の引数に**図4-55**のような記号を使って判定を行う式を入力できます。その際、半角の「"」で囲んで指定する決まりがあります。

後半の「COUNT(J2:J31)」という部分では、COUNT関数で「顧客全体の人数」を求めています。入力後、M2セルには割り算の結果が「0.3」と表示されます。

参照→ 3-2-1 条件を満たすデータだけを集計する「+IF」関数

図4-54 COUNTIF関数とCOUNT関数を使った式を入力する

	A	B	C	D	E	F	G	H	I	J	K	L	M
1	会員NO	お名前	フリガナ	性別	電話番号	会員種別	ご来店のきっかけ	入会年月日	生年月日	年齢	DM		50歳以上の顧客の割合
2	101	安藤　博美	アンドウ　ヒロミ	女	089-908-0000	プレミアム	SNS	2010/12/5	1985/12/1	34	○		0.3
3	102	草野　みどり	クサノ　ミドリ	女	089-982-0000	ホリデー	チラシ	2017/11/24	1998/5/7	21			
4	103	佐々木　宏	ササキ　ヒロシ	男	089-925-0000	レギュラー	ご紹介	[illegible]	[illegible]	[illegible]	[illegible]		
5	104	辻　安江	ツジ　ヤスエ	女	089-983-0000	デイ	SNS	[illegible]	[illegible]	[illegible]	[illegible]		
6	105	加藤　康代	カトウ　ヤスヨ	女	089-944-0000	デイ	その他	[illegible]	[illegible]	[illegible]	[illegible]		
7	106	新藤　雄介	シンドウ　ユウスケ	男	089-983-0000	ホリデー	チラシ	2019/5/25	1954/11/30	65	○		
8	107	近棟　宏	チカムネ　ヒロシ	男	089-965-0000	プレミアム	SNS	2015/3/7	1963/2/14	56	○		
9	108	西本　明美	ニシモト　アケミ	女	089-908-0000	デイ	SNS	2018/1/24	1966/6/17	53	○		
10	109	引場　聡	ヒキバ　サトシ	男	089-983-0000	レギュラー	チラシ	2006/3/5	1970/7/21	49	○		

=COUNTIF(J2:J31,">=50")/COUNT(J2:J31)

図4-55 「+IF」「+IFS」関数の条件に使う比較記号

比較記号	内容	比較記号	内容	比較記号	内容
=	～に等しい	>	～より大きい	>=	～以上
<>	～に等しくない	<	～より小さい	<=	～以下

ONEPOINT

小数で表示された割合の計算結果を「○%」と表示するには、M2セルを選んで、「ホーム」タブの「パーセントスタイル」をクリックします。

4-6-1 フィールド名を全ページに印刷する

4-6では、データ分析で扱うことの多い広範囲の表を印刷するときに役立つテクニックを紹介します。リストの先頭行に入力されたフィールド名は、印刷すると最初のページにしか表示されません。すべてのページにフィールド名を繰り返し印刷するには、「印刷タイトル」を設定しておきましょう。

2ページ目以降にもフィールド名を印刷したい

顧客名簿を印刷すると、2ページ目以降のページには列見出しが表示されず、項目のみが印刷されてしまいます。そこで、複数ページにわたるリストでは、**図4-56**のように、1行目のフィールド名を2ページ目以降にも自動的に印刷するよう設定しましょう。これには**「印刷タイトル」**という機能を使います。

図4-56　フィールド名を2ページ目以降にも印刷する

1ページ目

2ページ目

フィールド名を2ページ目以降にも印刷する

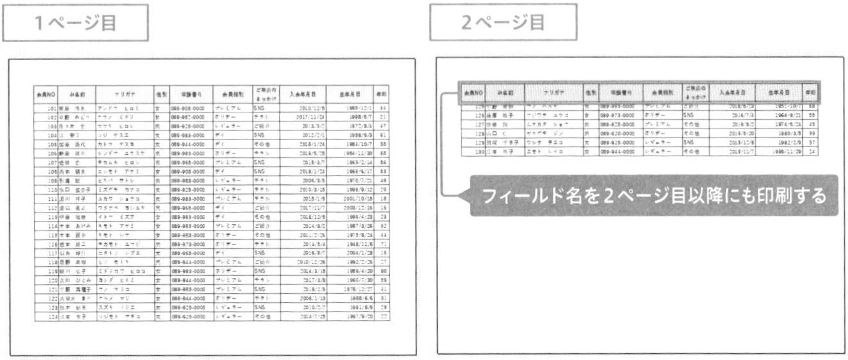

印刷タイトルを設定する

「ページレイアウト」タブの「印刷タイトル」をクリックします（**図4-57**）。

図4-57　「ページ設定」ダイアログボックスを開く

ファイル　ホーム　挿入　描画　ページレイアウト　数式　データ　校閲　表示　ヘルプ

クリック

A1　会員NO

	A	B	C	D	E	F	G	H	I
1	会員NO	お名前	フリガナ	性別	電話番号	会員種別	ご来店のきっかけ	入会年月日	生年月日
2	101	安藤　博美	アンドウ　ヒロミ	女	089-908-0000	プレミアム	SNS	2010/12/5	1985/12/
3	102	草野　みどり	クサノ　ミドリ	女	089-982-0000	ホリデー	チラシ	2017/11/24	1998/5/
4	103	佐々木　宏	ササキ　ヒロシ	男	089-925-0000	レギュラー	ご紹介	2013/3/2	1972/8/
5	104	辻　安江	ツジ　ヤスエ	女	089-983-0000	デイ	SNS	2012/2/1	1958/9/

「ページ設定」ダイアログボックスが開きます。「シート」タブの「タイトル行」の欄を選択してから、フィールド名が入力された行の行番号（ここでは「1行目」）を選択すると、「タイトル行」にそのセル番地が表示されます（**図4-58**）。「OK」をクリックすると、**図4-56**のように印刷タイトルが設定されます。

図4-58　印刷タイトルを設定する

ONEPOINT

「タイトル行」欄に表示された「$1:$1」とは、「1行目から1行目まで」という意味で、この範囲がすべてのページに繰り返し印刷されます。なお、「タイトル行」欄の内容を削除すれば、印刷タイトルの設定は解除されます。

4-6-2 セルの枠線を罫線代わりにする

罫線を引いていない表を印刷するときには、セルの枠線を罫線代わりに表示させると見やすくなります。

セルの枠線を罫線代わりにする

罫線を引いていない表を印刷すると、データだけが印刷されてしまいます。これを避けるには、「ページレイアウト」タブをクリックし、「枠線」の「印刷」にチェックを入れます（**図4-59**）。

図4-59 「枠線」の「印刷」にチェックを入れる

チェックを入れる

	A	B	C	D	E	F	G	H	I	J	K
1	会員NO	お名前	フリガナ	性別	電話番号	会員種別	ご来店のきっかけ	入会年月日	生年月日	年齢	DM
2	101	安藤 博美	アンドウ ヒロミ	女	089-908-0000	プレミアム	SNS	2010/12/5	1985/12/1	34	○

印刷を実行すると、**図4-60**のようにシートの枠線が細線で印刷されます。

図4-60 枠線を表示して印刷できる

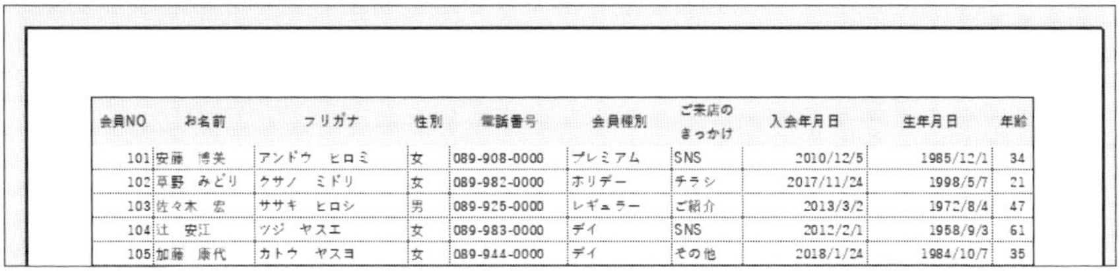

会員NO	お名前	フリガナ	性別	電話番号	会員種別	ご来店のきっかけ	入会年月日	生年月日	年齢
101	安藤 博美	アンドウ ヒロミ	女	089-908-0000	プレミアム	SNS	2010/12/5	1985/12/1	34
102	草野 みどり	クサノ ミドリ	女	089-982-0000	ホリデー	チラシ	2017/11/24	1998/5/7	21
103	佐々木 宏	ササキ ヒロシ	男	089-925-0000	レギュラー	ご紹介	2013/3/2	1972/8/4	47
104	辻 安江	ツジ ヤスエ	女	089-983-0000	デイ	SNS	2012/2/1	1958/9/3	61
105	加藤 康代	カトウ ヤスヨ	女	089-944-0000	デイ	その他	2018/1/24	1984/10/7	35

CAUTION

シートにリスト以外の内容が入力されていると、表以外のセルにまで枠線の印刷が広がってしまいます。この場合は、**4-6-3**を参考に、表以外の部分を印刷範囲から除外しましょう。

4-6-3 シートの一部だけを印刷する

シートに表以外の内容が入力されている場合、そのまま印刷を実行すると、シートの内容がすべて印刷されてしまいます。シートの一部分だけを印刷するには、あらかじめ印刷したい部分を「印刷範囲」として設定しましょう。

リストの範囲を指定して印刷したい

図4-61の顧客名簿のシートには、右側に別の表が入力されているため、このシートを印刷するとこれらの表もすべて印刷されてしまいます。名簿の部分だけを印刷したい場合は、印刷前に顧客名簿の表全体を**「印刷範囲」**に設定しておきましょう。

図4-61 「印刷範囲」を指定する

会員NO	お名前	フリガナ	性別	電話番号	会員種別	ご来店のきっかけ	入会年月日	生年月日	年齢	DM
101	安藤　博美	アンドウ　ヒロミ	女	089-908-0000	プレミアム	SNS	2010/12/5	1985/12/1	34	○
102	草野　みどり	クサノ　ミドリ	女	089-982-0000	ホリデー	チラシ	2017/11/24	1998/5/7	21	
103	佐々木　宏	ササキ　ヒロシ	男	089-925-0000	レギュラー	ご紹介	2013/3/2	1972/8/4	47	○
104	辻　安江	ツジ　ヤスエ	女	089-983-0000	デイ	SNS	2012/2/1	1958/9/3	61	
105	加藤　康代	カトウ　ヤスヨ	女	089-944-0000	デイ	その他	2018/1/24	1984/10/7	35	
106	新藤　雄介	シンドウ　ユウスケ	男	089-983-0000	ホリデー	チラシ	2019/5/25	1954/11/30	65	○
107	近棟　宏	チカムネ　ヒロシ	男	089-965-0000	プレミアム	SNS	2015/3/7	1963/2/14	56	○
108	西本　明美	ニシモト　アケミ	女	089-908-0000	デイ	SNS	2018/1/24	1966/6/17	53	○
109	引場　聡	ヒキバ　サトシ	男	089-983-0000	レギュラー	チラシ	2006/3/5	1970/7/21	49	○
110	水口　加奈子	ミズグチ　カナコ	女	089-925-0000	レギュラー	チラシ	2010/3/15	1999/9/12	20	○
111	湯川　祥子	ユカワ　ショウコ	女	089-983-0000	プレミアム	チラシ	2015/1/5	2001/10/15	18	○
112	渡辺　義之	ワタナベ　ヨシユキ	男	089-965-0000	デイ	ご紹介	2017/11/7	2003/12/16	16	
113	伊藤　瑞穂	イトウ　ミズホ	女	089-983-0000	デイ	その他	2016/12/5	1996/4/23	23	
114	木本　あけみ	キモト　アケミ	女	089-983-0000	プレミアム	ご紹介	2014/8/2	1987/3/26	32	○
115	木本　麗奈	キモト　レナ	女	089-983-0000	ホリデー	その他	2011/2/26	1975/8/24	44	○
116	近本　雄二	チカモト　ユウジ	男	089-973-0000	ホリデー	チラシ	2014/5/4	1948/11/6	71	
117	似鳥　静江	ニタトリ　シズエ	女	089-965-0000	デイ	SNS	2016/8/7	2004/1/28	16	
118	日野　基樹	ヒノ　モトキ	男	089-944-0000	プレミアム	ご紹介	2010/12/26	1992/2/26	27	○
119	緑川　弘子	ミドリカワ　ヒロコ	女	089-983-0000	ホリデー	SNS	2014/3/15	1959/4/20	60	

ご来店のきっかけ
SNS
チラシ
ご紹介
その他

会員種別	月会費
プレミアム	12,000
レギュラー	9,800
ホリデー	9,500
デイ	5,500

シートのこの部分だけを印刷したい

名簿全体を選択して印刷範囲に設定する

まず顧客名簿の表全体を範囲選択します。このとき、広範囲の表をドラッグ操作で過不足なく選択するのは難しいため、ショートカットキーを使いましょう。リスト内の任意のセルを選択しておき、[Shift] キーと [Ctrl] キーを押しながら [:] キーを押します。これで、リスト全体が範囲選択されます。続けて、「ページレイアウト」タブの「印刷範囲」から「印刷範囲の設定」を選択します（**図4-62**）。

図4-62 「印刷範囲の設定」をする

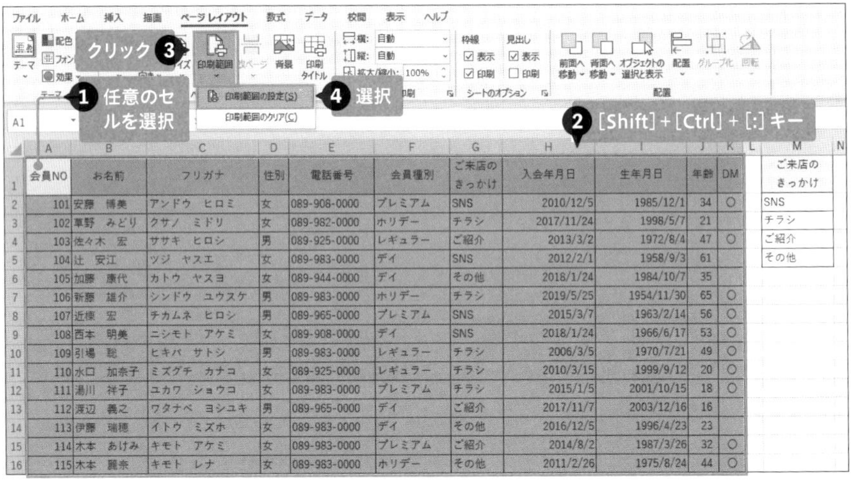

会員NO	お名前	フリガナ	性別	電話番号	会員種別	ご来店のきっかけ	入会年月日	生年月日	年齢	DM
101	安藤　博美	アンドウ　ヒロミ	女	089-908-0000	プレミアム	SNS	2010/12/5	1985/12/1	34	○
102	草野　みどり	クサノ　ミドリ	女	089-982-0000	ホリデー	チラシ	2017/11/24	1998/5/7	21	
103	佐々木　宏	ササキ　ヒロシ	男	089-925-0000	レギュラー	ご紹介	2013/3/2	1972/8/4	47	○
104	辻　安江	ツジ　ヤスエ	女	089-983-0000	デイ	SNS	2012/2/1	1958/9/3	61	
105	加藤　康代	カトウ　ヤスヨ	女	089-944-0000	デイ	その他	2018/1/24	1984/10/7	35	
106	新藤　雄介	シンドウ　ユウスケ	男	089-983-0000	ホリデー	チラシ	2019/5/25	1954/11/30	65	○
107	近棟　宏	チカムネ　ヒロシ	男	089-965-0000	プレミアム	SNS	2015/3/7	1963/2/14	56	○
108	西本　明美	ニシモト　アケミ	女	089-908-0000	デイ	SNS	2018/1/24	1966/6/17	53	○
109	引場　聡	ヒキバ　サトシ	男	089-983-0000	レギュラー	チラシ	2006/3/5	1970/7/21	49	○
110	水口　加奈子	ミズグチ　カナコ	女	089-925-0000	レギュラー	チラシ	2010/3/15	1999/9/12	20	○
111	湯川　祥子	ユカワ　ショウコ	女	089-983-0000	プレミアム	チラシ	2015/1/5	2001/10/15	18	○
112	渡辺　義之	ワタナベ　ヨシユキ	男	089-965-0000	デイ	ご紹介	2017/11/7	2003/12/16	16	
113	伊藤　瑞穂	イトウ　ミズホ	女	089-983-0000	デイ	その他	2016/12/5	1996/4/23	23	
114	木本　あけみ	キモト　アケミ	女	089-983-0000	プレミアム	ご紹介	2014/8/2	1987/3/26	32	○
115	木本　麗奈	キモト　レナ	女	089-983-0000	ホリデー	その他	2011/2/26	1975/8/24	44	○

ご来店のきっかけ
SNS
チラシ
ご紹介
その他

これで、選択部分が印刷範囲として登録されるので、以後印刷を実行すると、自動的に顧客名簿だけが印刷されるようになります。

ONEPOINT

設定した印刷範囲を解除するには、「ページレイアウト」タブの「印刷範囲」をクリックし、「印刷範囲のクリア」を選択します。

ONEPOINT

1回だけ印刷する場合は、わざわざ印刷範囲を設定する必要はありません。印刷したい範囲を範囲選択してから「ファイル」タブの「印刷」を選択し、「作業中のシートを印刷」をクリックして、「選択した部分を印刷」を選択すると、現在選択しているセルの部分だけを印刷できます。

4-6-4 大きな表を1ページに収めて縮小印刷する

印刷すると、表の一部の行や列が次のページにはみ出してしまった経験はないでしょうか。こんなとき、拡大縮小印刷を使えば、1ページに収めるのに最適な縮小率で印刷されるよう設定できます。

次のページに行や列がはみ出て印刷されるのを防ぎたい

図4-63は、顧客名簿を印刷した際に最後の列だけが次のページに印刷されてしまった例です。すべての列が1ページに収まるように自動で縮小するには、**「拡大縮小印刷」**を利用しましょう。

「拡大縮小印刷」とは、**指定したページ数に収まるように自動的に原稿を縮小して印刷できる機能です。**コピー機のように、縮小率のパーセンテージを数値で指示して印刷することもできますが、はみ出した部分がちょうど収まる倍率を求めるのは大変です。「拡大縮小印刷」を利用すると、「横を○ページに収める」、「縦を○ページに収める」といった指定をするだけで、自動的に倍率が計算されます。

図4-63 ページがまたがって印刷されてしまう

1ページ目

2ページ目

横幅を1ページに収めて印刷したい

「拡大縮小印刷」を設定する

対象となるシートを表示しておき、「ページレイアウト」タブの「縦」または「横」の欄に収めたいページ数を指定します。この例では、すべての列が1ページに収まるように縮小したいので、「横」の欄をクリックし、「1ページ」を選択します。

すると、「拡大/縮小」欄に自動で計算された縮小率が「96%」と表示されます（図4-64）。

図4-64 「拡大縮小印刷」の設定をする

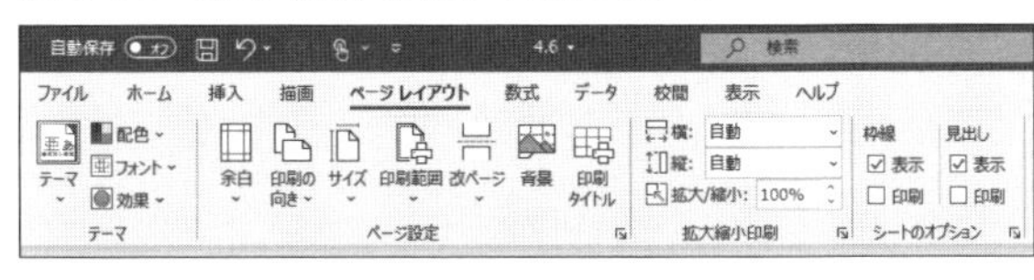

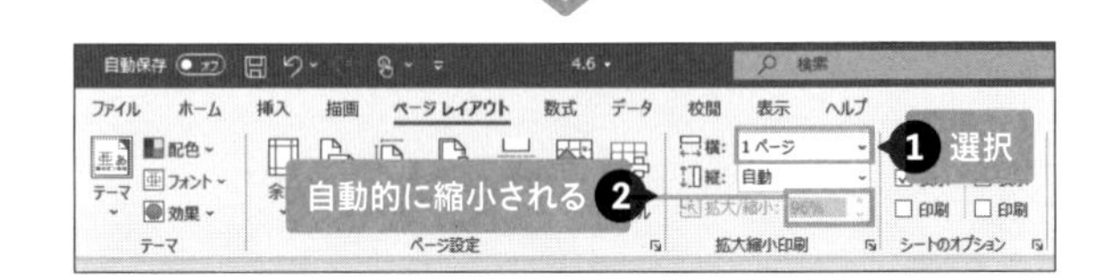

印刷を実行すると、すべての列が1ページに収まるように96%に縮小して印刷されます（図4-65）。

図4-65 1ページに収めて印刷できる

会員NO	お名前	フリガナ	性別	電話番号	会員種別	ご来店のきっかけ	入会年月日	生年月日	年齢	DM
101	安藤 博美	アンドウ ヒロミ	女	089-908-0000	プレミアム	SNS	2010/12/5	1985/12/1	34	○
102	草野 みどり	クサノ ミドリ	女	089-982-0000	ホリデー	チラシ	2017/11/24	1998/5/7	21	
103	佐々木 宏	ササキ ヒロシ	男	089-925-0000	レギュラー	ご紹介	2013/3/2	1972/8/4	47	○
104	辻 安江	ツジ ヤスエ	女	089-983-0000	デイ	SNS	2012/2/1	1958/9/3	61	
105	加藤 康代	カトウ ヤスヨ	女	089-944-0000	デイ	その他	2018/1/24	1984/10/7	35	
106	新藤 雄介	シンドウ ユウスケ	男	089-983-0000	ホリデー	チラシ	2019/5/25	1954/11/30	65	○
107	近棟 宏	チカムネ ヒロシ	男	089-965-0000	プレミアム	SNS	2015/3/7	1963/2/14	56	○
108	西本 明美	ニシモト アケミ	女	089-908-0000	デイ	SNS	2018/1/24	1966/6/17	53	○
109	引場 聡	ヒキバ サトシ	男	089-983-0000	レギュラー	チラシ	2006/3/5	1970/7/21	49	○
110	水口 加奈子	ミズグチ カナコ	女	089-925-0000	レギュラー	チラシ	2010/3/15	1999/9/12	20	○
111	湯川 祥子	ユカワ ショウコ	女	089-983-0000	プレミアム	チラシ	2015/1/5	2001/10/15	18	○
112	渡辺 義之	ワタナベ ヨシユキ	男	089-968-0000	デイ	ご紹介	2017/11/7	2003/12/16	16	
113	伊藤 瑞穂	イトウ ミズホ	女	089-983-0000	デイ	その他	2016/12/5	1996/4/23	23	
114	木本 あけみ	キモト アケミ	女	089-983-0000	プレミアム	ご紹介	2014/8/2	1987/3/26	32	○
115	木本 麗奈	キモト レナ	女	089-983-0000	ホリデー	その他	2011/2/26	1975/8/24	44	○
116	近本 雄二	チカモト ユウジ	男	089-973-0000	ホリデー	チラシ	2014/5/4	1948/11/6	71	
117	似鳥 静江	ニタトリ シズエ	女	089-965-0000	デイ	SNS	2016/8/7	2004/1/28	16	
118	日野 基樹	ヒノ モトキ	男	089-944-0000	プレミアム	ご紹介	2010/12/26	1992/2/26	27	○
119	緑川 弘子	ミドリカワ ヒロコ	女	089-983-0000	ホリデー	SNS	2014/3/15	1959/4/20	60	
120	吉田 ひとみ	ヨシダ ヒトミ	女	089-944-0000	プレミアム	チラシ	2017/3/8	1960/7/30	59	○
121	宇野 真理子	ウノ マリコ	女	089-983-0000	プレミアム	SNS	2018/2/5	1978/12/27	41	
122	久留米 まり	クルメ マリ	女	089-944-0000	ホリデー	チラシ	2008/1/13	1988/6/6	31	○
123	鈴木 紀恵	スズキ ノリエ	女	089-925-0000	レギュラー	SNS	2010/2/7	1991/6/9	28	
124	辻本 幸子	ツジモト サチコ	女	089-925-0000	レギュラー	その他	2014/7/25	1997/9/20	22	○
125	宇野 春樹	ウノ ハルキ	男	089-983-0000	プレミアム	ご紹介	2018/5/23	1951/10/7	68	

ONEPOINT

「拡大縮小印刷」には複数のページ数を指定することもできますが、「縦」か「横」のうち1ページに収める必要のある方を選んで「1ページ」と指定する使い方が一般的です。この例では表の横幅を1ページに収めるので「縦」の指定は不要です。

ONEPOINT

「拡大縮小印刷」の設定を解除するには、「縦」、「横」の両方を「自動」に戻し、「拡大/縮小」欄の倍率を「100%」に設定します。

第5章 市場を分析する（ケーススタディ）

5-1-1 調査結果の見方と内容を理解する

この章では、市場調査などのアンケート結果をExcelで分析する際に役立つテクニックをケーススタディを交えて紹介します。手はじめに、集計・分析の元データとなるアンケートの質問と、その回答を入力したリストの内容を頭に入れておきましょう。

アンケートの質問内容を確認する

あるスポーツクラブでは、20代から50代のビジネスパーソンを対象にした24時間営業のスポーツジムの新規出店を考えています。そこで、出店候補地の駅前で**図5-1**のようなアンケートを行い、100人から回答を得ました。

アンケートは無記名とし、質問はQ1からQ5までの5つです。質問には、

図5-1 アンケートの内容

◇ アンケート ◇

Q1： 性別を選択してください。

1．男性　　2．女性

Q2： ご結婚の有無について選択してください。

1．既婚　　2．未婚

Q3： 運動や体力作りに費やしてもいいと思う
1カ月当たりの金額はいくらまでですか。

（　　　）円まで

Q4： ジムに通う場合、最も都合のいい時間帯を
選択してください。

1．午前（8時～12時）　2．午後（12時～18時）
3．夜（18時～24時）　4．深夜・早朝（24時～8時）

Q5： 現在、1週間に何分程度の運動をしていますか。

（　　　）分程度

番号で回答を選んでもらうものと、金額や時間などの数値を記入してもらうものがあります。

回答をExcelシートに入力する

回収したアンケート用紙の結果を、Excelのシートに入力します。その際、結果を集計・分析することを考えて、**図5-2**のようなリストの形式にまとめていきます。

先頭行には、フィールド名として「Q1」から「Q5」までの質問番号を入力します。回答は無記名なので、先頭のA列には「受付NO」というフィールドを用意して、受付順に番号を入力します。

次に、用紙の回答内容をそれぞれのフィールドに転記します。「Q1」「Q2」「Q4」では該当する回答番号を入力し、「Q3」と「Q5」については、記入された金額や時間の数値をそのまま入力しています。1件の回答を1レコードとして1行に入力するのがポイントです。

参照→ 1-7-2 計算・分析ミスをまねく「NG」を覚えておく

図5-2　アンケート結果を入力したシート

	A	B	C	D	E	F	G
1							
2	受付NO	Q1	Q2	Q3 (円)	Q4	Q5 (分)	
3	1	2	1	20,000	3	180	
4	2	2	1	3,000	2	10	
5	3	1	1	2,500	3	20	
6	4	1	2	10,000	1	250	
7	5	2	2	4,000	4	30	
8	6	1	1	2,000	3	5	
96	94	2	1	100	2	30	
97	95	1	1	4,200	4	10	
98	96	1	1	4,500	4	10	
99	97	1	1	3,800	3	130	
100	98	2	1	2,980	2	10	
101	99	2	1	8,500	1	280	
102	100	2	1	8,000	1	90	
103							
104							

5-1-2 調査項目をまとめて置き換える

シートに入力したアンケート結果のうち、番号で回答されたものについては、該当する項目に置き換えておくと、集計の際に内容がわかりやすくなります。ここでは、CHOOSE関数を使って、番号を一括して項目に置き換えます。

1
2
3
4
5
6
7
8
市場を分析する(ケーススタディ)

回答を番号ではなく内容で表示したい

回答のうち、「Q1」、「Q2」、「Q4」は、選択肢を示す番号が入力されています。この状態のまま集計や抽出を行うと、該当する番号の内容を質問の文章と照らし合わせなければ具体的な項目がわかりません（図5-3のBefore)。

そこで、リストに入力された番号を該当する項目にあらかじめ置き換えておきましょう（図5-3のAfter)。これなら、集計したときに内容がひと目でわかります。

図5-3 回答の番号を質問の項目に置き換えて表示する

Before

	A	B	C	D	E	F
1						
2	受付NO	Q1	Q2	Q3 (円)	Q4	Q5 (分)
3	1	2	1	20,000	3	180
4	2	2	1	3,000	2	10
5	3	1	1	2,500	3	20
6	4	1	2	10,000	1	250
7	5	2	2	4,000	4	30

After

	A	B	C	D	E	F
1						
2	受付NO	Q1	Q2	Q3 (円)	Q4	Q5 (分)
3	1	2_女	1_既婚	20,000	3_夜	180
4	2	2_女	1_既婚	3,000	2_午後	10
5	3	1_男	1_既婚	2,500	3_夜	20
6	4	1_男	2_未婚	10,000	1_午前	250
7	5	2_女	2_未婚	4,000	4_深夜・早朝	30

CHOOSE関数で番号を項目に置き換える

算用数字をそれぞれ異なる文字列に置き換えるには、CHOOSE（チューズ）関数を使います。「1」を「A」に、「2」を「B」に置き換えるといった指定をまとめて行うことができるので効率的です。

「Q1」、「Q2」、「Q4」の各フィールドでは、図5-4に示すように置き換えを設定しましょう。なお、リストの項目を並べ替えた際、項目が適切な順番で表示されるように、置き換え後の文字列の先頭には「1_」のような番号を付けています。

図5-4　番号を付けた項目に置き換える

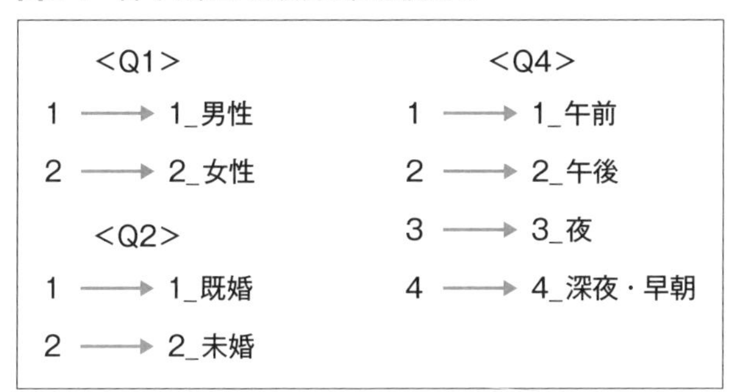

CHOOSE関数の書式は、図5-5のようになります。引数「インデックス」には、「1」、「2」…と算用数字が入力されたセルを指定し、「値1」、「値2」…には、「1」に対応するものから順に置換後の文字列を半角の「"」で囲んで指定します。これで、セルに入力された数字に応じた「値」の項目がセルに表示されます。

図5-5　CHOOSE関数の書式

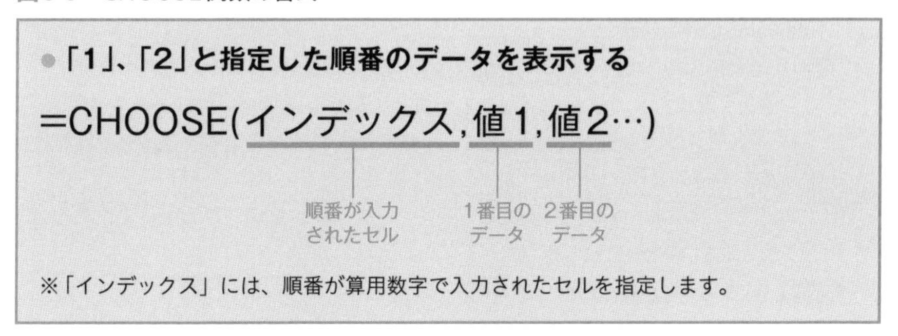

まず、Q1の番号をそれぞれの項目に置き換えましょう。

あらかじめ図5-6のように、B列の右に新しい列を挿入しておきます。次に、挿入した列の先頭セル（ここではC3）に、CHOOSE関数の式を「=CHOOSE(B3,"1_男","2_女")」と入力します。

引数「インデックス」には回答番号のセルB3を指定し、「値1」、「値2」には置き換え後の項目をそれぞれ半角の「"」で囲んで指定します。

関数の入力後、C3セルを選んで、下方向にオートフィルを実行すると、すべてのレコードの番号がそれぞれの項目に置き換わります。

図5-6　CHOOSE関数をコピーする

	A	B	C	D	E	F	G
1							
2	受付NO	Q1		Q2	Q3（円）	Q4	Q5（分）
3	1	2	2_女				
4	2	2		1	3,000	2	10
5	3	1		1	2,500	3	20
6	4	1			10,000	1	250
7	5	2		2	4,000	4	30
8	6	1		1	2,000	3	5

❶「=CHOOSE(B3,"1_男","2_女")」と入力
❷ドラッグ

CHOOSE関数の式を入力できたら、「値貼り付け」を利用して、C列の内容を数式から計算結果に変換します。その後、B列を選択して右クリックし、「削除」を選んで削除すれば、「Q1」フィールドのデータを該当する項目に置き換えられます。Q2とQ4も同様の手順で項目に置き換えましょう。

参照→ 1-5-1 数式を「値」に変換する

ONEPOINT

「置換」を利用して、項目を1つずつ置き換えるには、「Q1」フィールドの列を選択して「検索と置換」ダイアログボックスを開き、「置換」タブの「検索する文字列」に「1」、「置換後の文字列」に「1_男性」と指定して「すべて置換」をクリックします。次に同様の操作で「2」を「2_女性」に置換します。この方法ならCHOOSE関数のように「値貼り付け」の必要はありませんが、置換を繰り返し実行するため項目が多いと手間がかかります。

参照→ 3-1-3 表現のばらつきを統一する

5-1-3 調査結果を「テーブル」に変換する

調査結果のリストを「テーブル」に変換すると、1行おきに背景色が設定されたデザインの表になり、データを目で追いやすくなります。また、手軽に集計を行う「集計行」も利用できます。リストの管理に便利なテーブルの利用方法を知っておきましょう。

テーブルで効率的にリストを管理したい

Excelには、リストの書式設定やデータ管理を簡単に行うための「テーブル」という機能があります。表をテーブルに変換すると、**図5-7**のように、1行おきにセルに背景色が設定されるので、**行数の多い表でもレコードを読み取りやすくなります。**また、先頭行のフィールド名には、自動的にフィルター矢印が設定されます。

さらに、**リストの最終行に「集計行」を表示すると、合計、平均、データ件数などをフィールド単位で手軽に集計できるようになります。**

図5-7 テーブルに変換したリストの特徴

	A	B	C	D	E	F	G
1							
2	受付NO	Q1	Q2	Q3（円）	Q4	Q5（分）	
3	1	2	1	20,000	3	180	
4	2	2	1	3,000	2	10	
5	3	1	1	2,500	3	20	
6	4	1	2	10,000	1	250	
7	5	2	2	4,000	4	30	
8	6	1	1	2,000	3	5	
9	7	1	1	1,980	3	60	
99	97	1	1	3,800	3	130	
100	98	2	1	2,980	2	10	
101	99	2	1	8,500	1	280	
102	100	2	1	8,000	1	90	
103	100			6,970		100.9	
104							

リストをテーブルに変換する

調査結果のリストをテーブルに変換するには、表の中の任意のセルをクリックして、「ホーム」タブの「テーブルとして書式設定」をクリックします。テーブルのデザインが一覧表示されるので、任意のデザインを選びましょう（**図5-8**）。

図5-8　テーブルのデザインを選択する

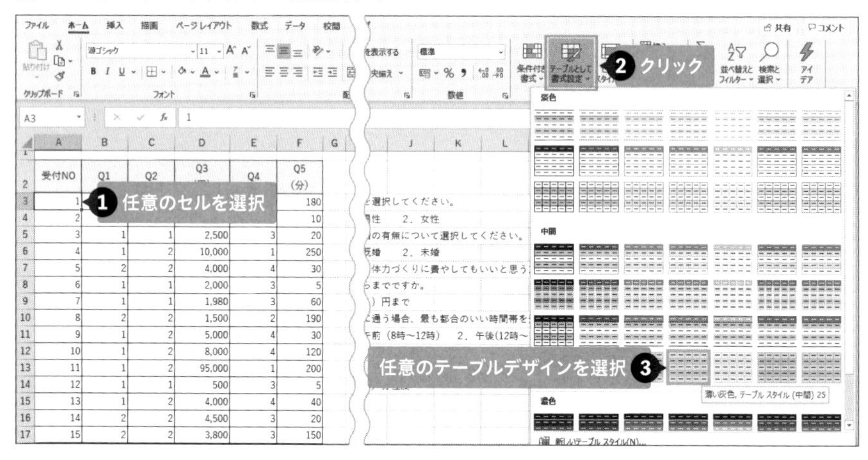

「テーブルとして書式設定」ダイアログボックスが表示されます（**図5-9**）。変換されるデータ範囲にリストのセル範囲が表示されるので、「先頭行をテーブルの見出しとして使用する」にチェックが入っていることを確認します。「OK」をクリックすると、リストが**図5-7**のようなテーブルに変換されます。

図5-9　範囲を指定してテーブルに変換する

	A	B	C	D	E	F
2	受付NO	Q1	Q2	Q3（円）	Q4	Q5（分）
3	1	2	1	20,000	3	180
4	2	2	1	3,000	2	10
5	3	1	[illegible]	[illegible]	[illegible]	[illegible]
6	4	1	[illegible]	[illegible]	[illegible]	[illegible]
7	5	2	[illegible]	[illegible]	[illegible]	[illegible]
12	10	1	2	8,000	4	120
13	11	1	2	95,000	1	200

テーブルとして書式設定
テーブルに変換するデータ範囲を指定してください(W)
=$A$2:$F$102
☑先頭行をテーブルの見出しとして使用する(M)
OK　キャンセル

チェックが入っているか確認

ONEPOINT

テーブルを解除するには、テーブル内の任意のセルを選択し、「テーブルデザイン」タブの「範囲に変換」をクリックします。ただし、セルに設定された縞模様などの書式はそのまま残ります。

集計行を表示する

テーブル内の任意のセルをクリックして、「テーブルデザイン」タブの「集計行」にチェックを入れます。これでリストの末尾に「集計行」が追加されます（**図5-10**）。

図5-10　末尾に集計行を追加する

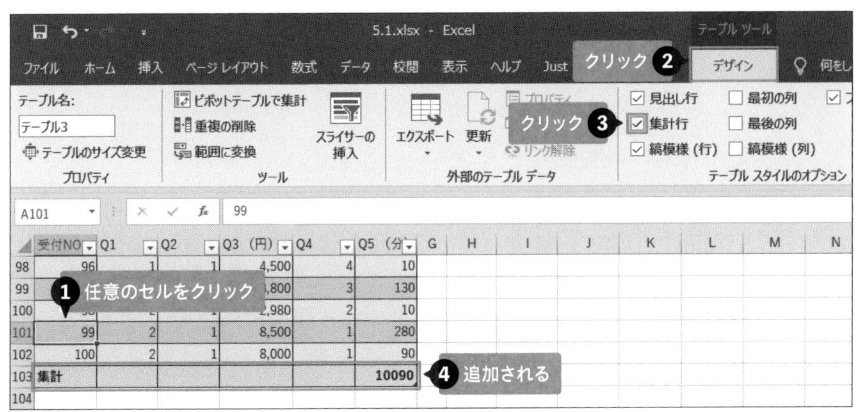

集計行のセルを選んで▼をクリックすると、「平均」、「個数」、「合計」などの集計方法を一覧から選択するだけで、そのフィールドのデータを集計できます。

図5-11では、「受付NO」フィールド（A103セル）に「個数」を選んでアンケートの回答数をカウントし、「Q3」フィールド（D103セル）と「Q5」フィールド（F103セル）には「平均」を選択して回答の平均値を求めています。

図5-11　集計方法を変更して平均値を求める

	受付NO	Q1	Q2	Q3（円）	Q4	Q5（分）	G
98	96	1	1	4,500	4	10	
99	97	1	1	3,800	3	130	
100	98	2	1	2,980	2	10	
101	99	2	1	8,500	1	280	
102	100	2	1	8,000	1	90	
103	100			6,970		100.9	

クリック 1

選択 2

なし
平均
個数
数値の個数
最大
最小
合計
標本標準偏差
標本分散
その他の関数...

> **ONEPOINT**
> テーブルのセルが選択されているときに表を下にスクロールすると、**図5-11**のようにシートの列番号が一時的にフィールド名に変わるので、行数の多いリストを確認する際に、内容がわかりやすくなります。

5-2-1 平均値と中央値を使い分ける

市場調査などのデータ分析で最初に行うのが、回収したデータの中心がどのあたりにあるのかを見つけることです。この目的で使われる値を「代表値」といい、「平均値」、「中央値」、「最頻値」の3種類を利用します。ここではまず、平均値と中央値の使い分けについて理解しましょう。

「代表値」でデータの中心を見つけ出す

データの特徴を表すために求める値のことを**「代表値」**といいます。市場調査などで集めたデータを分析する際には、まずそのデータの概要を一言で言い表すための根拠となる数値を求めます。代表値はその用途で使われます。

主な代表値には、**「平均値」**、**「中央値」**、**「最頻値」**の3種類があります。それぞれ**図5-12**のような特徴があり、関数を使って求めることができます。

図5-12　主な代表値の種類

種類	内容	対応する関数
平均値	数値を合計して個数で割り算した値のこと。データの平均像を示す用途で最も多く使われるが、極端に大きさの異なる値が含まれると、中心がずれてしまう弱点がある	AVERAGE、TRIMMEAN（→5-2-3）
中央値	データを昇順または降順に並べたとき中央に位置する値。平均値では、データ分布の中心を把握しづらい数値の分析に利用する	MEDIAN（本節）
最頻値	最も出現回数の多い数値データのこと。選択肢の中で最も多く回答された内容を中心とみなすデータの分析に利用する	MODE.SNGL（→5-2-4）

平均値と中央値の違いを知る

数値データの中心を知るために最もよく使われる代表値は、テストの平均点でもおなじみの「平均値」です。ただし、平均値だけではデータの中心を把握しづらいケースもあります。

図5-13のシートには、ある配送センターに寄せられたクレーム電話の件

数が入力されています。6月5日の件数が97件と飛びぬけて大きいのは、交通事故があり配送遅延が大量に発生したためです。ただ、この日のデータは例外で、残りの日のクレーム件数は10件にも満たない数字ばかりです。

ところが、この表をもとに平均値を求めると「13」となり、1日に平均13件のクレーム電話があることになります。これは実情に合わない数値です。**この原因は、平均値は数値の合計をデータ件数で割り算して求める**ため、「97件」という例外データが結果を著しく引き上げてしまったためです。

このような場合は、「中央値」を求めましょう。中央値は、**数値の大きさ順にデータを並べ替えた結果、ちょうど真ん中になる値**です。求めた中央値は「6」となり、この場合の代表値として実感できる数字になりました。

このように、平均値は例外的な数値がデータ範囲に含まれるとその影響を受けやすい一方で、中央値は例外データの影響を受けづらいという違いがあります。

図5-13　平均値と中央値の違い

	A	B	C	D	E	F	G	H	I	J	K	L	M	N	O
1		●配送センター　クレーム電話件数													
2		日付	6/1	6/2	6/3	6/4	6/5	6/6	6/7	6/8	6/9	6/10	6/11	6/12	
3		件数	6	7	5	2	97	8	6	9	1	8	4	2	
4															
5		平均値	13												
6		中央値	6												
7															

交通事故で配送遅延が多発した

平均値と中央値を求める

平均値を求めるにはAVERAGE関数を利用し、中央値を求めるには、MEDIAN（メジアン）関数を利用します。MEDIAN関数の書式は、**図5-14**のようになり、引数「数値」には中央値を求めたい数値データが入力されたセル範囲を指定します。

参照→ 2-3-1 売上額や販売数を合計したい

図5-14　MEDIAN関数の書式

中央値を求める

=MEDIAN(数値1,数値2…)

数値やセル範囲

※数値データの個数が偶数の場合は、中央に来る2つの数値の平均を中央値とみなします。

スポーツクラブの例に戻ります。5-1-1のアンケートのQ3では、「運動や体力作りに費やしてもいいと思う1カ月当たりの金額」を尋ねています。回答された金額の平均値と中央値を求め、両者を比較してみましょう。

図5-15のI3セルに平均値を求める数式を「=AVERAGE(D3:D102)」と入力し、I4セルに中央値を求める数式を「=MEDIAN(D3:D102)」と入力します。どちらの数式でも、引数には「Q3」フィールドのデータが入力されたD3からD102までのセル範囲を指定します。

図5-15　平均値と中央値を求める

	A	B	C	D	E	F	G	H	I	J	K
1											
2	受付NO	Q1	Q2	Q3 (円)	Q4	Q5 (分)					
3	1	2	1	20,000	3	180		平均値	6,970		
4	2	2	1	3,000	2	10		中央値	4,100		
5	3	1	1	2,500	3	20		平均(外れ値を除く)			
6	4	1	2	10,000	1	250					
7	5	2	2	4,000	4	30		最小値			
8	6	1	1	2,000	3	5		最大値			
9	7	1	1	1,980	3	60					
10	8	2	2	1,500	2	190		最頻値			
11	9	1	2	5,000	4	30					

=AVERAGE(D3:D102)

=MEDIAN(D3:D1(

結果を見ると、平均値は6,970円、中央値は4,100円となり、両者の間には2,870円もの差があります。平均値と中央値の差が大きい場合は、極端な大きさのデータが含まれていて、平均値がその影響で実情とかけ離れた結果になってしまったことが考えられます。5-2-2では、最小値や最大値を利用して、その原因を探してみましょう。

5-2-2 回答された数値の上限・下限を調べる(最大値、最小値)

回答された数値データの中から最大値や最小値をすばやく求めるには、関数が役立ちます。最大値を求めるにはMAX関数を、最小値を求めるにはMIN関数を使います。最大値や最小値は分析対象のデータに含まれる異常値を見つける目的でも利用されます。

回答された金額の最大値、最小値を求める

アンケートのQ3の回答には、金額が入力されています。この金額の中で最も大きな値（最大値）と最も小さな値（最小値）を求めましょう。最大値を求めるにはMAX（マックス）関数を、最小値を求めるにはMIN（ミニマム）関数を、それぞれ利用します。

関数で求めた結果は、**図5-16**のように、最小値（I7セル）が100円、最大値（I8セル）が95,000円となります。

最大値や最小値が判明したら、その数値の信ぴょう性について考えましょう。「運動や体力作りに費やしてもいいと思う1カ月当たりの金額」として95,000円は高すぎるのではないでしょうか。逆に最小値の100円というのも、まじめに考えて出された回答とは思えません。これらは、調査結果とし

図5-16　最小値と最大値が異常値の発見につながる

	A	B	C	D	E	F	G	H	I	J	K
1											
2	受付NO	Q1	Q2	Q3 (円)	Q4	Q5 (分)					
3	1	2	1	20,000	3	180		平均値	6,970		
4	2	2	1	3,000	2	10		中央値	4,100		
5	3	1	1	2,500	3	20		平均(外れ値を除く)			
6	4	1	2	10,000	1	250					
7	5	2	2	4,000	4	30		最小値	100		
8	6	1	1	2,000	3	5		最大値	95,000		
9	7	1	1	1,980	3	60					
10	8	2	2	1,500	2	190		最頻値			
11	9	1	2	5,000	4	30					

て不適当である**「異常値」**や**「外れ値」**であると考えられます。

最大値や最小値は、このような異常値の発見にもつながります。**明らかな外れ値であれば、集計・分析の対象から除外することも視野に入れましょう。**

MAX関数とMIN関数を入力する

MAX関数とMIN関数の書式は図5-17のように指定します。どちらも引数には、対象となる数値が入力されたセル範囲を指定します。

図5-17　MAX関数とMIN関数の書式

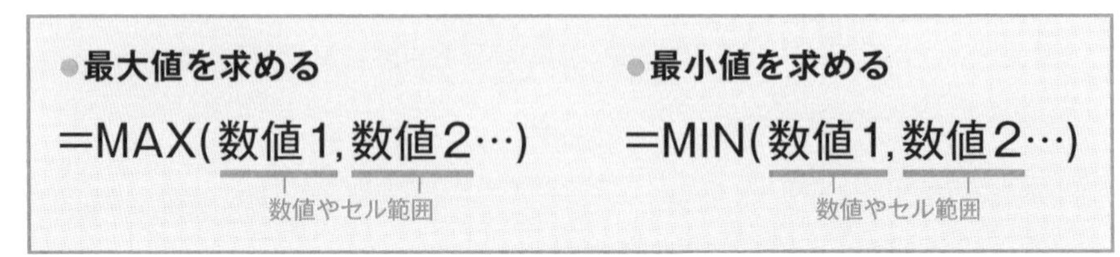

I7セルに最小値を求めるには、「=MIN(D3:D102)」と入力し、I8セルに最大値を求めるには、「=MAX(D3:D102)」と入力します（図5-18）。どちらの数式でも、引数にはQ3の回答である金額が入力されたD3からD102までのセル範囲を指定します。これで図5-16のように、最小値と最大値が求められます。

図5-18　最小値と最大値を求める

	A	B	C	D	E	F	G	H	I	J	K
1											
2	受付NO	Q1	Q2	Q3（円）	Q4	Q5（分）					
3	1	2	1	20,000	3	180		平均値	6,970		
4	2	2	1	3,000	2	10		中央値	4,100		
5	3	1	1	2,500	3	20		平均(外れ値を除く)			
6	4	1	2	10,000	1	250					
7	5	2	2	4,000	4	30		最小値	100		
8	6	1	1	2,000	3	5		最大値	95,000		
9	7	1	1	1,980	3	60					
10	8	2	2	1,500	2	190		最頻値			
11	9	1	2	5,000	4	30					

=MIN(D3:D102)

=MAX(D3:D102)

5-2-3 外れ値を除いた平均を求める

AVERAGE関数で求めた平均は、極端な値が混ざっていると正しく中心を表せない場合があります。例外データを除外して平均を求めるには、TRIMMEAN関数を使いましょう。

外れ値を除いた平均を求めたい

5-2-1では、AVERAGE関数を使ってアンケートのQ3に対する回答の平均値を求めました。ところが、5-2-2で求めた最小値と最大値は、どちらも1カ月当たりの運動に費やす金額として現実的な数字ではなく、AVERAGE関数では、これらの異常値を含めて平均を求めたことになります。そこで、今度はTRIMMEAN（トリムミーン）関数を使って、**異常値を除いた平均**を求めてみましょう。

まずは、異常値の数がどの程度あるのかを確認するために、「Q3」フィールドのデータを並べ替えます。「Q3」フィールド内の任意のセルで右クリックし、「並べ替え」から「昇順」を選択します（図5-19）。

図5-19　データを小さい順に並べ替える

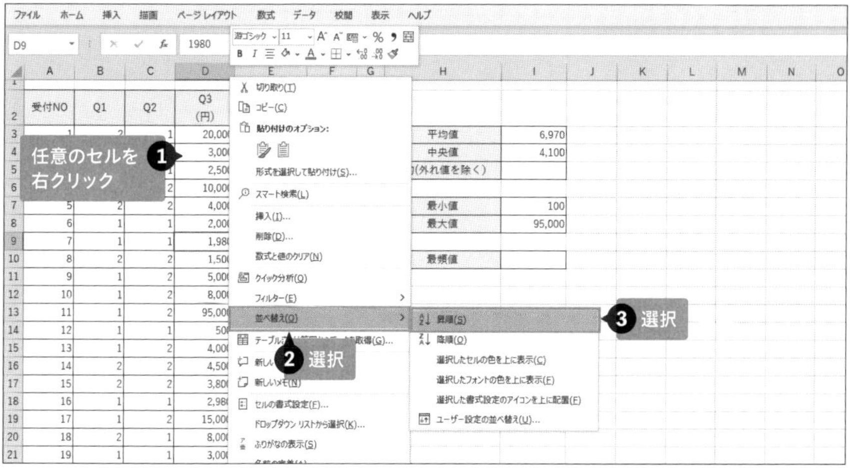

「Q3」フィールドの回答が昇順になるよう、レコードが並べ替えられました。最も小さい値はD3セルとD4セルの「100」です。一方、最も大きい値はD102セルの「95,000」ですが、D101セルの「84,000」も極端に大きい数字なので異常値と考えてよいでしょう。そこで、これら4件のデータを「外れ値」とみなします（**図5-20**）。

次に外れ値の割合を計算します。アンケートの回答数が100件であり、両端から2件ずつ、合計4件のデータを除外するので、その割合は「4÷100＝0.04」、つまり4%です。

図5-20　平均から除外する「外れ値」を見つける

	A	B	C	D	E	F	G
1							
2	受付NO	Q1	Q2	Q3 (円)	Q4	Q5 (分)	
3	44	2	1	100	2	20	
4	94	2	1	100	2	30	
5	12	1	1	500	3	5	
6	62	1	1	500	3	10	
7	8	2	2	1,500	2	190	
8	31	1	1	1,500	3	5	
9	40	2	1	1,500	2	20	
99	83	2	1	18,000	1	230	
100	1	2	1	20,000	3	180	
101	43	1	2	84,000	4	250	
102	11	1	2	95,000	1	200	
103							

この4件を「外れ値」として除外したい

TRIMMEAN関数を入力する

TRIMMEAN 関数の引数は、**図5-21**のようになります。「配列」に平均を求める数値データのセル範囲を指定し、「割合」には、そこから除外するデータが何%に当たるかを指定します。

図5-21　TRIMMEAN関数の書式

●外れ値を除いて平均値を求める

=TRIMMEAN(配列,割合)

配列：数値のセル範囲　割合：除外するデータの割合

※「割合」には、「配列」の数値を昇順に並べたときに、先頭と末尾から何%のデータを外れ値とみなして除外するかを「%」か小数で指定します。

I5セルに入力する数式は「=TRIMMEAN(D3:D102,0.04)」となります(図5-22)。引数「配列」には、Q3の回答が入力されたD3からD102までのセル範囲を指定し、4%の外れ値データを除外するので「割合」には「0.04」と指定します。

図5-22　求めた外れ値の割合分のデータを除外する

	A	B	C	D	E	F	G	H	I	J	K
1											
2	受付NO	Q1	Q2	Q3 (円)	Q4	Q5 (分)					
3	1	2	1	20,000	3	180		平均値	6,970		
4	2	2	1	3,000	2	10		中央値	4,100		
5	3	1	1	2,500	3	20		平均(外れ値を除く)	5,394		
6	4	1	2	10,000	1	250					
7	5	2	2	4,000	4	30		最小値	100		
8	6	1	1	2,000	3	5		最大値	95,000		
9	7	1	1	1,980	3	60					
10	8	2	2	1,500	2	190		最頻値			
11	9	1	2	5,000	4	30					
12	10	1	2	8,000	4	120					
13	11	1	2	95,000	1	200					

=TRIMMEAN(D3:D102,0.04)

結果は5,394円となり、外れ値を除外した分、平均値の6,970円より1,600円近く安くなりました。中央値が4,100円であることも考慮すると、アンケートのQ3に対する回答を代表する金額として実情を反映した数値に近づいたことがわかります。

CAUTION

TRIMMEAN関数では、外れ値は最小値と最大値から同じ配分で除外されます。したがって、「割合」が4%ならば、最小値と最大値からそれぞれ2%に相当する件数のレコードが等しく対象外になります。大きな異常値（あるいは小さな異常値）だけを除外することはできません。

5-2-4 最も多く回答された値を求める（最頻値）

複数の選択肢の中から回答を選ぶタイプのアンケートで、最も多く回答された番号を求めるには、MODE.SNGL関数を利用しましょう。MODE.SNGL関数は、数値データの「最頻値」を求める関数です。

最も多くの人が選択した値を求めたい

「最頻値」とは、**数値データの中で最も出現回数の多い値**のことです。

アンケートのQ4の質問では、ジムに通う際に最も都合のよい時間帯を、図5-23の4つの選択肢から番号で選んで回答してもらいました。

図5-23　Q4の回答群

Q4の回答

1．午前（8時～12時）　2．午後（12時～18時）
3．夜（18時～24時）　4．深夜・早朝（24時～8時）

「Q4」フィールドに回答された「1」から「4」までの番号のうち、最も多く回答された内容を調べるには、最頻値を求めます。最頻値は、このように、複数の数値の中から**どの値が最も多く求められたかを知りたいときに利用します。**

MODE.SNGL関数を入力する

最頻値を求めるには、MODE.SNGL（モード・シングル）関数を利用します。MODE.SNGL関数の引数は、図5-24のようになり、引数「数値」には、最頻値を調べたい数値が入力されたセル範囲を指定します。

図5-24　MODE.SNGL関数の書式

●**最頻値を求める**

=MODE.SNGL(数値1,数値2…)

数値やセル範囲

※最頻値が複数あるときは、最初に出現する値が戻り値になります。
※対象は数値であるため、文字列の最頻値を調べることはできません。

I10セルに入力する数式は、「=MODE.SNGL(E3:E102)」となり、引数には、Q4の回答が入力されたE3からE102までのセル範囲を指定します（**図5-25**）。

入力したMODE.SNGL関数の戻り値は「3」となり、ジム通いに最も都合がよいのは「夜（18時～24時）」だと答えた人が一番多いことがわかります。

図5-25　Q4の最頻値を求める

	A	B	C	D	E	F	G	H	I	J	K
1											
2	受付NO	Q1	Q2	Q3 (円)	Q4	Q5 (分)					
3	1	2	1	20,000	3	180		平均値	6,970		
4	2	2	1	3,000	2	10		中央値	4,100		
5	3	1	1	2,500	3	20		平均(外れ値を除く)	5,103		
6	4	1	2	10,000	1	250					
7	5	2	2	4,000	4	30		最小値	100		
8	6	1	1	2,000	3	5		最大値	95,000		
9	7	1	1	1,980	3	60					
10	8	2	2	1,500	2	190		最頻値	3		
11	9	1	2	5,000	4	30					
12	10	1	2	8,000	4	120					
13	11	1	2	95,000	1	200					
14	12	1	1	500	3	5					
15	13	1	2	4,000	4	40					
16	14	2	2	4,500	3	20					
17	15	2	2	3,800	3	150					
18	16	1	1	2,980	4	40					
19	17	1	2	15,000	3	300					
20	18	2	1	8,000	1	100					
21	19	1	1	3,000	3	30					

=MODE.SNGL(E3:E102)

CAUTION

MODE.SNGL関数で最頻値を求める対象は、数値データに限られます。したがって、「午前」「午後」などの文字列の選択肢を直接引数に指定することはできません。**5-1-2**のように数値を項目名に置き換えた後のリストでは、MODE.SNGL関数は利用できない点に注意しましょう。

5-3-1 調査対象を分類して集計する

アンケート結果を分類して集計するには、ピボットテーブルを使うと効率的です。回答者を既婚者か未婚者かで分類し、さらに性別ごとに回答内容を集計するといった複雑なグループ集計も手軽に作成できます。

内容別に集計して平均を出したい

アンケートのQ3では、「運動や体力作りに費やしてもよいと思う1カ月当たりの金額」を尋ねています。この質問に対する答えは、回答者の属性により変わってくると考えられます。

「Q2」フィールドの値「1_既婚」、「2_未婚」の内容別に「Q3」フィールドの金額を集計し、それぞれの平均額を比較してみましょう。

また、性別によって回答内容に違いが見られるかどうかも合わせて確認しましょう。そこで「Q1」フィールドの値「1_男」、「2_女」による分類を見出しに追加して、図5-26のような集計表を作ります。

図5-26　ピボットテーブルを使ってレコードを集計する

	A	B	C	D	E	F	G	H	I	J
2	受付NO	Q1	Q2	Q3（円）	Q4	Q5（分）				
3	1	2_女	1_既婚	20,000	3_夜	180		行ラベル	平均 / Q3	
4	2	2_女	1_既婚	3,000	2_午後	10		⊟1_既婚	5,196	
5	3	1_男	1_既婚	2,500	3_夜	20		1_男	2,866	
6	4	1_男	2_未婚	10,000	1_午前	250		2_女	7,089	
7	5	2_女	2_未婚	4,000	4_深夜・早朝	30		⊟2_未婚	5,695	
8	6	1_男	1_既婚	2,000	3_夜	5		1_男	7,585	
9	7	1_男	1_既婚	1,980	3_夜	60		2_女	3,098	
10	8	2_女	2_未婚	1,500	2_午後	190		総計	5,394	
11	9	1_男	2_未婚	5,000	4_深夜・早朝	30				
12	10	1_男	2_未婚	8,000	4_深夜・早朝	120				
13	12	1_男	1_既婚	500	3_夜	200				

ピボットテーブルを使って属性別に平均を求める

このような込み入った分類に基づいてリストのレコードを集計するときは、関数よりも「ピボットテーブル」の方が効率的です。なお、ピボットテーブルの操作については、**8-1**で詳しく解説しています。ピボットテーブルに不慣れな人は、そちらを先にご覧ください。

ピボットテーブルでアンケートを集計する

ピボットテーブルを使って、「Q3」フィールドの金額の平均を求めましょう。その際、**図5-26**のように、「Q2」フィールドの「既婚/未婚」の値、「Q1」フィールドの性別の値を階層構造にした見出しを設定します。

リスト内の任意のセルを選択し、「挿入」タブの「ピボットテーブル」をクリックします（**図5-27**）。

図5-27　「ピポットテーブルの作成」ダイアログボックスを開く

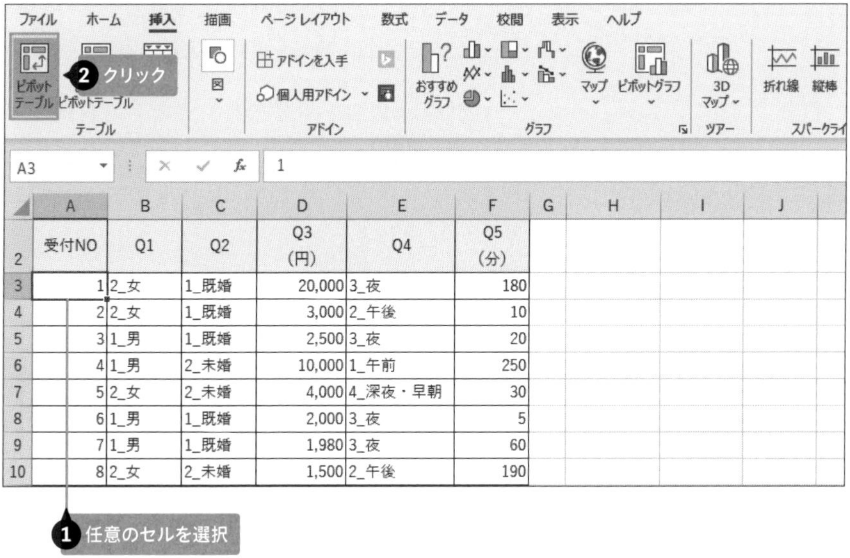

	A	B	C	D	E	F
2	受付NO	Q1	Q2	Q3 （円）	Q4	Q5 （分）
3	1	2_女	1_既婚	20,000	3_夜	180
4	2	2_女	1_既婚	3,000	2_午後	10
5	3	1_男	1_既婚	2,500	3_夜	20
6	4	1_男	2_未婚	10,000	1_午前	250
7	5	2_女	2_未婚	4,000	4_深夜・早朝	30
8	6	1_男	1_既婚	2,000	3_夜	5
9	7	1_男	1_既婚	1,980	3_夜	60
10	8	2_女	2_未婚	1,500	2_午後	190

「ピボットテーブルの作成」ダイアログボックスが表示され、「テーブル/範囲」にリストのセル範囲が表示されます。ここでは、紙面上でリストと集計結果を比較できるようにするために、リストの隣にピボットテーブルを表示します。配置場所に「既存のワークシート」を選択し、「場所」の欄をクリックしてカーソルを移してからH3セルをクリックします（図5-28）。

図5-28　ピボットテーブルを表示する場所を選択する

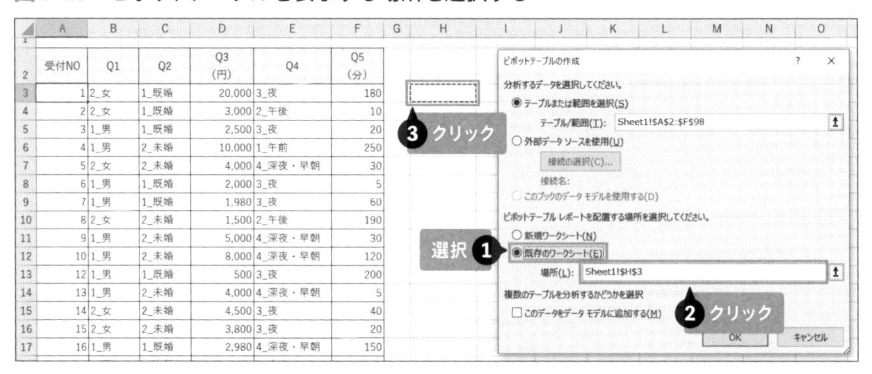

「OK」をクリックしてダイアログボックスを閉じると、リストの右側にピボットテーブルの領域が用意され、「ピボットテーブルのフィールド」作業ウィンドウが表示されます。作業ウィンドウ上部には、リストのフィールド名が表示されています。ここから、見出しとして使いたいフィールド「Q2」を「行」ボックスまでドラッグします（図5-29）。

図5-29　見出しとして使うフィールドを選択する

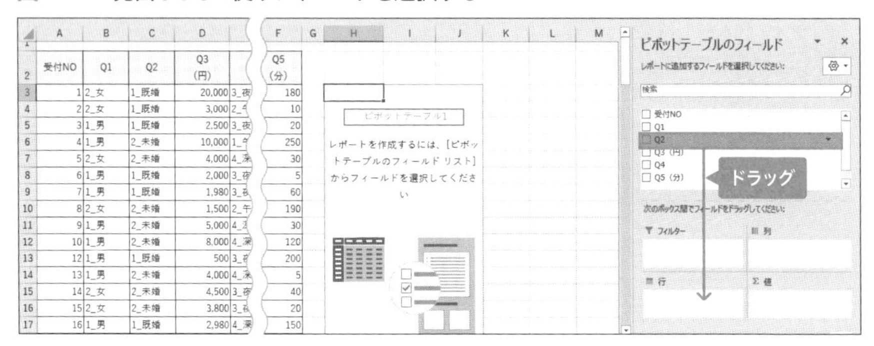

作業ウィンドウの「行」ボックスに「Q2」が追加され、ピボットテーブル領域に縦方向の見出しとして「1_既婚」、「2_未婚」と表示されます。

同様に、フィールド「Q1」を行ボックスの「Q2」の下までドラッグします（**図5-30**）。

図5-30　追加で表示したい項目を選択する

	A	B	C	D	F	G	H
2	受付NO	Q1	Q2	Q3 (円)	Q5 (分)		
3	1	2_女	1_既婚	20,000	180		行ラベル
4	2	2_女	1_既婚	3,000	10		1_既婚
5	3	1_男	1_既婚	2,500	20		2_未婚
6	4	1_男	2_未婚	10,000	250		総計
7	5	2_女	2_未婚	4,000	30		
8	6	1_男	1_既婚	2,000	5		
9	7	1_男	1_既婚	1,980	60		
10	8	2_女	2_未婚	1,500	190		
11	9	1_男	2_未婚	5,000	30		
12	10	1_男	2_未婚	8,000	120		
13	12	1_男	1_既婚	500	200		
14	13	1_男	2_未婚	4,000	5		
15	14	2_女	2_未婚	4,500	40		
16	15	2_女	2_未婚	3,800	20		
17	16	1_男	1_既婚	2,980	150		

ピボットテーブルのフィールド
レポートに追加するフィールドを選択してください:
検索
Q1
Q2
Q3 (円)
Q4
Q5 (分)
その他のテーブル...
ドラッグ
次のボックス間でフィールドをドラッグしてください:
フィルター
列
行
Q2
Σ 値

「行」ボックスに「Q1」が追加され、ピボットテーブルの行ラベルには、「1_既婚」、「2_未婚」の下にそれぞれ性別が表示されます。

最後に、フィールド「Q3（円）」を「値」ボックスまでドラッグします（**図5-31**）。

図5-31　合計を表示したい値を選択する

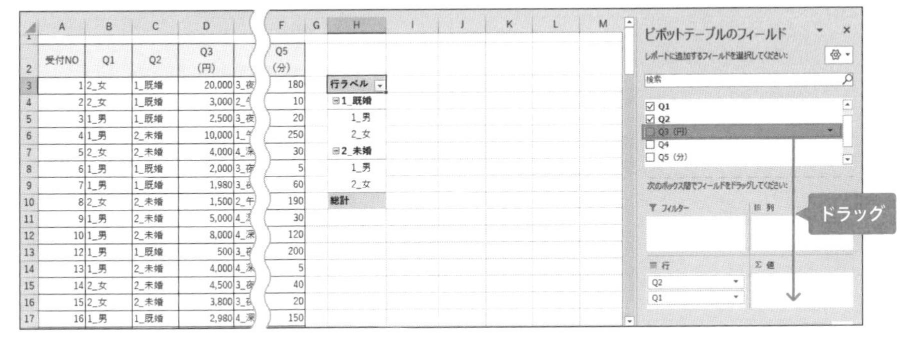

	A	B	C	D	F	G	H
2	受付NO	Q1	Q2	Q3 (円)	Q5 (分)		
3	1	2_女	1_既婚	20,000	180		行ラベル
4	2	2_女	1_既婚	3,000	10		⊟1_既婚
5	3	1_男	1_既婚	2,500	20		1_男
6	4	1_男	2_未婚	10,000	250		2_女
7	5	2_女	2_未婚	4,000	30		⊟2_未婚
8	6	1_男	1_既婚	2,000	5		1_男
9	7	1_男	1_既婚	1,980	60		2_女
10	8	2_女	2_未婚	1,500	190		総計
11	9	1_男	2_未婚	5,000	30		
12	10	1_男	2_未婚	8,000	120		
13	12	1_男	1_既婚	500	200		
14	13	1_男	2_未婚	4,000	5		
15	14	2_女	2_未婚	4,500	40		
16	15	2_女	2_未婚	3,800	20		
17	16	1_男	1_既婚	2,980	150		

ピボットテーブルに「Q3」フィールドの金額の合計が表示されるので、集計の方法を変更して平均を表示します。金額欄の任意のセルで右クリックし、「値フィールドの設定」を選択します（図5-32）。

図5-32　「値フィールドの設定」ダイアログボックスを開く

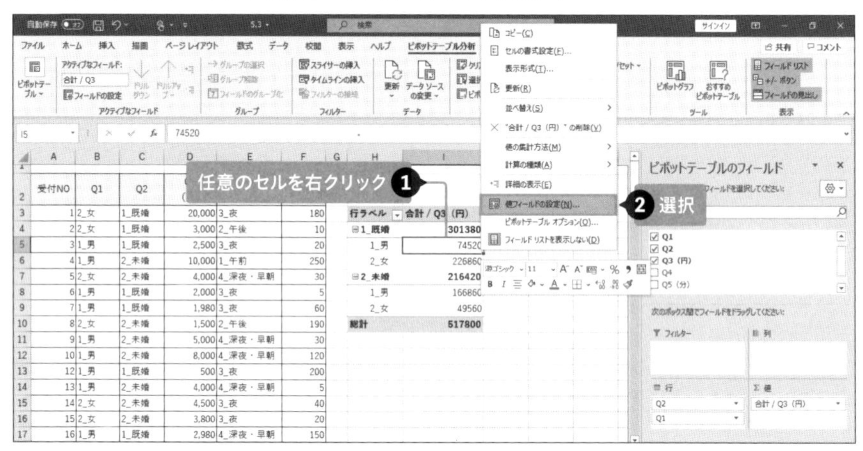

「値フィールドの設定」ダイアログボックスが表示されます。「集計方法」タブで「平均」を選択したら、結果を整数表示にするため「表示形式」をクリックします（図5-33）。

図5-33　結果に平均値を表示させる

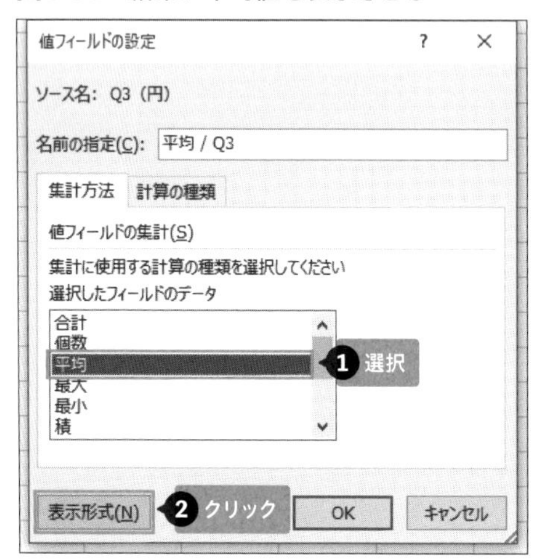

「セルの書式設定」ダイアログボックスに切り替わったら、「分類」の一覧から「数値」を選択し、「小数点以下の桁数」に「0」を指定して、「桁区切り（,）を使用する」にチェックを入れます（**図5-34**）。

図5-34　結果を整数表示に変更する

「OK」を順にクリックして2つのダイアログボックスを閉じると、ピボットテーブルの集計内容が合計から平均に変わります。これで、**図5-26**のように集計できました。

ピボットテーブルの集計結果を見ると、「運動や体力作りに費やしてもよいと考える1カ月当たりの金額」の平均は、既婚者が5,196円、未婚者が5,695円となりました。さほどの違いは見られませんが、それぞれの内訳では男女で大きな差があります。

既婚者では、男性の平均が2,866円、女性の平均が7,089円となり、女性の方が4,000円以上も高い結果が出ています。しかし、未婚者の場合はその反対で、男性の平均が7,585円、女性の平均が3,098円となり、男性が女性を4,500円近くも上回る結果になりました。これは、ジムの料金設定を考えるうえで大いに参考になりそうです。

ONEPOINT

ピボットテーブルを使って求めた平均値は、**5-2**とは異なるリストをもとに集計しています。異常値を含むレコードは「Q3」フィールドからあらかじめ除外されているため、ここで求めた金額の平均値には、異常値の影響はありません。

COLUMN ピボットテーブルは下準備が大切

ピボットテーブルを使って集計したリストは、**5-1-2**の手順で、回答番号から項目名に置き換えた後のものを使っています。「Q1」や「Q2」フィールドの内容が具体的な項目名になっているので、ピボットテーブルの見出しにも「既婚」と「未婚」、「男」と「女」のように具体的な内容が表示され、わかりやすい集計表になりました。

アンケート結果が番号で入力されたままのリストをもとに、これと同じピボットテーブルを作成すると**図5-35**のように表示されます。これでは、行ラベルの見出しが番号で表示されてしまうので具体的な内容がわかりません。

このように、ピボットテーブルを使って集計するリストでは、行ラベルや列ラベルに見出しとして指定するフィールドの内容は、あらかじめ項目名に置き換えておくことをおすすめします。

なお、置き換え後の項目名には、**図5-4**のように番号を付けておくと、ピボットテーブル上で見出しが番号順に並びます。後から見出しを並べ替える手間を省けるのでさらに効率的です。

図5-35 データが回答番号のままだとピボットテーブルも同様に表示される

	A	B	C	D	E	F	G	H	I	J
2	受付NO	Q1	Q2	Q3 (円)	Q4	Q5 (分)				
3	1	2	1	20,000	3	180		行ラベル	平均 / Q3	
4	2	2	1	3,000	2	0		⊟1	5,196	
5	3	1	1	2,500	3	20		1	2,866	
6	4	1	2	10,000	1	250		2	7,089	
7	5	2	2	4,000	4	30		⊟2	5,695	
8	6	1	1	2,000	3	0		1	7,585	
9	7	1	1	1,980	3	60		2	3,098	
10	8	2	2	1,500	2	190		総計	5,394	
11	9	1	2	5,000	4	30				
12	10	1	2	8,000	4	120				
13	12	1	1	500	3	0				

5-4-1 ヒストグラムとは

数値データの分布状況を調べるには、「ヒストグラム」と呼ばれる棒グラフを作成します。ヒストグラムでは、横幅の広がりでデータのばらつきを確認でき、棒の高さでデータがどこに集中しているのかを把握できます。

データの分布を「ヒストグラム」で分析する

「ヒストグラム」は、**数値データの分布状況を見るための縦棒グラフ**です。

リストの「Q5」フィールドには、「1週間に何分程度の運動をしているか」という質問に対する答えが入力されています。このような質問では、回答された数値の大きさに幅があるため、回答内容にどの程度ばらつきがあるのかを、ヒストグラムを作成して調べましょう。

ヒストグラムは、**図5-36**のような縦棒グラフになり、元データは「Q5」フィールドの数値です。**このフィールドに入力された数値を一定の間隔で区切ってグループにし、それぞれのグループに含まれる数値の個数を棒の長さで表します。**

図5-36　ヒストグラムを使うと数値データの分布状況が視覚的にわかる

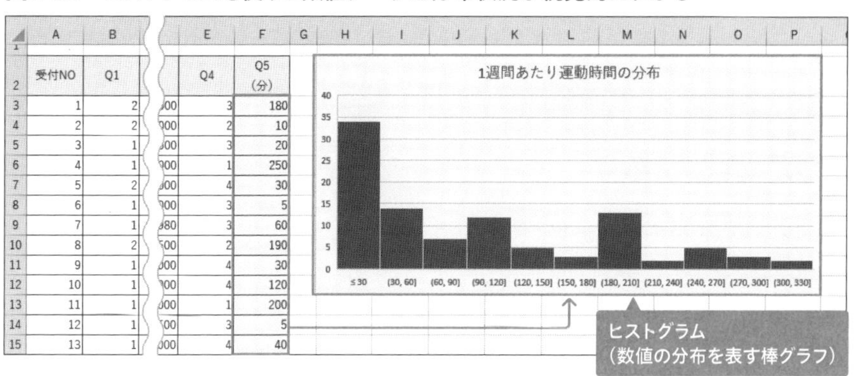

ヒストグラムの構造

ヒストグラムでは、フィールドの数値データを一定間隔のグループごとにまとめたものがグラフのそれぞれの棒になり、この棒のことを**「階級」**と呼びます。この例では、運動時間を30分ごとに区切って、「0分から30分まで」、「30分から60分まで」のような階級でグループにしています。

また、棒の長さを**「度数」**といい、そのグループに含まれる数値データの件数を表します。なお、Excelのグラフ機能では、階級の上に度数を表示できます（**図5-37**）。

図5-37　ヒストグラムの構造

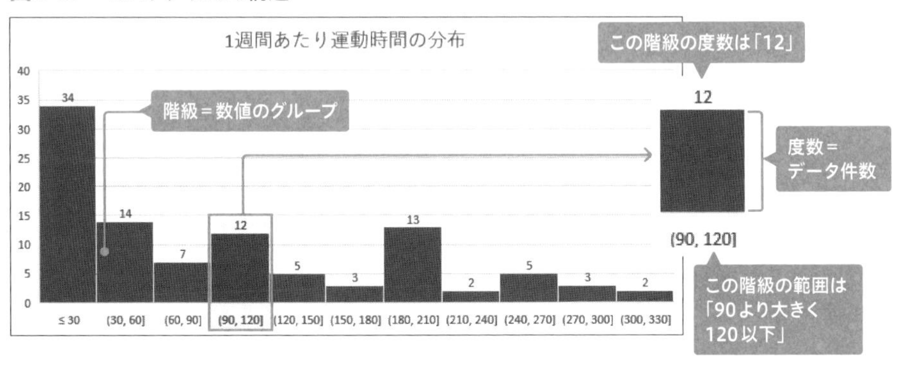

CAUTION

棒の下に表示された数字はそれぞれの階級の範囲です。図の拡大部分の例では「90より大きく120以下」の範囲を意味します。下限の値を含まず、上限の値は含まれる点に注意しましょう。

ONEPOINT

ヒストグラムを作成する前に、元データとなるフィールド（ここでは「Q5」フィールド）の最小値と最大値を確認して、1つの階級が表す範囲を決めておきましょう。ヒストグラムの見やすさを考慮すると、階級の数は10程度に収めるのが適切です。この例では、最小値は「5」、最大値は「310」となり、1つの階級の範囲を「30」としています。最初の階級から順に、「0〜30」「30〜60」……と範囲を区切っていき、最大値「310」が収まる「300〜330」が最後の階級になります。

参照→ **5-2-2 回答された数値の上限・下限を調べる（最大値、最小値）**

5-4-2 ヒストグラムを作成する（Excel 2016 以降）

Excel 2019、Excel 2016、Microsoft 365では、ここで紹介するグラフ機能を利用してヒストグラムを作成できます。なお、Excel 2013では、**5-4-3**で紹介する「分析ツール」を利用して作成しましょう。

グラフ機能を使ってヒストグラムを作成する

図5-38 ヒストグラムを作成する

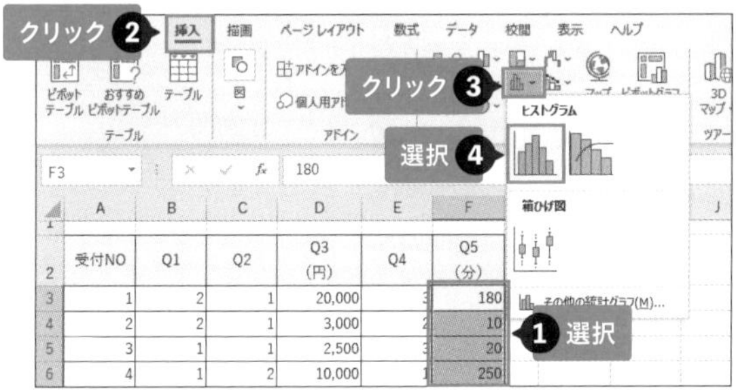

まず、分布状況を調べたいデータが入力されたセル範囲を選びます。ここでは、「Q5」フィールドのデータが入力されたF3からF102までのセル範囲を選択し、「挿入」タブの「統計グラフの挿入」をクリックし、「ヒストグラム」を選択します（**図3-38**）。

初期設定のヒストグラムが作成されます。リストと重ならないように移動し、見やすい大きさに調整しておきましょう（**図5-39**）。

参照→ **6-1-2 グラフを作成する基本手順**

図5-39 見やすいようにヒストグラムを調整する

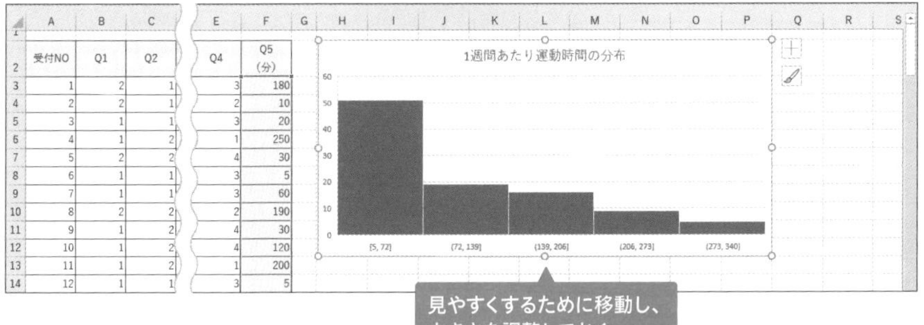

ヒストグラムの階級を設定する

初期設定のヒストグラムでは、5本の棒が表示され、5つの階級に分かれた状態で描画されます。あらかじめ決めておいた階級の仕様にしたがって、この設定を変更しましょう。グラフの横軸の上で右クリックをし、「軸の書式設定」を選択します（**図5-40**）。

図5-40　ヒストグラムの階級の設定を変更する

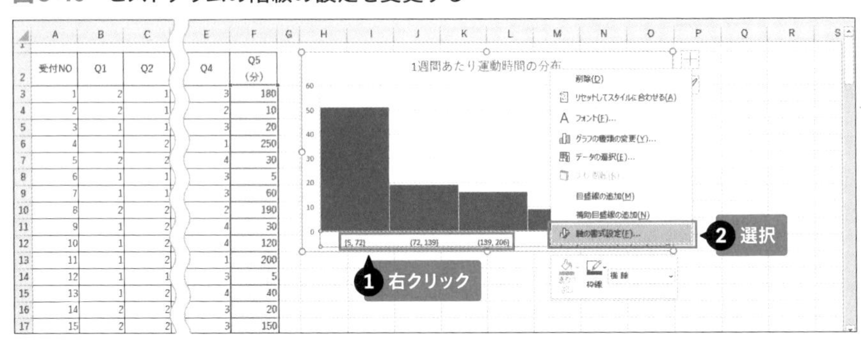

「軸の書式設定」作業ウィンドウが表示されたら、縦の境界線にカーソルを合わせて左へドラッグし、作業ウィンドウの幅を広げておきましょう（**図5-41**）。

図5-41　作業ウィンドウを広げて作業をしやすくする

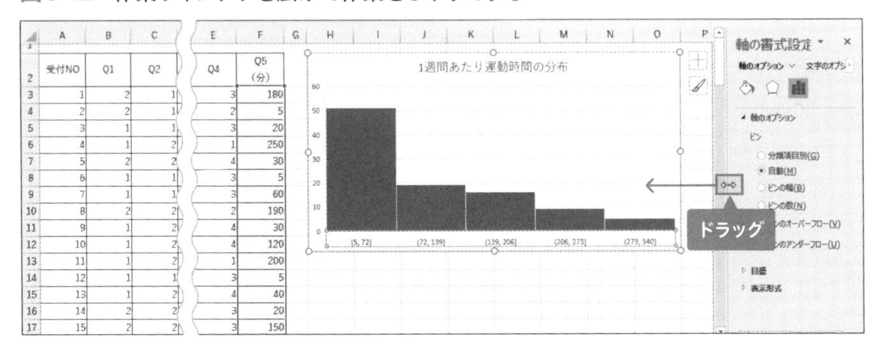

「軸の書式設定」の「軸のオプション」を選択すると、階級の設定画面が開きます。ここで表示された**「ビン」**とは、階級のことです。このヒストグラ

ムでは、運動時間を30分ごとのグループに区切って1つの階級とするため、「ビンの幅」を選択し、「30」と入力します（**図5-42**）。これで、1本の棒が30分に相当するように設定されます。

図5-42　1つの階級の幅を入力する

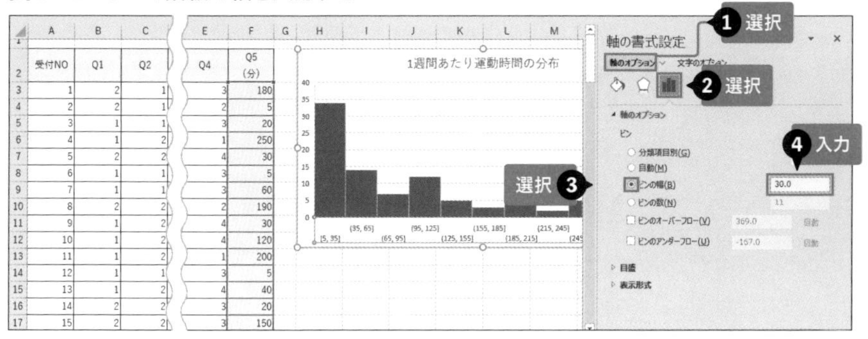

ヒストグラムの設定では、元データの最小値を起点としてグループを区切るため、「Q5」フィールドの最小値である「5」が開始値となって、「5~35」「35~65」のようにグループ分けされてしまいます。これを「0~30」「30~60」となるように調整しましょう。

「ビンのアンダーフロー」にチェックを入れて「30」と入力します（**図5-43**）。これで最初の階級が「≦30」と表示され「30分以下」を意味するグループに変わり、以降の階級では「30~60」「60~90」のように区間が調整されます。

図5-43　開始値を調整する

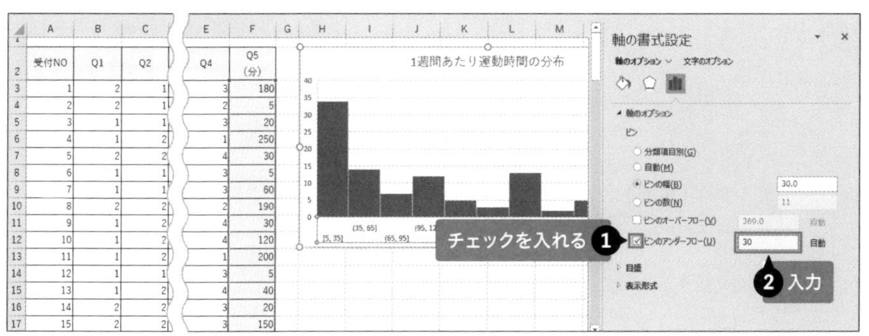

作業ウィンドウを閉じると、**図5-44**のようにヒストグラムが完成します。

これを見ると、最初の階級である「30分以下」の棒が最も長いことから、「1週間当たりの運動時間は30分以下」と回答した人が最も多いことがわかります。また、その次に回答が集中したのは「30分より多く60分以下」、「90分より多く120分以下」、「180分より多く210分以下」の3つの階級であるという結果も読み取れます。

図5-44　ヒストグラムが完成した

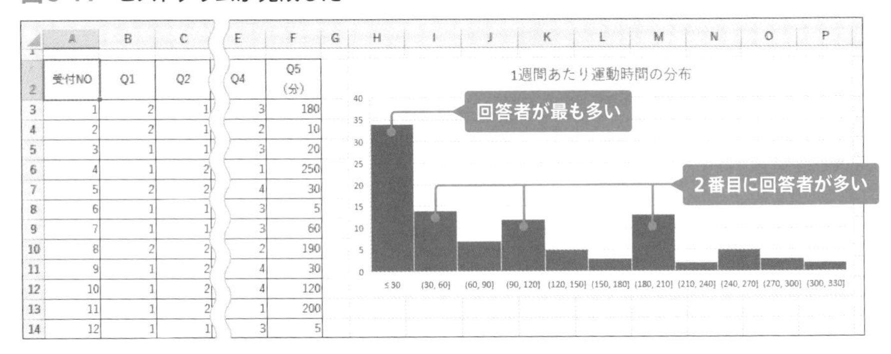

ONEPOINT

度数を階級の上に表示するには、データラベルを表示します。ヒストグラム右上の「+」をクリックして、「データラベル」の▶から「外側」を選択すると、**図5-45**のように、それぞれの棒の上に、度数を表す数値が表示されます。

参照→ **6-1-3 グラフを編集する基本手順**

図5-45　階級の上に度数を表示する

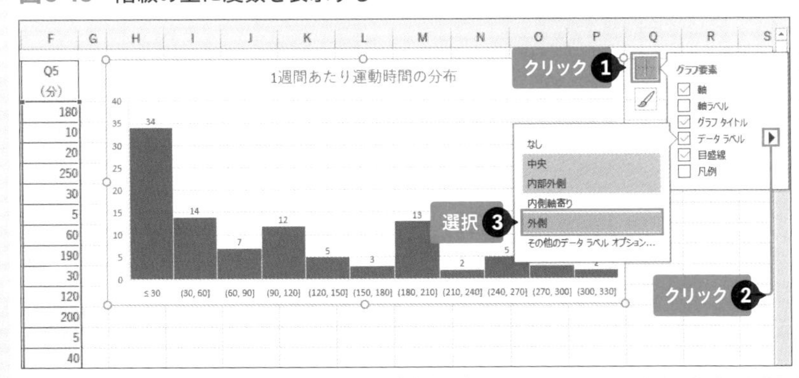

5-4-3 ヒストグラムを作成する（Excel 2013）

ヒストグラムは、「分析ツール」アドインを使って作成することもできます。Excel 2013の場合は、この方法を利用しましょう。なお、シートには、あらかじめ階級の上限値を一覧表にしておく必要があります。

「分析ツール」アドインを有効にする

Excelの追加プログラムである「分析ツール」機能の中にも、ヒストグラムを作成する機能があります。これを利用してヒストグラムを作成するには、あらかじめ、次の手順で「分析ツール」アドインを有効にしておきます。

「ファイル」タブをクリックして「オプション」を選択し、「Excelのオプション」ダイアログボックスが表示されたら、「アドイン」を選択して「設定」をクリックします（**図5-46**）。

図5-46 「アドイン」ダイアログボックスを開く

「アドイン」ダイアログボックスに切り替わるので、「分析ツール」にチェックを入れて「OK」をクリックします（**図5-47**）。

図5-47　「分析ツール」アドインを有効にする

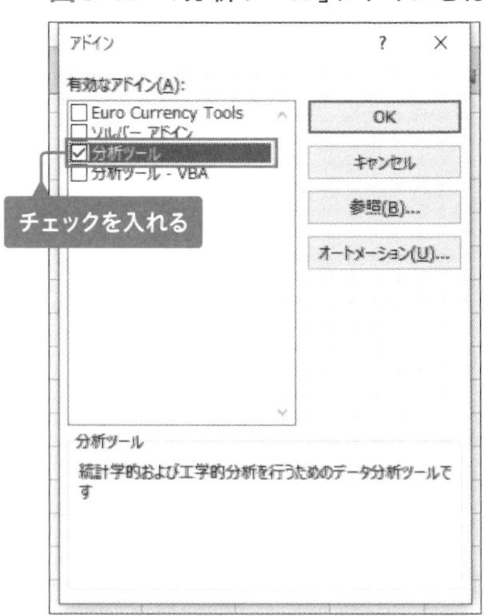

ヒストグラムを作成したい

シートには、あらかじめ**図5-48**のH3からH13までのセル範囲のように、ヒストグラムのそれぞれの階級の上限値となる数値を一列に入力しておきます。

「分析ツール」アドインが有効になると、「データ」タブに「データ分析」が表示されるので、これをクリックします。

図5-48　階級の上限値をあらかじめ入力しておく

	A	B	C	D	E	F	G	H
2	受付NO	Q1	Q2	Q3（円）	Q4	Q5（分）		各階級の上限値
3	1	2	1	20,000	3	180		30
4	2	2	1	3,000	2	10		60
5	3	1	1	2,500	3	20		90
6	4	1	2	10,000	1	250		120
7	5	2	2	4,000	4	30		150
8	6	1	1	2,000	3	5		180
9	7	1	1	1,980	3	60		210
10	8	2	2	1,500	2	190		240
11	9	1	2	5,000	4	30		270
12	10	1	2	8,000	4	120		300
13	11	1	2	95,000	1	200		330
14	12	1	1	500	3	5		

「データ分析」ダイアログボックスが表示されたら、分析ツールの一覧から「ヒストグラム」を選択して「OK」をクリックします（**図5-49**）。

図5-49　「ヒストグラム」を選択する

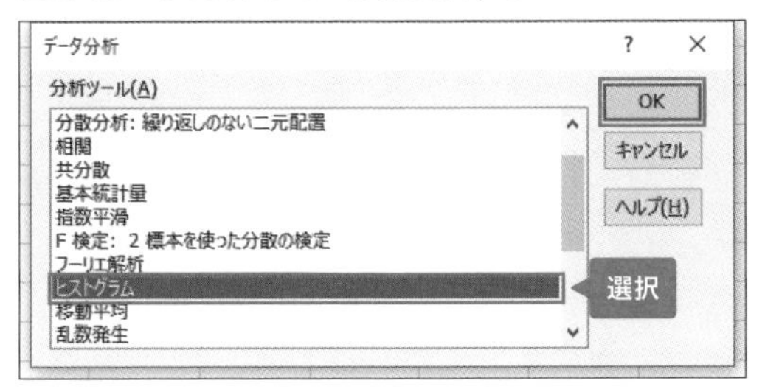

「ヒストグラム」ダイアログボックスに切り替わります。「入力範囲」には、分析の元データとなるF3からF102までのセル範囲をドラッグして指定し、「データ区間」には階級の上限値を入力したH3からH13までのセル範囲を指定します。

ヒストグラムの出力先に「新規ワークシート」が選ばれていることを確認し、「グラフ作成」にチェックを入れて「OK」をクリックします（**図5-50**）。

図5-50　範囲を指定してヒストグラムを作成する

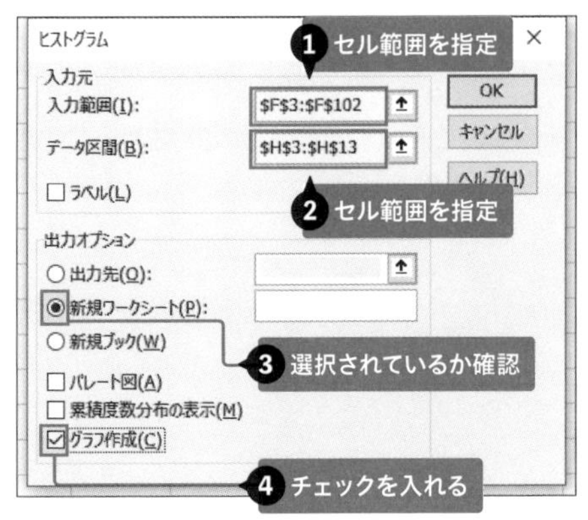

新規シートが追加され、完成したヒストグラムが表示されます。

「分析ツール」で作成したヒストグラムは、**図5-51**のように幅の狭い縦棒グラフで表示されます。これが気になる場合は、一般のグラフと同じ手順で、棒の幅を太くして間隔を狭くするなど外観を整えるとよいでしょう。また、度数は**「頻度」**、階級は**「データ区間」**と表示されます。

なお、ヒストグラムの左側には、階級（データ区間）ごとに度数（頻度）を表す度数分布表が自動で作成されます。この表を見れば、それぞれの階級における度数がひと目でわかります。

参照→ 6-1-3 グラフを編集する基本手順

図5-51　度数分布表と共にヒストグラムが作成された

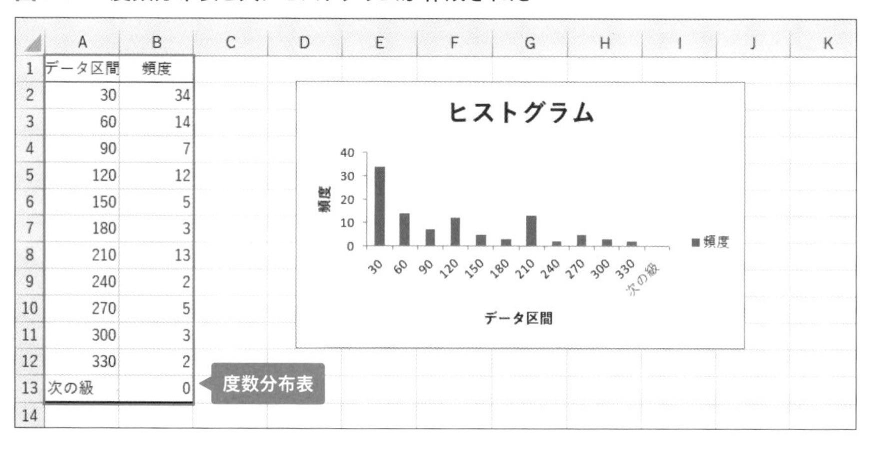

	A	B
1	データ区間	頻度
2	30	34
3	60	14
4	90	7
5	120	12
6	150	5
7	180	3
8	210	13
9	240	2
10	270	5
11	300	3
12	330	2
13	次の級	0
14		

CAUTION

「分析ツール」で作成したヒストグラムは、元の表のデータを変更しても、通常のグラフのように自動で再描画されることはありません。最新の状態に更新するには、ヒストグラムをもう一度作り直す必要があります。

第6章 分析に役立つ視覚化テクニック

6-1-1 グラフの種類の適切な選び方

数字を目に見える形で視覚化するにはグラフを利用します。その際、大切なのは伝えたい内容にあった種類を選ぶことです。ここではまず、Excelグラフの中から、統計分析に役立つ種類を知っておきましょう。

グラフの種類の選び方

グラフは、「挿入」タブの「グラフ」グループから挿入します。よく使われる種類のグラフは独立したボタンが用意されているので、そこから直接種類を選択できますが、**図6-1**の「グラフの挿入」ダイアログボックスを表示すると、Excelで作成可能なすべての種類が表示され、作成中のグラフの完成イメージを確認しながら種類を決めることができます。

この画面を使うと、見当違いなグラフを作ってしまうトラブルが少なくなります。グラフ作りに不慣れな場合は、こちらを使うとよいでしょう。

図6-1 「グラフの挿入」ダイアログボックス

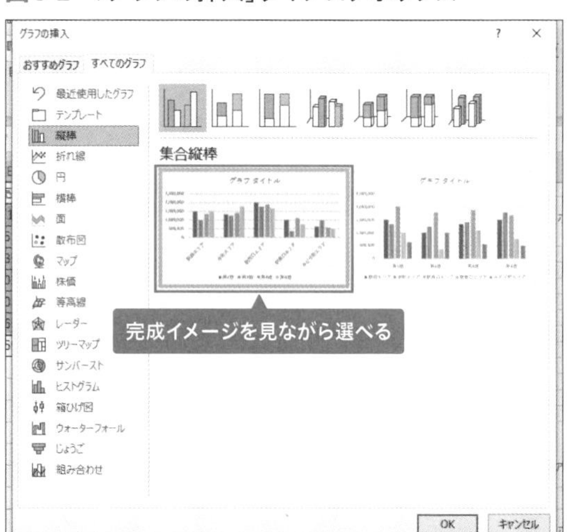

グラフの種類を知っておく

Excelで作成可能なグラフのうち、データ分析に利用されるグラフには、**図6-2**のような種類があります。

図6-2　データ分析に役立つExcelグラフの種類

種類	特徴と用途	ボタン
縦棒	数値の大きさを棒の長さで表したグラフ。あらゆる数値の比較全般に使用できる	
折れ線	時間の経過による数量や順位の変化を直線の傾きで表したグラフ。横軸には日付など時系列の項目を配置する	
円	全体に対する項目の割合を示すグラフ。1つの内容（系列）の内訳を表す際に使う	
ドーナツ	中央に穴が開いた円形のグラフ。円グラフと異なり、複数の系列を同心円状に表示して比較できる	
横棒	横向きの棒グラフ。項目が横書きになるため長い項目が読みやすい。縦棒グラフでは配置しづらい場合に利用する	
面	折れ線グラフの下側を壁のように塗りつぶしたグラフ。推移とともに全体量を強調したいときに使用する	
散布図	縦横の両軸に数値を配置して、交差する位置に点を置いたグラフ。統計データの分析において分布状況を表し、傾向を読み取る際に使用する 参照→**8-3 販売数や来店者データを予測する**	
バブルチャート	散布図の点に大きさの要素を持たせたグラフ。散布図同様、統計データの分析などに使用する 参照→**8-5-2 バブルチャートを作成する**	
レーダーチャート	中心からの距離を線で結んだ放射状の図形で表示するグラフ。複数項目間における評価のバランスを表すときに使う	
ウォーターフォールグラフ※	滝のような形の縦棒グラフで、要因の分析に使用する。	
ヒストグラム※	区間ごとにデータの出現回数をまとめた縦棒グラフ。分布状況を調べるときに使う 参照→**5-3-1 調査対象を分類して集計する**	
箱ひげ図※	箱からひげのような線が伸びた形状の専門的なグラフ。データの散らばり具合を示す際に使う	
サンバースト図※	データの階層構造を同心円で表した図表	
ツリーマップ※	四角形の大きさでデータの階層構造を表した図表	

※「※」が付いた種類は2013では利用できません。

基本は3種類の棒グラフ

最も利用頻度の高い種類は**「棒グラフ」**です。棒グラフは、様々な数値の比較に利用できます。棒の向きによって「縦棒」と「横棒」の2種類がありますが、どちらもさらに次の3種類に分類されます。

集合グラフ

系列を横に並べて個別の数値を比較するオーソドックスな棒グラフで、一般的な比較に使います。**図6-3**では、スポーツクラブの4月のそれぞれの週における売上金額をエリア別に表しています。

図6-3　集合グラフ(縦棒)

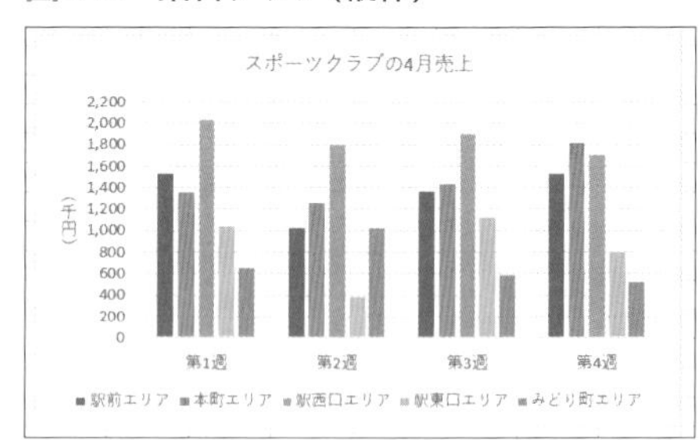

積み上げグラフ

系列を上に積み上げた棒グラフで、個別の数値に加えて、全体量の比較をしたいときに利用します。**図6-4**は、集合グラフと同じ内容ですが、各エリアの棒を積み上げて1本の棒にすることで、その週の合計売上額も同時に確認できます。

図6-4　積み上げグラフ(縦棒)

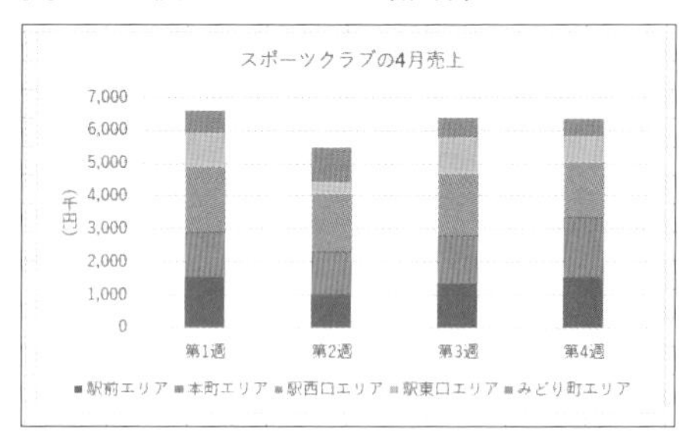

100%積み上げグラフ

系列を上に積み上げて全体を100%としたときの割合を表すグラフで、「帯グラフ」とも呼ばれます。**図6-5**では、スポーツクラブのそれぞれの週における売上額の割合を表しています。

図6-5 100%積み上げグラフ(縦棒)

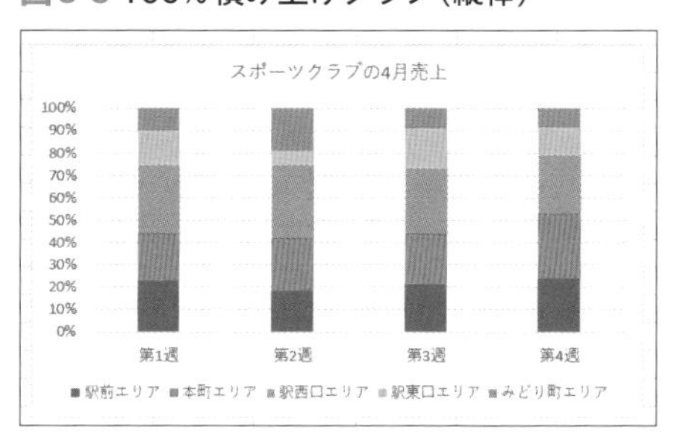

6-1-2 グラフを作成する基本手順

グラフを作成するには、最初のセル選択が肝心です。表の中からグラフにしたい項目や数値が入力されたセルを過不足なく選択してから、用途に応じたグラフの種類を選びましょう。

グラフ化したいセルを選んで種類を選択する

ここでは、第1週から第4週までのすべての地域の売上金額を比較するために、集合縦棒グラフを作成します。

地域名と週の名前、および売上金額が入力されたA2からE7までのセル範囲を選択し、「挿入」タブの「グラフ」グループにある「ダイアログボックス起動ツール」をクリックします（**図6-6**）。

図6-6 「グラフの挿入」ダイアログボックス を開く

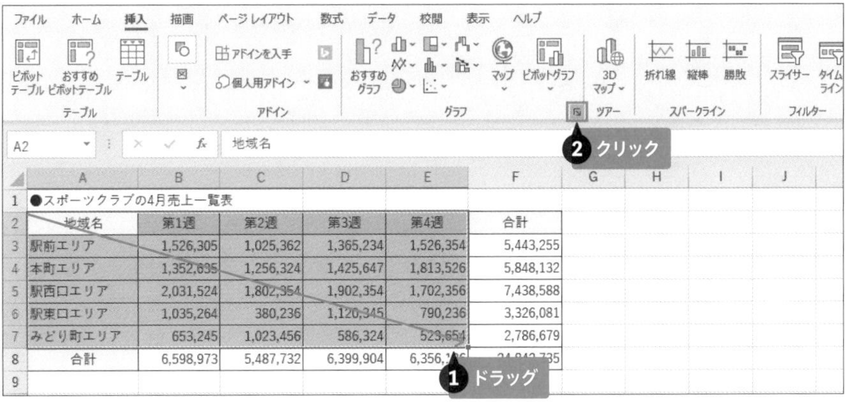

ファイル
ホーム
挿入
描画
ページレイアウト
数式
データ
校閲
表示
ヘルプ
ピボットテーブル
おすすめピボットテーブル
テーブル
テーブル
図
アドインを入手
個人用アドイン
アドイン
おすすめグラフ
マップ
ピボットグラフ
グラフ
3D マップ
ツアー
折れ線
縦棒
勝敗
スパークライン
スライサー
フィルター
A2
地域名
2 クリック
●スポーツクラブの4月売上一覧表
地域名
第1週
第2週
第3週
第4週
合計
駅前エリア 1,526,305 1,025,362 1,365,234 1,526,354 5,443,255
本町エリア 1,352,635 1,256,324 1,425,647 1,813,526 5,848,132
駅西口エリア 2,031,524 1,802,354 1,902,354 1,702,356 7,438,588
駅東口エリア 1,035,264 380,236 1,120,345 790,236 3,326,081
みどり町エリア 653,245 1,023,456 586,324 523,654 2,786,679
合計 6,598,973 5,487,732 6,399,904
1 ドラッグ

「グラフの挿入」ダイアログボックスが表示されます。「すべてのグラフ」タブで左側の分類から「縦棒」を選択し、右上の種類から「集合縦棒」を選択します。下の完成イメージはクリックすると拡大表示され、できあがるグラフを事前に確認できます。今回は、横軸に週の名前が並ぶ右側のイメージを選択して、「OK」をクリックします（**図6-7**）。

図6-7　グラフの種類を選択する

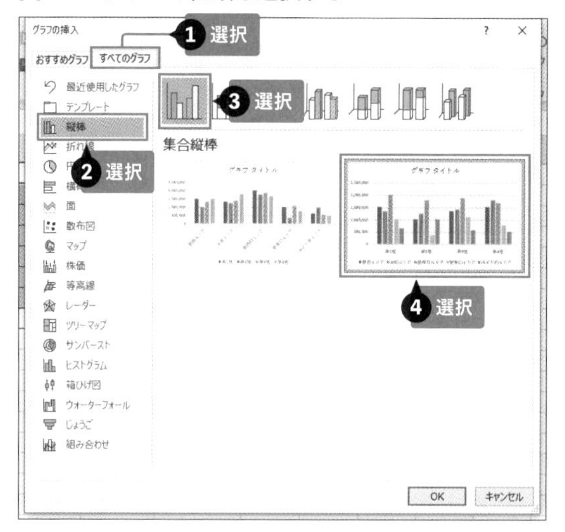

ONEPOINT

もとにした表と作成したグラフはリンクしているので、数値を修正するなど、表の内容を変更した場合には、グラフも同時に更新されます。

集合縦棒グラフが作成されます。横軸には週の名前、その下に地域名が表示されていることを確認しましょう（**図6-8**）。

図6-8　集合縦棒グラフが作成された

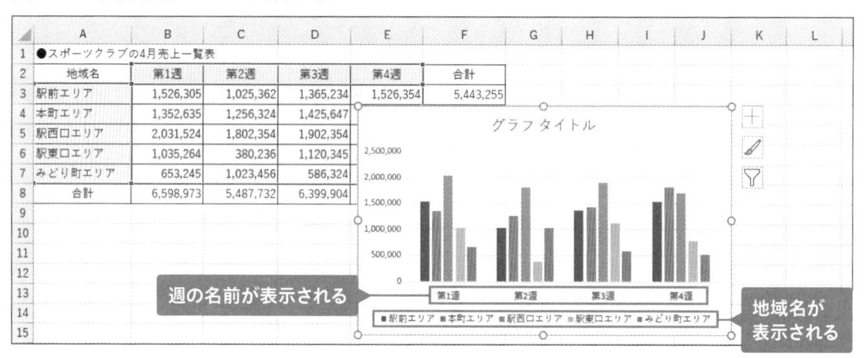

	A	B	C	D	E	F
1	●スポーツクラブの4月売上一覧表					
2	地域名	第1週	第2週	第3週	第4週	合計
3	駅前エリア	1,526,305	1,025,362	1,365,234	1,526,354	5,443,255
4	本町エリア	1,352,635	1,256,324	1,425,647		
5	駅西口エリア	2,031,524	1,802,354	1,902,354		
6	駅東口エリア	1,035,264	380,236	1,120,345		
7	みどり町エリア	653,245	1,023,456	586,324		
8	合計	6,598,973	5,487,732	6,399,904		

ONEPOINT

作成したグラフを移動するには、グラフの余白部分の「グラフエリア」と表示される部分にポインターを合わせてドラッグします。また、グラフのサイズを変更するには、グラフ内をクリックしてから、グラフ領域の角にマウスポインターを合わせてドラッグします。なお、作成したグラフを削除するには、グラフエリアをクリックして「Delete」キーを押します。

6-1-3 グラフを編集する基本手順

作成したグラフはそのままでは利用できないことがほとんどです。作成後に足りない要素を追加したり、細部を変更したりして、実用的でわかりやすいグラフに仕上げることがポイントです。

グラフの各部の名称を知る

グラフを編集するときは、対象となる要素を選んでから編集の操作を行います。その際、編集したい要素にマウスポインターを合わせて、表示される名称を確認してからクリックや右クリックを行うと、対象を間違えずに選択できます（**図6-9**）。

図6-9　グラフの要素の名称と役割

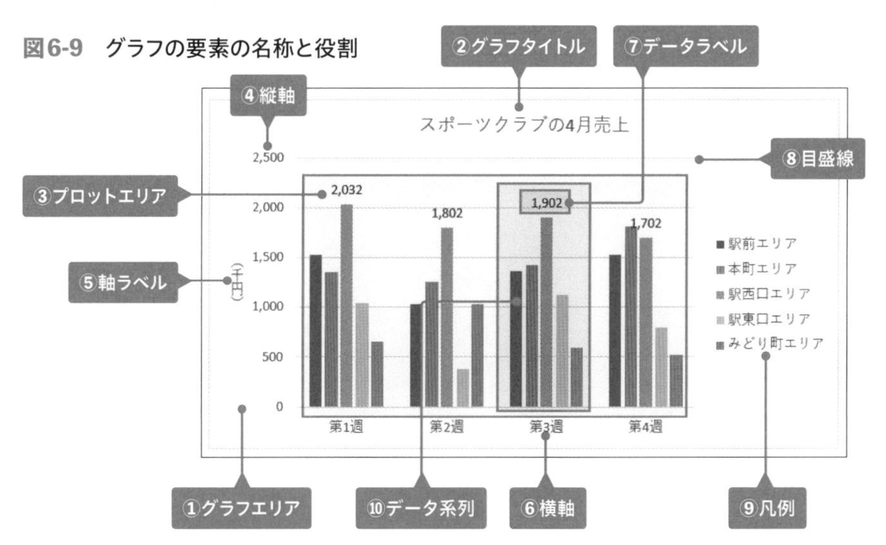

ONEPOINT

グラフ内の不要な要素を削除するには、その要素をクリックして選び、「Delete」キーを押します。また、要素の枠の上にマウスポインターを合わせてドラッグすると、要素を好きな位置に移動できます。

要素の名称	役割
①グラフエリア	グラフ全体の領域。グラフのすべての要素が含まれる
②グラフタイトル	グラフの内容を表すタイトル
③プロットエリア	データ系列が表示される領域
④縦軸（値軸）※	データ系列の数値を表す軸。目盛が表示される
⑤軸ラベル	縦軸や横軸の内容を説明する文字列。数値の単位などを表す
⑥横軸（項目軸）※	データ系列の内容を表す軸。項目見出しが表示される
⑦データラベル	データ系列やデータ要素を説明する文字列
⑧目盛線	目盛を表す線
⑨凡例	データ系列に割り当てられた色を識別する情報
⑩データ系列	元になる数値を表したグラフ部分の総称。これに対して1本の棒など個々のグラフを「データ要素」という

※横棒グラフでは、縦軸と横軸の役割が逆になります。

グラフに足りない要素を追加する

グラフには、最初からすべての要素が表示されるわけではありません。足りない要素は、グラフエリアを選択し、「グラフのデザイン」タブの「グラフ要素を追加」をクリックすると表示される要素の一覧から追加できます。

たとえば、縦軸のラベルを追加するには、「軸ラベル」から「第1縦軸」を選択して、「軸ラベル」という枠が表示されたら、枠内をクリックして文字を書き換えます（図6-10）。

図6-10　グラフに縦軸のラベルを追加する

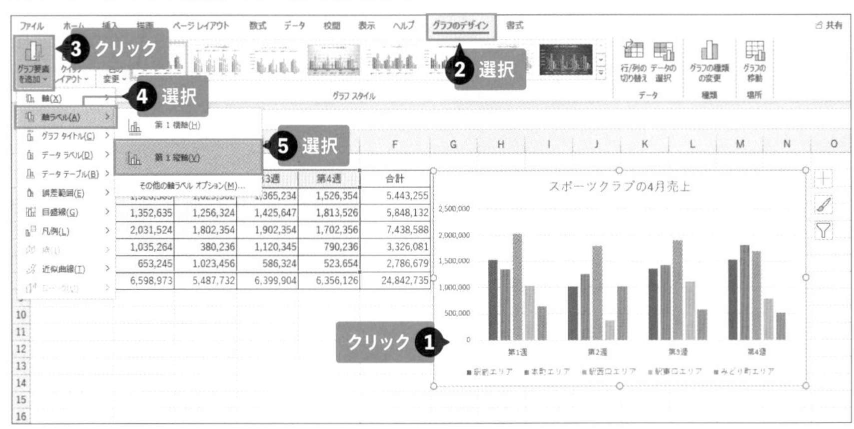

要素の詳細を設定する

グラフ要素の詳細な設定を変更するには、対象となる要素の「書式設定」作業ウィンドウで設定します。

「書式設定」作業ウィンドウは、対象部分で右クリックして、ショートカットメニューから「○○の書式設定」を選択すると表示されます。なお、作業ウィンドウで設定した内容は、その場でグラフに反映されます。

たとえば、縦軸の最大値と目盛間隔を変更するには、縦軸上で右クリックし、「軸の書式設定」を選択します（**図6-11**）。

図6-11　「軸の書式設定」作業ウィンドウ を開く

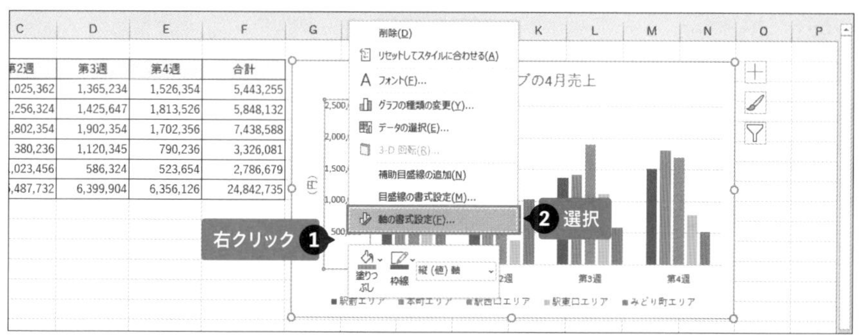

「軸の書式設定」作業ウィンドウが開きます。「軸のオプション」を選択し、「最大値」に「2200000」（220万）と入力します（入力後自動的に指数表示に変わり、「2.2E6」と表示されます）。「単位」の「主」を「200000」（20万）に変更すると、グラフの縦軸の最大値と目盛間隔が変更されます（**図6-12**）。

図6-12　グラフの縦軸の最大値と目盛間隔を変更する

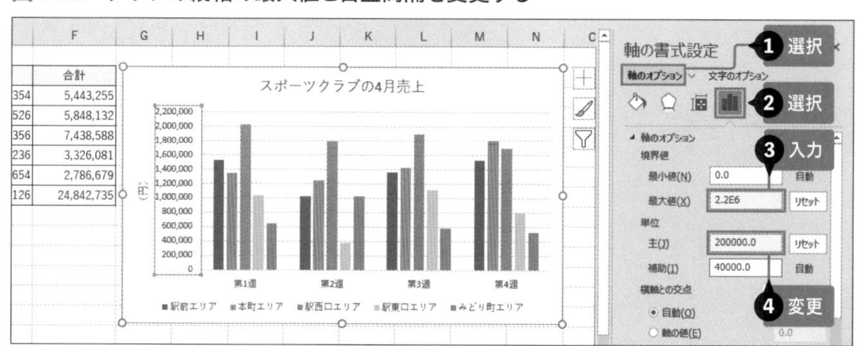

CHAPTER 6 SECTION 1 ITEM 3 グラフを編集する基本手順

6-2-1 数量は棒グラフ、順位や変化は折れ線グラフを使う

グラフを利用するうえで最も大切なのは、内容や目的に合った種類を選ぶことです。まずは、基本となる集合縦棒グラフと折れ線グラフをどのように使い分ければよいかを見ていきましょう。

数や量を表すには「縦棒」、変化を表すには「折れ線」

図6-13の左は、スポーツクラブの地域別の売上額を、第1週から第4週までに分けて縦棒グラフで表したものです。**図6-13**の右では同じ内容を折れ線グラフにしています。これらは次のように使い分けましょう。

集合縦棒グラフは、棒の長さで数値の大きさが表現されるので、数量や金額の違いを単純に比較したいときに使います。**図6-13**の縦棒グラフを見ると、どの週でも「駅西口エリア」の棒が突出して長いことから、この地域が売上の高いエリアだとわかります。

一方、折れ線グラフは、変化や順位変動を強調したいときに利用します。**図6-13**の折れ線グラフを見ると、「駅西口エリア」の売上金額は、確かに群を抜いて高いですが、第4週では「本町エリア」に売上トップの座を奪われていることがわかります。このような変化は、縦棒グラフではつかみづらいため、折れ線グラフを利用します。

図6-13　縦棒グラフと折れ線グラフで売上を可視化する

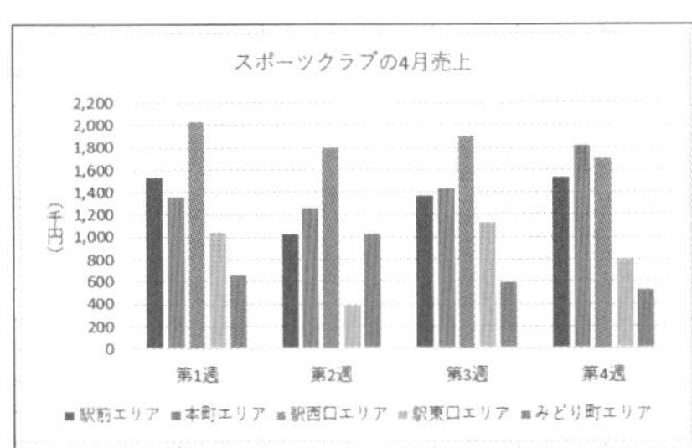

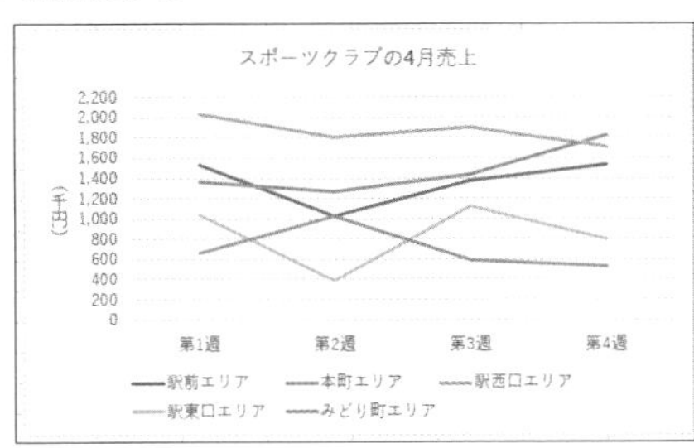

折れ線グラフの横軸の項目は時系列のみ

数量の変化を表す折れ線グラフでは、その性質上、横軸の見出しには日付、月、四半期、年などの時間軸の内容が配置されます。**図6-14**の折れ線グラフのように、「駅前エリア」、「本町エリア」といった**時間とは関係ない項目を横軸に並べるのは誤り**です。折れ線グラフを作るときには注意しましょう。

図6-14　時間と関係ない項目は横軸に並べない

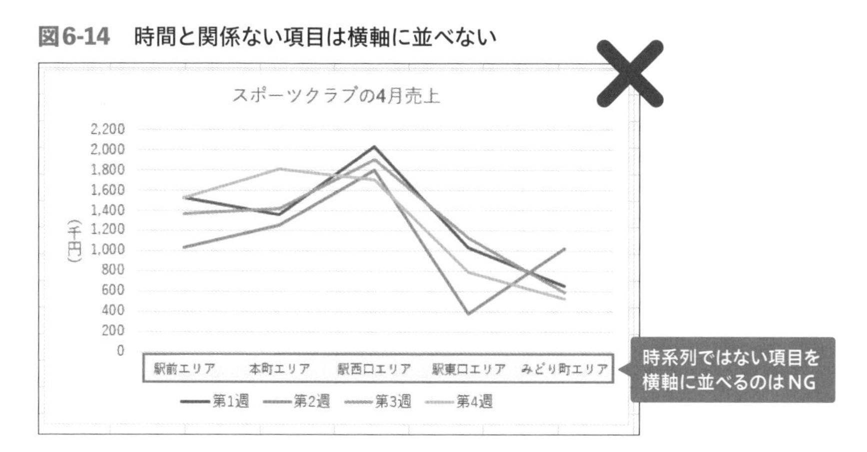

COLUMN 「折れ線」と「棒」を集計対象で使い分ける

折れ線グラフと棒グラフのどちらを使うかは、**図6-15**にまとめたように、集計する内容によって決まることもあります。**目に見える対象で、数を数えたり、量をはかったりすることができるもの（商品の数量、降水量、人数など）には棒グラフ**、**目に見えない対象の大きさ（株価、気温など）は折れ線グラフ**で表すことが一般的です。

図6-15　対象による棒グラフと折れ線グラフの使い分け

グラフの種類	特徴	グラフ化する対象
棒グラフ	数や量を目で見て確認できるもの	商品などの販売数、出荷数、人数、降水量、売上や貯蓄などの金額
折れ線グラフ	数値の大きさが目に見えないもの	単価、株価、気温、利益率、割引率などの指標

6-2-2 棒グラフはタテとヨコのどちらを使えばよいか

棒グラフには「縦棒」と「横棒」の2種類がありますが、縦棒グラフを優先的に使いましょう。横軸の項目見出しが長いなど、縦棒グラフではレイアウト上不便が生じる場合に限って、横棒グラフを利用します。

棒グラフは「縦」が基本

Excelで作成できる棒グラフには、上に棒が伸びる「縦棒」と右に棒が伸びる「横棒」の2種類があります。これらは棒の向きが違うだけではなく、視覚的な効果にも差が生まれます。

下から上に棒が伸びる縦の棒グラフは横向きの棒よりもインパクトが強いため、**数量の大きさを強調する本来の目的では、縦棒グラフを利用する方が効果的です。**

ただし、横軸に長い項目見出しを配置すると幅を取るため、**図6-16**のように読みにくくなってしまう場合は、横棒グラフにすれば、項目見出しが縦軸に並んで見やすくなります。このように項目見出しが横書きになると長文が読みやすくなるので、横棒グラフはアンケートの意見を紹介するグラフなどで多く使われます。

参照➜ 6-2-4 複数回答のアンケートは横棒グラフを使う

図6-16 項目名が見づらい場合は横棒グラフを使う

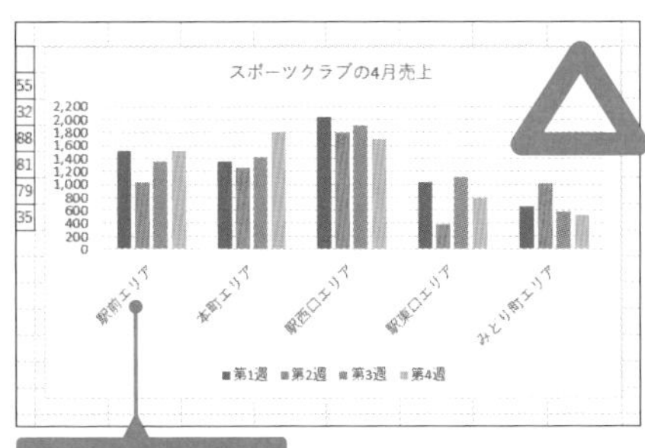

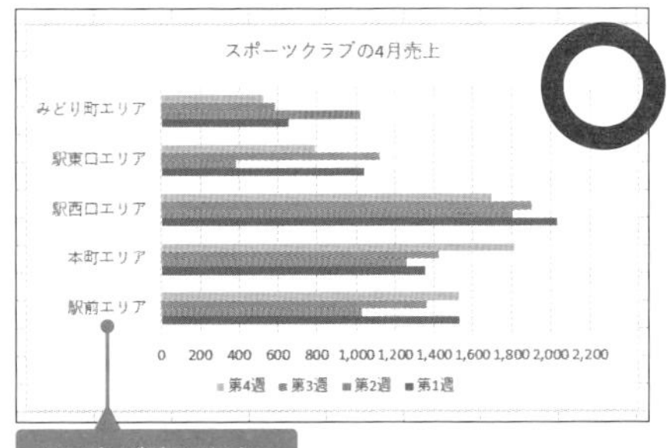

縦棒グラフを横棒グラフに変更する

作成したグラフの種類は後から変更できます。次の手順で項目見出しが斜めになってしまった縦棒グラフを、横棒グラフに変更しましょう。

グラフエリアをクリックしてグラフを選択し、「グラフのデザイン」タブの「グラフの種類の変更」をクリックします。「グラフの種類の変更」ダイアログボックスが開いたら、「すべてのグラフ」を選択し、左の一覧で「横棒」を選択して、「集合横棒」をクリックします（**図6-17**）。

図6-17　縦棒グラフを横棒グラフに変更する

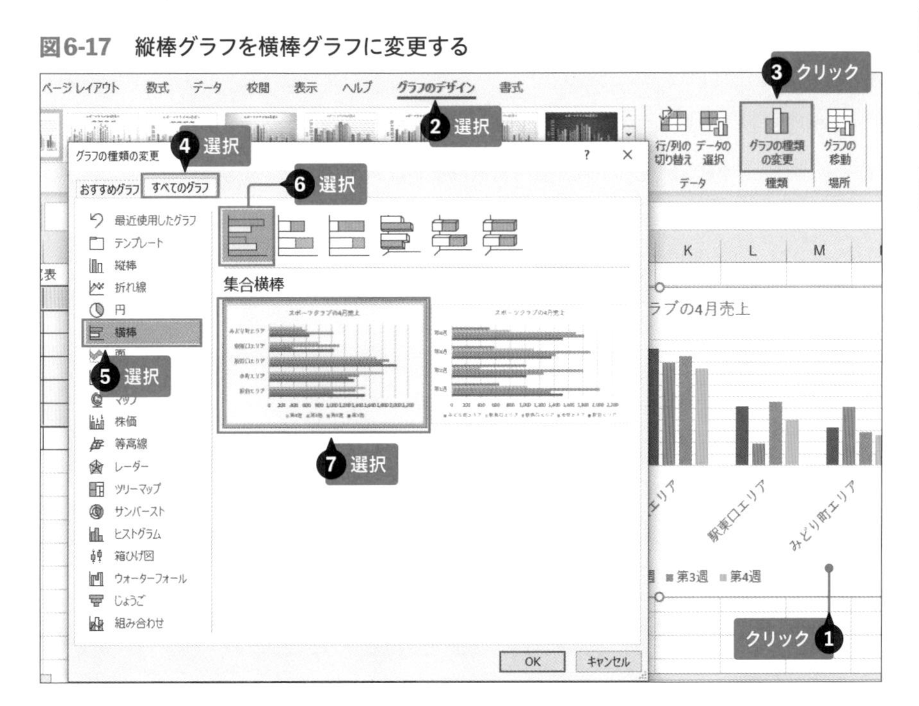

「OK」をクリックすると、グラフの種類が横棒に変更され、**図6-16**右のようになります。

6-2-3 割合を示すときは円グラフか帯グラフを使う

売上構成比など割合を表すには、円グラフが適しています。ただし、円グラフは1つの内容の割合しか表せないため、複数項目間で割合を比較するには100%積み上げグラフ（帯グラフ）を利用します。

一項目の割合を表すには円グラフ

円グラフは1つの内容を取り上げて、その割合を扇形の面積で表すグラフです。扇形の角度が大きいほど占める割合も大きくなります。

図6-18では、地域名のセル（A3からA7）と合計金額のセル（F3からF7）をもとにして、4月の売上金額の地域別割合を円グラフで表しています。これを見ると、駅西口エリア、本町エリア、駅前エリアの3地域の売上が全体の4分の3を占めることがひと目で伝わります。

図6-18　円グラフを使えば割合がひと目でわかる

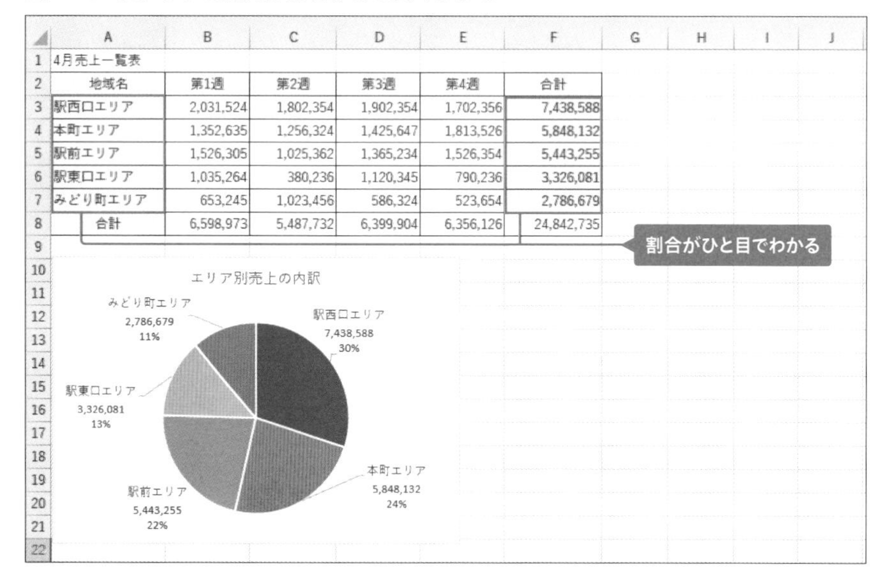

4月売上一覧表

地域名	第1週	第2週	第3週	第4週	合計
駅西口エリア	2,031,524	1,802,354	1,902,354	1,702,356	7,438,588
本町エリア	1,352,635	1,256,324	1,425,647	1,813,526	5,848,132
駅前エリア	1,526,305	1,025,362	1,365,234	1,526,354	5,443,255
駅東口エリア	1,035,264	380,236	1,120,345	790,236	3,326,081
みどり町エリア	653,245	1,023,456	586,324	523,654	2,786,679
合計	6,598,973	5,487,732	6,399,904	6,356,126	24,842,735

ONEPOINT

円グラフの扇形は割合の大きいものから小さいものへと並ぶように表示すると、優先順位が伝わりやすくなります。そのためには、あらかじめ元データの表で並べ替えを済ませておきましょう。この例では、F3セルからF7セルまでの合計金額が降順になるよう、表のデータを並べ替えています。

参照→ 3-4-1 分類や商品コード順にレコードを表示する

複数項目の内訳を表すには100%積み上げグラフ

1つの円グラフで表現できるのは、1つの項目の割合だけです。**複数項目の割合を同一グラフで比較するには、100%積み上げグラフ（帯グラフ）を利用しましょう。**

図6-19では、A2からE7までのセル範囲をもとにグラフを作り、第1週から第4週までの売上額の割合を100%積み上げ縦棒グラフで表しています。これを見れば、各地域の売上の割合を週ごとに比較できます。

図6-19　複数項目の内訳を視覚的に比較できる

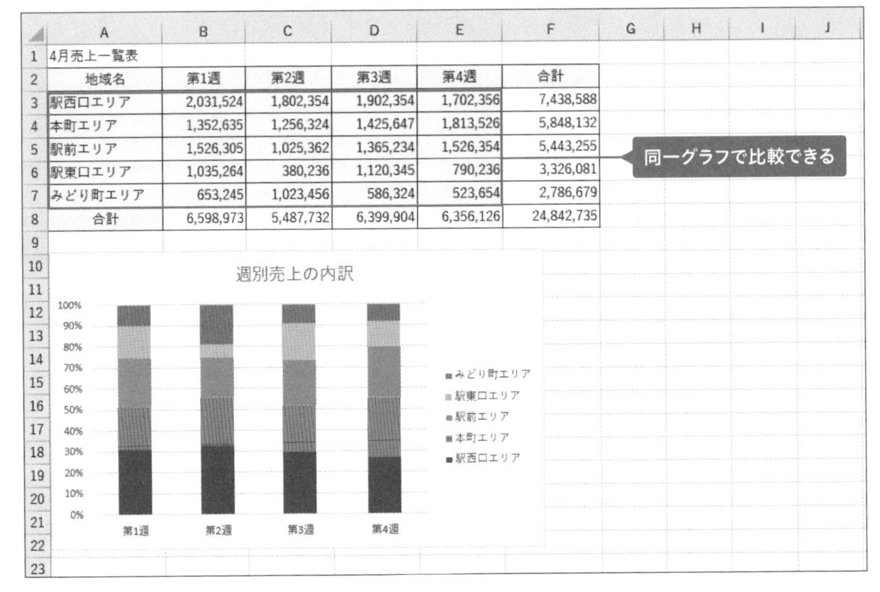

4月売上一覧表

地域名	第1週	第2週	第3週	第4週	合計
駅西口エリア	2,031,524	1,802,354	1,902,354	1,702,356	7,438,588
本町エリア	1,352,635	1,256,324	1,425,647	1,813,526	5,848,132
駅前エリア	1,526,305	1,025,362	1,365,234	1,526,354	5,443,255
駅東口エリア	1,035,264	380,236	1,120,345	790,236	3,326,081
みどり町エリア	653,245	1,023,456	586,324	523,654	2,786,679
合計	6,598,973	5,487,732	6,399,904	6,356,126	24,842,735

6-2-4 複数回答のアンケートは横棒グラフを使う

アンケートには、回答を1つだけ選べる「単数回答」と、複数の項目を選択できる「複数回答」の2種類があります。集計結果をグラフで表す際には、単数回答か複数回答かによって、利用できるグラフの種類が異なるので注意が必要です。

円グラフにできるのは「単数回答」のみ

アンケートで選択肢を提示して項目を選ばせる質問は、答えを1つだけ選ぶ「単数回答」と2つ以上の項目を選択できる「複数回答」の2種類に分かれます。

図6-20に2つの円グラフがあります。左の青い円グラフは、「興味がある運動メニューをいくつでも選択してください」という複数回答の質問に対する結果を、右のオレンジの円グラフは「ジムに最も通いやすい時間帯を1つ選んでください」という単数回答の質問に対する結果を、それぞれ集計したものです。

このうち、複数回答のアンケートは円グラフにすることができないため、左の青い円グラフは誤りです。

図6-20　円グラフは合計が100%でない内容には使えない

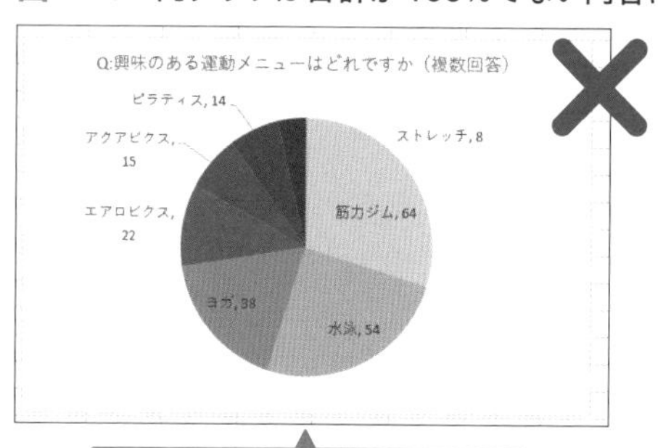

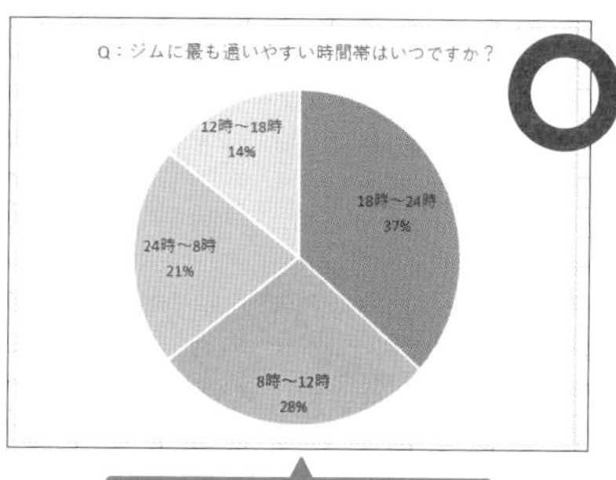

円グラフは、「回答全体を100%としたときに、『A』と答えた人が○%、『B』と答えた人は○%を占める」のような割合を表すグラフです。全回答数を合計して100%になることが前提なので、同じ人が2つ以上の項目を選択できる複数回答では利用できません。円グラフは単数回答のアンケートでのみ利用しましょう。

複数回答のアンケートは横棒グラフが読みやすい

複数回答のアンケート結果をグラフ化するときには、棒グラフにします。棒グラフには縦棒と横棒の2種類がありますが、アンケートの集計では、項目名に長い言葉が来ることが多いため、読みやすさを重視して横棒グラフが多く使われます（**図6-21**）。

参照→ **6-2-2 棒グラフはタテとヨコのどちらを使えばよいか**

図6-21　複数回答の項目は横棒グラフなら問題なく表せる

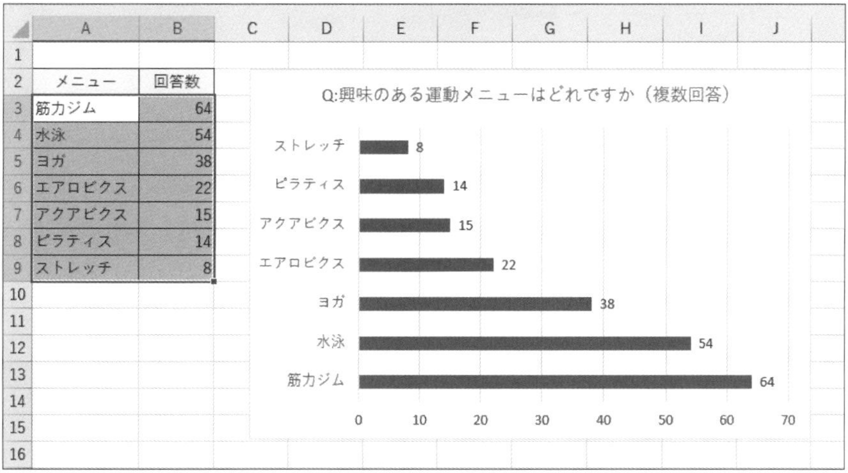

	A	B
1		
2	メニュー	回答数
3	筋力ジム	64
4	水泳	54
5	ヨガ	38
6	エアロビクス	22
7	アクアビクス	15
8	ピラティス	14
9	ストレッチ	8

Q:興味のある運動メニューはどれですか（複数回答）

ストレッチ 8
ピラティス 14
アクアビクス 15
エアロビクス 22
ヨガ 38
水泳 54
筋力ジム 64

0 10 20 30 40 50 60 70

ONEPOINT

アンケートの結果は、回答数の多いものから順に表示されるよう、あらかじめ表の数値を並べ替えておく必要があります。この例では、B列の回答数の降順で事前に並べ替えを行っています。

参照→ **3-4-1 分類や商品コード順にレコードを表示する**

項目の並び順を反転したい

横棒グラフを作成すると、下の項目から順に棒が表示されるため、項目の並びが表とは逆の順番になってしまいます。次のように操作をして、項目の順番を表にそろえておきましょう。

縦軸の上で右クリックして、ショートカットメニューから「軸の書式設定」を選択します（**図6-22**）。

図6-22 「軸の書式設定」作業ウィンドウを開く

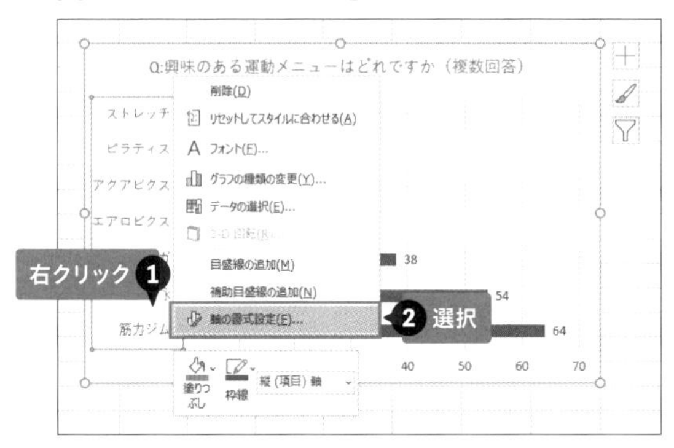

「軸の書式設定」作業ウィンドウが開いたら、「軸のオプション」の「横軸との交点」で「最大項目」を選択し、「軸位置」で「軸を反転する」にチェックを入れます（**図6-23**）。これで縦軸の並び順が上下反転し、回答数の多い順に表示されます。

図6-23 縦軸の並び順を反転させる

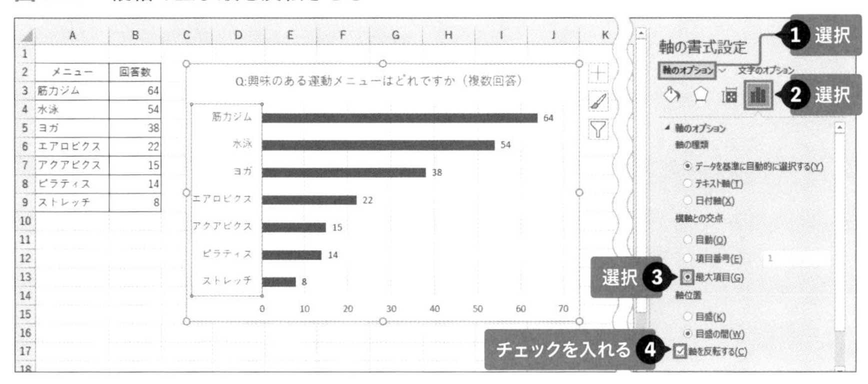

6-3-1 売上高と利益率を同じグラフで表す

気温と商品の出荷数、売上高と利益率のように、性質の異なるデータを1つのグラフで表示するには「複合グラフ」を作成します。「複合グラフ」は、2つの要素の間に関連があるかどうかを調べたいときに役立つグラフです。

売上高と利益率の関連を調べたい

よく「気温が上がるとビールが売れる」などといわれます。このように、異なるデータ間に関連があるかどうかを調べるには**「複合グラフ」**が便利です。複合グラフでは、「気温」と「ビールの出荷数」という**性質も大きさも異なる2種類の数値データを1つのグラフで表現できます。**

図6-24は、「売上高」と「利益率」を複合グラフにした例です。売上高は縦棒グラフ、利益率は折れ線グラフで表されています。ただし、金額と比率

図6-24　複合グラフでは2種類のデータをまとめられる

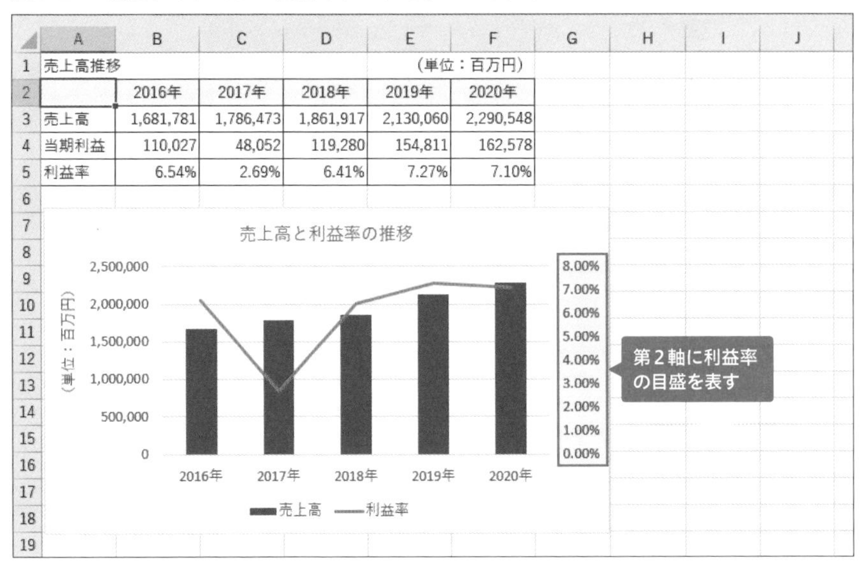

売上高推移					(単位：百万円)
	2016年	2017年	2018年	2019年	2020年
売上高	1,681,781	1,786,473	1,861,917	2,130,060	2,290,548
当期利益	110,027	48,052	119,280	154,811	162,578
利益率	6.54%	2.69%	6.41%	7.27%	7.10%

では数値の大きさに差がありすぎるため、1つの目盛で表すことはできません。そこで縦軸を別にして利益率の目盛を右側に移動します。これを**「第2軸」**といいます。複合グラフでは、このように第2軸を設定して、大きさのかけ離れた2つの内容を1つのグラフ領域に表示しています。

結果を見ると、売上の伸びに比例して利益率も上がっていますが、2017年だけは好調な売上に関係なく利益率が3%近くまで落ち込んだことがわかります。

複合グラフを作成する

まず、複合グラフにしたいセル範囲を選択します。ここでは「売上高」、「利益率」という見出しと、2016年から2020年までの年、および数値が入力されたセルを選びましょう。A2からF3までのセル範囲をドラッグしてから、[Ctrl] キーを押しながらA5からF5までのセル範囲を追加でドラッグします。

続けて「挿入」タブの「グラフ」グループ右下の「ダイアログボックス起動ツール」をクリックして、「グラフの挿入」ダイアログボックスを表示します（**図6-25**）。

図6-25 「グラフの挿入」ダイアログボックスを開く

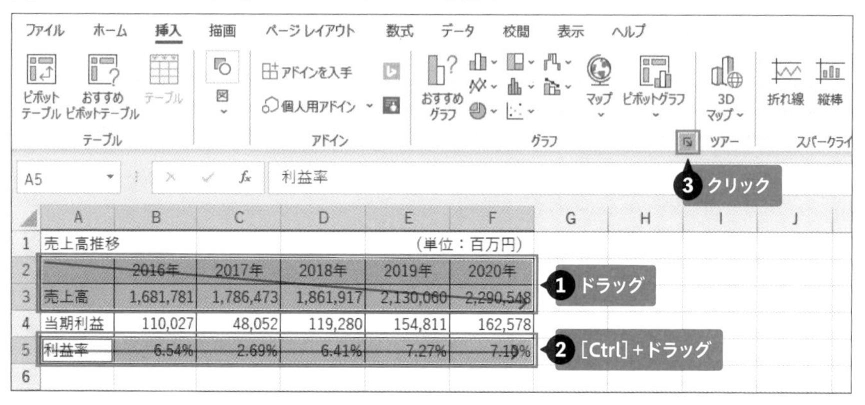

「グラフの挿入」ダイアログボックスが開いたら、「すべてのグラフ」タブを選択し、左の一覧で「組み合わせ」を選択します。「ユーザー設定の組み合わせ」を選択後、右下の欄で複合グラフの設定を行います。

まず「グラフの種類」欄で「売上高」には「集合縦棒」を、「利益率」には「折れ線」をそれぞれ選択します。次に、「利益率」の「第2軸」にチェックを入れます。「OK」をクリックすると、完成図（**図6-24**）のような複合グラフが表示されます（**図6-26**）。

図6-26　複合グラフの設定を行う

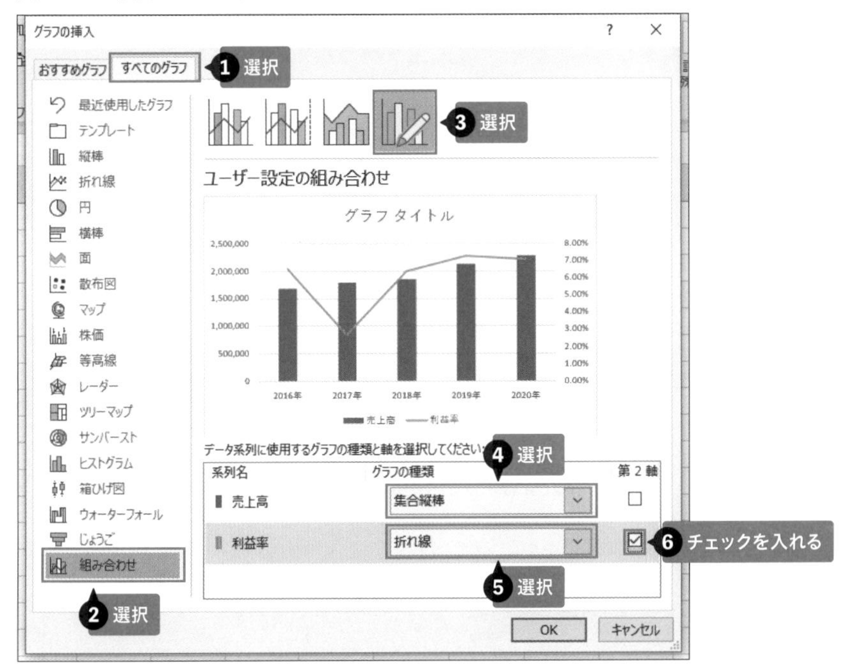

CAUTION

「第2軸」とは、右側に表示される2番目の縦軸のことです。複合グラフでは、大きさが極端に異なる数値を同じ領域に配置するため、第2軸で目盛を別にして、グラフの変化がはっきりと表示されるよう設定します。第2軸の設定を忘れると、数値が小さい方のグラフ（**図6-24**の場合は「利益率」の折れ線）が見えなくなってしまうので注意しましょう。

6-3-2 ピボットテーブルの集計結果をグラフ化する

ピボットテーブルの分析結果を視覚的に見せたいときには「ピボットグラフ」を作成しましょう。ピボットグラフでは、ピボットテーブルと同じようにドラッグ操作でレイアウトを変更したり、データの抽出を行ったりすることができます。

ピボットテーブルの結果をグラフにする

「ピボットグラフ」とは、ピボットテーブルの集計内容をそのままグラフにしたものです。ピボットテーブルをもとにしてすばやく作成できます。通常のグラフのように目的に応じた種類を選んで作成でき、後から種類を変更することも可能です。

図6-27では、ピボットテーブルと、それをもとに作成したピボットグラフの関連を示しています。

参照→ 8-1 ピボットテーブルで動的に分析する

図6-27　ピボットテーブルとピボットグラフの対応

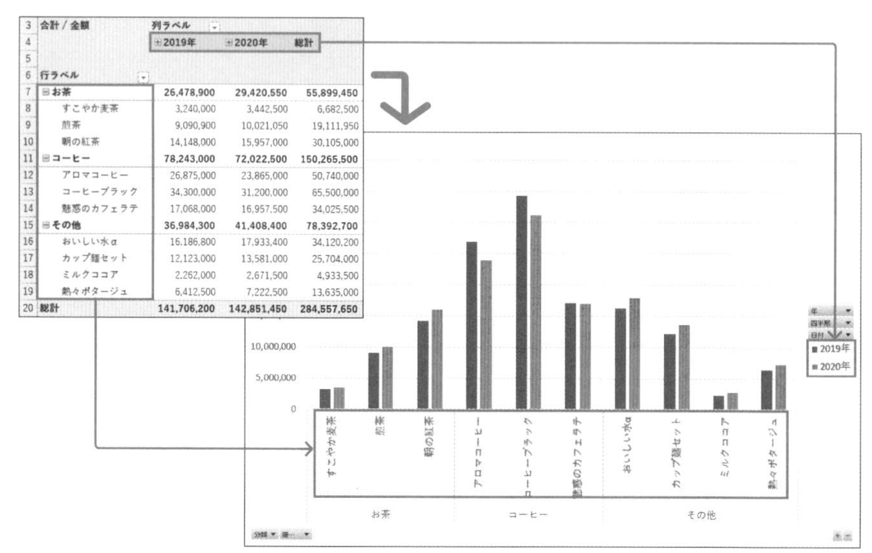

	合計 / 金額	列ラベル		
4		⊞2019年	⊞2020年	総計
5				
6	行ラベル			
7	⊟お茶	26,478,900	29,420,550	55,899,450
8	すこやか麦茶	3,240,000	3,442,500	6,682,500
9	煎茶	9,090,900	10,021,050	19,111,950
10	朝の紅茶	14,148,000	15,957,000	30,105,000
11	⊟コーヒー	78,243,000	72,022,500	150,265,500
12	アロマコーヒー	26,875,000	23,865,000	50,740,000
13	コーヒーブラック	34,300,000	31,200,000	65,500,000
14	魅惑のカフェラテ	17,068,000	16,957,500	34,025,500
15	⊟その他	36,984,300	41,408,400	78,392,700
16	おいしい水α	16,186,800	17,933,400	34,120,200
17	カップ麺セット	12,123,000	13,581,000	25,704,000
18	ミルクココア	2,262,000	2,671,500	4,933,500
19	熱々ポタージュ	6,412,500	7,222,500	13,635,000
20	総計	141,706,200	142,851,450	284,557,650

ピボットグラフを作成したい

ピボットグラフを作成するには、グラフ化したいピボットテーブル内の任意のセルを選択し、「ピボットテーブル分析」タブの「ピボットグラフ」をクリックします（**図6-28**）。

図6-28　「グラフの挿入」ダイアログボックス を開く

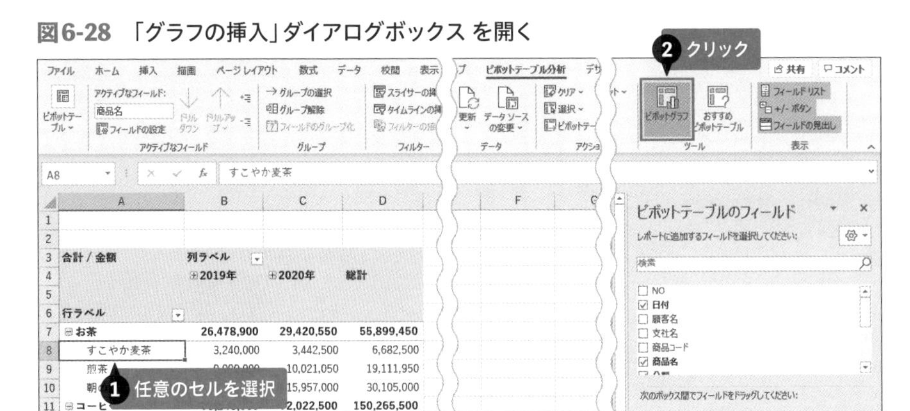

「グラフの挿入」ダイアログボックスが開いたら、グラフの種類を選択します。ここでは集合縦棒グラフを作成します。左の一覧から「縦棒」を選び、右の種類から「集合縦棒」を選択して「OK」をクリックします（**図6-29**）。

図6-29　グラフの種類を選択する

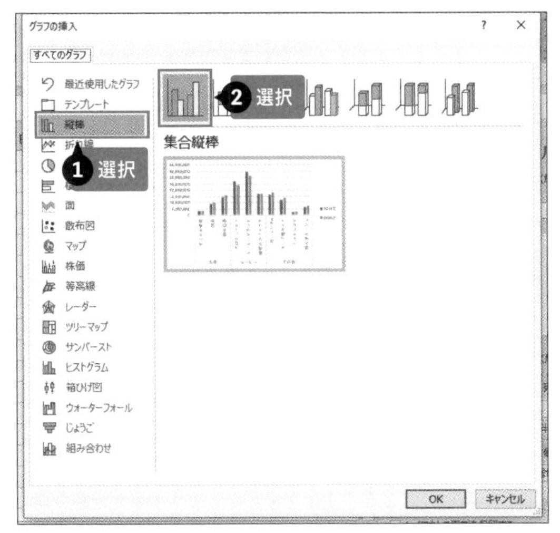

集合縦棒のピボットグラフがウィンドウの中央に表示されるので、邪魔にならない位置まで移動して、拡大しておくとよいでしょう。**図6-30**ではE1からK20までのセル範囲に表示しています。

参照➔ **6-1-2 グラフを作成する基本手順**

図6-30　見やすいようにピボットグラフを整えておく

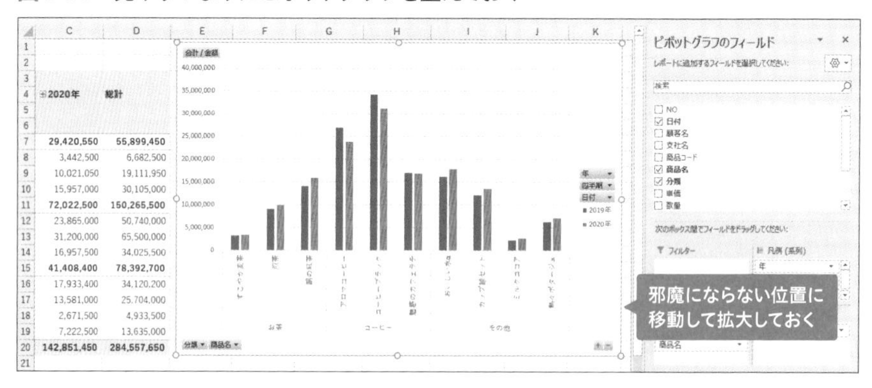

ピボットグラフで分析する

「お茶」、「コーヒー」などの分類ごとにまとめられた商品の売上金額がグラフに表示されています。ここからコーヒーの売上だけを抽出してみます。グラフ内に表示された「分類」フィールドのボタンをクリックし、「お茶」と「その他」のチェックを外して「OK」をクリックします（**図6-31**）。

図6-31　コーヒーの売上だけを抽出する

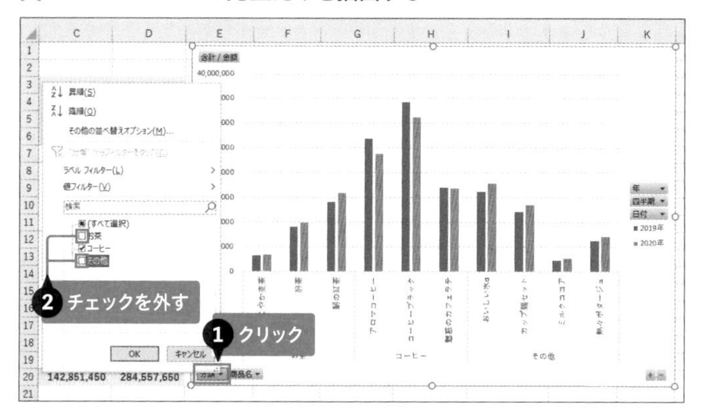

分類「コーヒー」の下にある商品だけがグラフに表示されました。

次に、売上金額を支社別に表示しましょう。「ピボットグラフのフィールド」作業ウィンドウ※の「支社名」フィールドを「軸」ボックスの「商品名」ボタンの下までドラッグします（**図6-32**）。

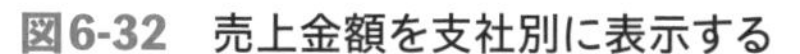

図6-32　売上金額を支社別に表示する

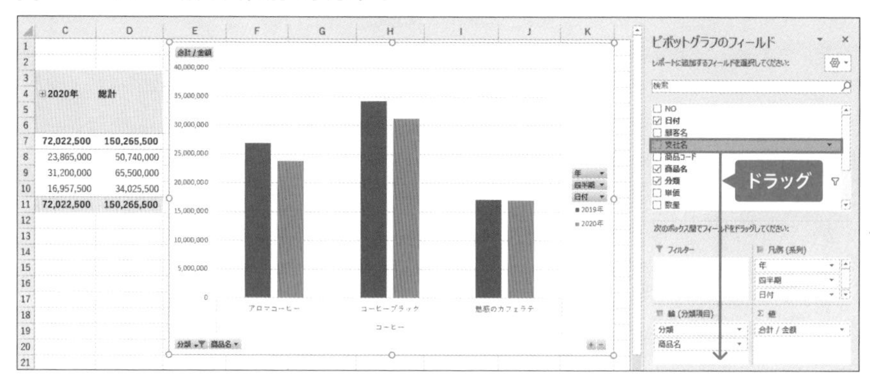

ピボットグラフのレイアウトが変更され、各商品の売上金額が支社別に表示されました。これを見ると、「アロマコーヒー」は「さいたま支社」が、「コーヒーブラック」は「本社」が、「魅惑のカフェラテ」は「さいたま支社」が、それぞれ売上の大半を占めていることがわかります（**図6-33**）。

なお、左側のピボットテーブルも、ピボットグラフに合わせてレイアウトが変更されています。

図6-33　商品の売上金額が支社別に表示された

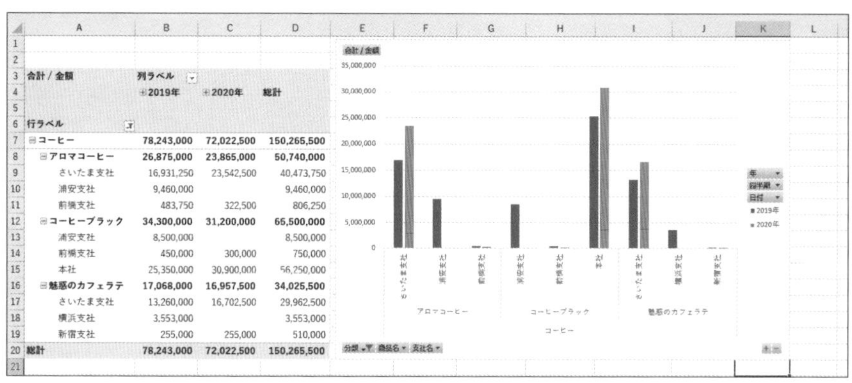

合計 / 金額	列ラベル		
	2019年	2020年	総計
行ラベル			
コーヒー	78,243,000	72,022,500	150,265,500
アロマコーヒー	26,875,000	23,865,000	50,740,000
さいたま支社	16,931,250	23,542,500	40,473,750
浦安支社	9,460,000		9,460,000
前橋支社	483,750	322,500	806,250
コーヒーブラック	34,300,000	31,200,000	65,500,000
浦安支社	8,500,000		8,500,000
前橋支社	450,000	300,000	750,000
本社	25,350,000	30,900,000	56,250,000
魅惑のカフェラテ	17,068,000	16,957,500	34,025,500
さいたま支社	13,260,000	16,702,500	29,962,500
横浜支社	3,553,000		3,553,000
新宿支社	255,000	255,000	510,000
総計	78,243,000	72,022,500	150,265,500

※表示されていない場合は「ピボットグラフ分析」タブの「フィールドリスト」をクリックします。

6-4-1 小さな簡易グラフで数値の動きを把握する

「スパークライン」とは、セルの中にミニチュア版の棒グラフや折れ線グラフを表示して、数値の違いを視覚的に見せる機能です。表の近くに簡易グラフを表示して手軽に傾向を把握したいときに便利です。

小さなグラフで数値の動きを確認したい

Excelには、通常のグラフ機能とは別に、「スパークライン」というセル内に小さなグラフを作る機能があります。あくまでも簡易版のグラフなので細かい設定はできませんが、グラフを作成するよりも手軽にデータを視覚化できます。

図6-34のシートには、1月～12月までの売上金額、前月比、成長率をまとめた3つの表があります。それぞれ表の右隣のセルにスパークラインを作って、動向をひと目で把握できるよう工夫しています。

図6-34　スパークラインでデータを視覚化している

	A	B	C	D	E	K	L	M	N	O
1	支社別売上表									
2		1月	2月	3月	4月	10月	11月	12月		
3	東京	85,705,473	82,681,969	91,757,876	94,955,607	88,083,195	94,043,225	98,267,141		
4	大阪	76,437,469	75,613,966	79,589,873	82,737,604	72,884,366	60,884,366	58,887,191		
5	名古屋	65,460,261	60,336,759	66,462,466	69,910,397	66,433,827	73,634,257	75,582,931		
6	福岡	52,615,634	46,292,133	48,868,040	58,865,771	32,538,403	35,447,523	38,570,099		
8	前月比									
9		1月	2月	3月	4月	10月	11月	12月		
10	東京	N/A	96.5%	111.0%	103.5%	93.8%	106.8%	104.5%		
11	大阪	N/A	98.9%	105.3%	104.0%	103.4%	83.5%	96.7%		
12	名古屋	N/A	92.2%	110.2%	105.2%	94.8%	110.8%	102.6%		
13	福岡	N/A	88.0%	105.6%	120.5%	84.8%	108.9%	108.8%		
15	成長率									
16		1月	2月	3月	4月	10月	11月	12月		
17	東京	N/A	-3.5%	11.0%	3.5%	-6.2%	6.8%	4.5%		
18	大阪	N/A	-1.1%	5.3%	4.0%	3.4%	-16.5%	-3.3%		
19	名古屋	N/A	-7.8%	10.2%	5.2%	-5.2%	10.8%	2.6%		
20	福岡	N/A	-12.0%	5.6%	20.5%	-15.2%	8.9%	8.8%		
21										

縦棒のスパークライン

折れ線のスパークライン

勝敗のスパークライン

スパークラインには、「縦棒」、「折れ線」、「勝敗」の3種類があります。

縦棒

数値の大きさを縦棒グラフで表示します。**図6-34**ではN3からN6までのセル範囲に作成して、各支社の売上金額の大きさを比較できるようにしています。

折れ線

数値の推移を折れ線グラフで表示します。**図6-34**ではN10からN13までのセル範囲に作成して、各支社の前月比の推移を比較できるようにしています。

勝敗

数値の大きさに関係なく、正の数は上に伸びる棒、負の数は下に伸びる棒で表す特殊な棒グラフです。**図6-34**ではN17からN20までのセル範囲に作成して、成長率がプラスかマイナスかをひと目でわかるようにしています。

縦棒のスパークラインを作成したい

N3からN6までのセル範囲に、縦棒のスパークラインを作成しましょう。スパークラインを表示する先頭のセル（ここではN3）を選択し、「挿入」タブの「縦棒スパークライン」を選択します（**図6-35**）。

図6-35　「スパークラインの作成」ダイアログボックスを開く

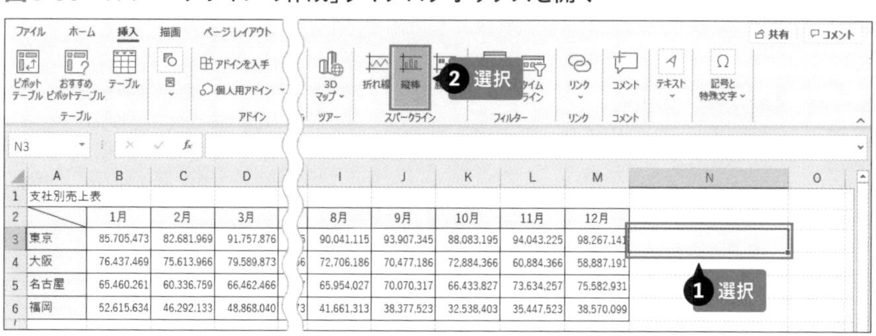

「スパークラインの作成」ダイアログボックスが開きます。「データ範囲」には、グラフ化したい数値が入力されたセル範囲（B3からM3まで）をドラッグして指定します。「場所の範囲」には、スパークラインを表示するセルを指定します。あらかじめ選んでおいたN3セルが表示されているのを確認し、「OK」をクリックします（**図6-36**）。

図6-36　グラフ化したいセルを指定する

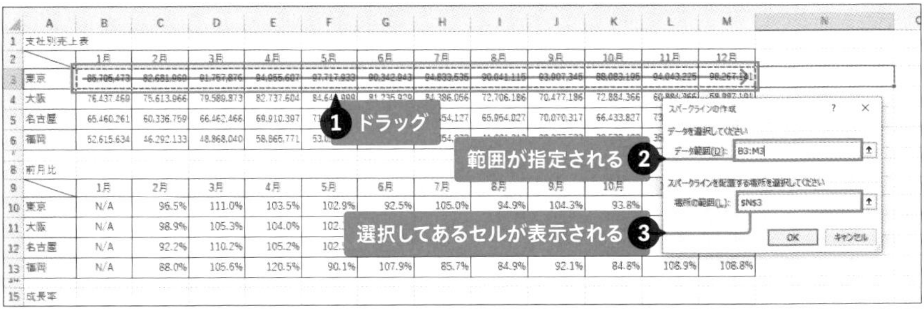

	A	B	C	D	E	F	G	H	I	J	K	L	M	N
1	支社別売上表													
2		1月	2月	3月	4月	5月	6月	7月	8月	9月	10月	11月	12月	
3	東京	85,705,473	82,681,969	91,757,876	94,955,607	97,717,933	90,342,943	94,833,535	90,041,115	93,907,345	88,083,195	94,043,225	98,267,141	
4	大阪	76,437,469	75,613,966	79,589,873	82,737,604	84,64[illegible]	[illegible]	84,386,056	72,706,186	70,477,186	72,884,366	[illegible]	[illegible]	
5	名古屋	65,460,261	60,336,759	66,462,466	69,910,397	[illegible]	[illegible]	[illegible]54,127	65,954,027	70,070,317	66,433,827	[illegible]	[illegible]	
6	福岡	52,615,634	46,292,133	48,868,040	58,865,771	53,0[illegible]	[illegible]	[illegible]	[illegible]	[illegible]	[illegible]	[illegible]	[illegible]	
8	前月比													
9		1月	2月	3月	4月	5月	6月	7月	8月	9月	10月			
10	東京	N/A	96.5%	111.0%	103.5%	102.9%	92.5%	105.0%	94.9%	104.3%	93.8%			
11	大阪	N/A	98.9%	105.3%	104.0%	102.[illegible]								
12	名古屋	N/A	92.2%	110.2%	105.2%	102.[illegible]								
13	福岡	N/A	88.0%	105.6%	120.5%	90.1%	107.9%	85.7%	84.9%	92.1%	84.8%	108.9%	108.8%	
15	成長率													

スパークラインの作成
データを選択してください
データ範囲(D): B3:M3
スパークラインを配置する場所を選択してください
場所の範囲(L): $N$3
OK　キャンセル

❶ドラッグ
範囲が指定される❷
選択してあるセルが表示される❸

N3セルに東京本社の売上金額の縦棒スパークラインが表示されます。続けて、下方向へオートフィルを実行してN6セルまでコピーすると、他の支社のスパークラインが表示されます（**図6-37**）。

図6-37　他のセルにスパークラインをコピーする

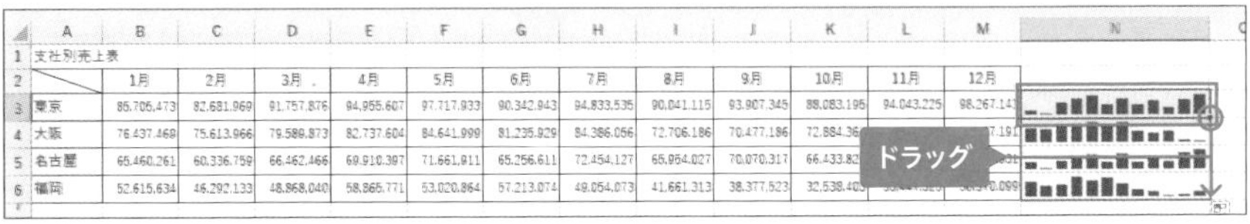

	A	B	C	D	E	F	G	H	I	J	K	L	M	N
1	支社別売上表													
2		1月	2月	3月	4月	5月	6月	7月	8月	9月	10月	11月	12月	
3	東京	85,705,473	82,681,969	91,757,876	94,955,607	97,717,933	90,342,943	94,833,535	90,041,115	93,907,345	88,083,195	94,043,225	98,267,141	
4	大阪	76,437,468	75,613,966	79,589,873	82,737,604	84,641,999	81,235,929	84,386,056	72,706,186	70,477,186	72,884,36[illegible]	[illegible]	[illegible]7,191	
5	名古屋	65,460,261	60,336,759	66,462,466	69,910,397	71,661,911	65,256,611	72,454,127	65,954,027	70,070,317	66,433,82[illegible]	[illegible]	[illegible]	
6	福岡	52,615,634	46,292,133	48,868,040	58,865,771	53,020,864	57,213,074	49,054,073	41,661,313	38,377,523	32,538,40[illegible]	[illegible]	[illegible]0,099	

ドラッグ

ONEPOINT

オートフィル操作でコピーしたスパークラインは一連のグループになり、これを「スパークライングループ」と呼びます。スパークライングループでは、削除や設定の変更をまとめて行うことができます。

ONEPOINT

「折れ線」や「勝敗」のスパークラインを作成するには、「挿入」タブで「折れ線のスパークライン」、「勝敗のスパークライン」をそれぞれクリックします。それ以降の手順は、縦棒のスパークラインと同様です※。

※なお、本書の例では「N/A」と入力されたセルを「データ範囲」に含めずに作成しています。

最大値と最小値を統一する

スパークラインのグラフでは、最大値と最小値がセルごとに自動設定されるため、表示された縦棒の長さの基準はセルごとに異なります。したがって、支社間で売上金額の大小を比較するには、**スパークライングループの間で最**

大値と最小値を統一しておく必要があります。

スパークライングループ（ここではN3からN6）の任意のセルを選択し、「スパークライン」タブの「軸」をクリックし、「縦軸の最小値のオプション」で「すべてのスパークラインで同じ値」を選択します（**図6-38**）。

図6-38　スパークラインの最小値を統一する

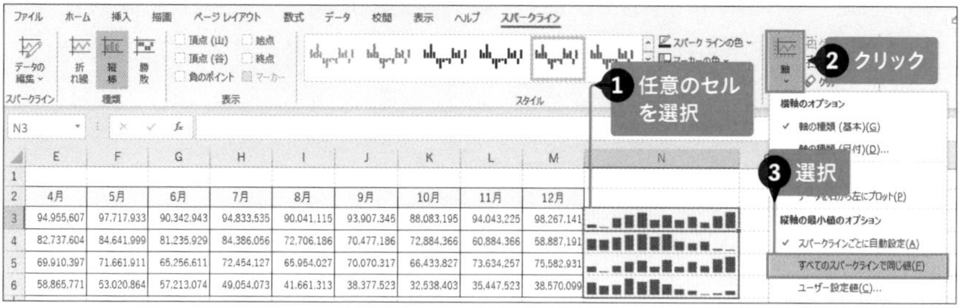

これで最小値が統一されました。再び「スパークライン」タブの「軸」をクリックします。「縦軸の最大値のオプション」で「すべてのスパークラインで同じ値」を選択すると（**図6-39**）、最大値も統一され、**図6-34**の完成図のようになります。

図6-39　スパークラインの最大値を統一する

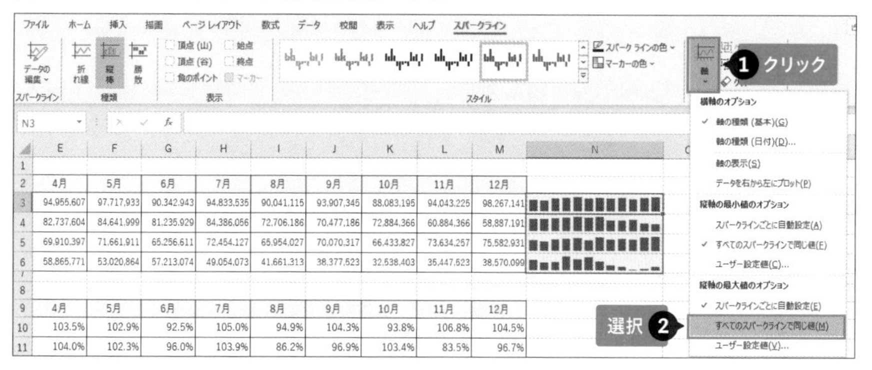

ONEPOINT

スパークラインを削除するには、対象となるスパークラインが表示されたセルを選択します。その後、「スパークライン」タブの「クリア」右の▼をクリックし、「選択したスパークラインのクリア」を選択します。同様に「選択したスパークライングループのクリア」をクリックすると、スパークラインをグループ単位で削除できます。

6-4-2 金額の大小を横棒グラフで比較する

「条件付き書式」の「データバー」を利用すると、簡易版の横棒グラフを数値と同じセル内に表示できます。シートにグラフを追加することなく、集計表のセルをそのまま利用して、数値の大きさをひと目で比較できるようになります。

セルの背景に横棒グラフを表示する

集計表を見ただけで数値の大きさを直感的に伝えるには、**「データバー」**を使いましょう。「データバー」は、セルの数値を横棒グラフに置き換えて、同じセル内に表示する機能です。単に大きさを比較するだけなら、グラフを作成するよりも効率的に集計内容を視覚化できます。

図6-40では、B列からD列に入力された売上金額のセルに青色のデータバーを表示して、個別の金額の大小がひと目でわかるようにしています。また、これとは別にE列の四半期合計のセルにはオレンジ色のデータバーを表示しています。売上額の大きさの違いがひと目でわかり、部署別の傾向をスピーディーに把握できます。

図6-40 データバーでセル内に横棒グラフを表示する

	A	B	C	D	E	F	G
1	第1四半期売上						
2	部署	1月	2月	3月	第1四半期実績		
3	営業1課	43,405,687	48,206,324	52,863,254	144,475,265		
4	営業2課	30,265,498	29,356,024	33,025,489	92,647,011		
5	営業3課	13,056,425	12,356,204	11,203,654	36,616,283		
6	営業4課	18,635,204	20,156,324	21,035,687	59,827,215		
7	営業5課	81,256,302	79,524,813	77,265,318	238,046,433		
8	営業6課	65,350,124	63,254,856	62,301,548	190,906,528		
9	合計	251,969,240	252,854,545	257,694,950	762,518,735		
10							
11							

セルの数値をセル内で横棒グラフ化できる

セルにデータバーを表示したい

個別の売上金額が入力されたセルに青色のデータバーを追加しましょう。B3からD8までのセル範囲を選択し、「ホーム」タブの「条件付き書式」をクリックして、「データバー」から種類を選択します。本書の例では、「塗りつぶし（グラデーション）」の青色を指定しています（**図6-41**）。

同様の手順で、第1四半期実績のセル範囲（E3からE8）には「塗りつぶし（単色）」のオレンジのデータバーを表示すると、**図6-40**の完成図のようになります。

図6-41　セルにデータバーを表示する

ONEPOINT

データバーは条件付き書式の機能の1つです。データバーが不要になったら、**6-5-1**のONEPOINTの手順で条件付き書式を削除できます。

ONEPOINT

データバーの色は「グラデーション」と「単色」の2種類から選べます。「グラデーション」のデータバーは半透明なので背後の数字が読み取りやすく、「単色」のデータバーは色がはっきり表示されるので棒の長さの違いがわかりやすいというメリットがあります。また、セルの幅をあらかじめ広めに設定しておくと、結果が見やすくなります。

6-4-3 売上成績を格付けして、マークを表示する

大きさに応じて数値データをランク分けするには、「条件付き書式」の「アイコンセット」を利用しましょう。アイコンセットを設定すると、セルの先頭にアイコンが表示され、その数値がどのランクに位置するのかをアイコンの種類で区別できるようになります。

データをランクに分けて表示したい

図6-42の表では、G列の予算達成率のセルにアイコンセットを設定して、結果を3つのランクに分類しています。予算達成率が「100%以上なら『✓』」、「90%以上100%未満なら『！』」、「90%未満なら『×』」の3種類のアイコンがセルの先頭に表示されるので、各部署の営業成績をひと目で把握できます。

図6-42 ランクの分類に沿ってアイコンを表示する

	A	B	C	D	E	F	G	H
1	第1四半期売上							
2	部署	1月	2月	3月	第1四半期実績	第1四半期予算	第1四半期予算達成率	
3	営業1課	43,405,687	48,206,324	52,863,254	144,475,265	136,000,000	✓ 106.2%	
4	営業2課	30,265,498	29,356,024	33,025,489	92,647,011	98,000,000	！ 94.5%	
5	営業3課	13,056,425	12,356,204	11,203,654	36,616,283	42,000,000	× 87.2%	
6	営業4課	18,635,204	20,156,324	21,035,687	59,827,215	55,000,000	✓ 108.8%	
7	営業5課	81,256,302	79,524,813	77,265,318	238,046,433	240,000,000	！ 99.2%	
8	営業6課	65,350,124	63,254,856	59,001,048	187,606,028	185,000,000	✓ 101.4%	
9	合計	251,969,240	252,854,545	254,394,450	759,218,235	756,000,000		
10								
11								
12								

アイコンセットで3つのランクに分類

アイコンセットを追加する

集計表にアイコンセットを追加して、各部署の予算達成率を3段階にランク分けします。

G3からG8までのセル範囲を選択し、「ホーム」タブの「条件付き書式」から「アイコン セット」を選択し、種類を選びます。本書の例では、「インジケーター」の「✓！×」を指定しています（**図6-43**）。

図6-43　アイコンセットを追加する

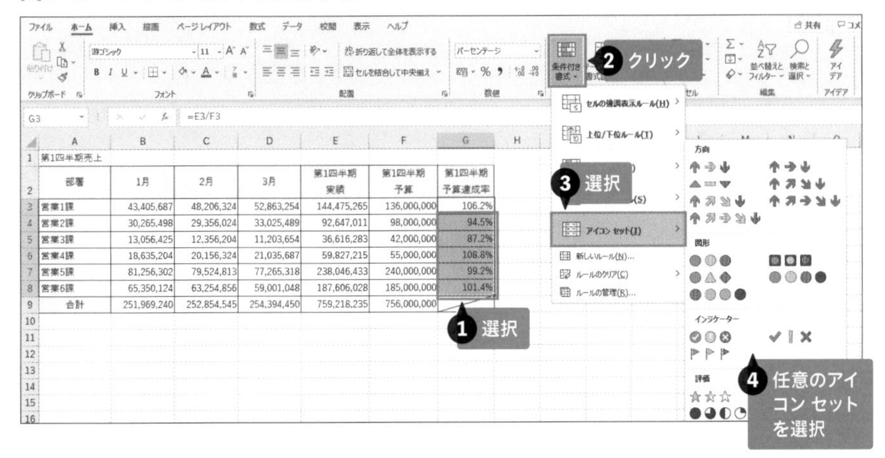

これでG3からG8までのセルの先頭にアイコンが表示されます。ただし、初期設定で表示されたアイコンは、数値を大きさ順に並べた結果を単純に3等分して、ランクに分けた結果です。そのため、達成率が「101.4%」であるG8セルに「！」が表示されています。

自分で決めた基準に合わせてアイコンを表示するには、ランク分けの基準となる「しきい値」を変更する必要があります。

しきい値を変更するには、アイコンセットを追加したセル（ここではG3からG8）を選択し、「ホーム」タブの「条件付き書式」から「ルールの管理」をクリックします（**図6-44**）。

図6-44 「条件付き書式のルールの管理」ダイアログボックス を開く

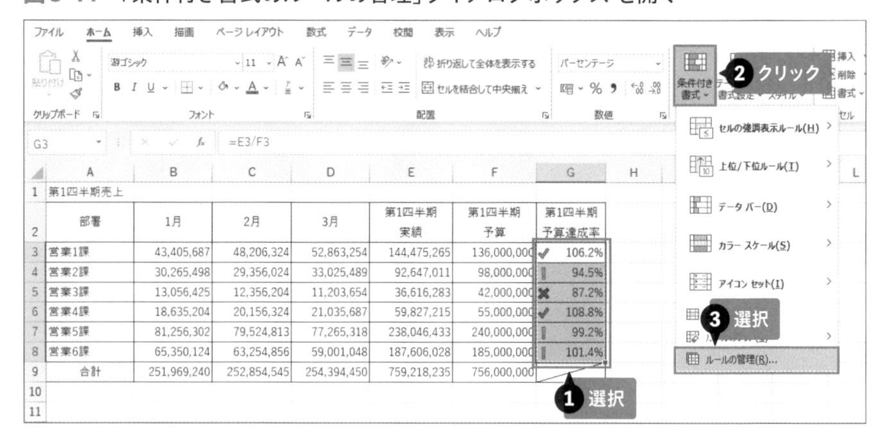

「条件付き書式ルールの管理」ダイアログボックスが開きます。アイコンセットのルールを選択し、「ルールの編集」を選択します（**図6-45**）。

図6-45 「書式ルールの編集」ダイアログボックスを開く

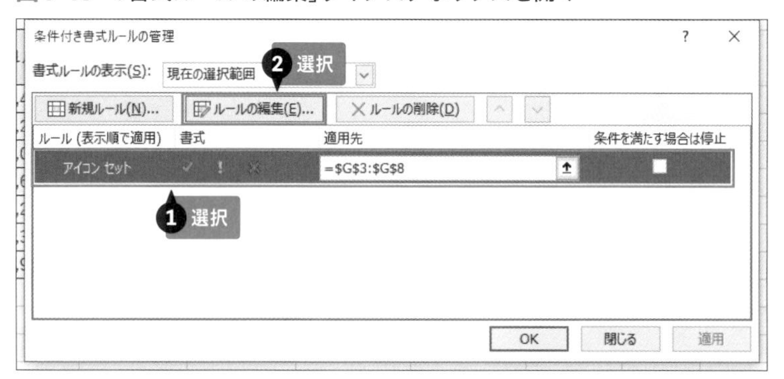

「書式ルールの編集」ダイアログボックスが開いたら、「次のルールに従って各アイコンを表示」欄で「しきい値」の内容を編集します。

まず、右下の種類の欄で2カ所とも「数値」を選択します。次に、アイコン「✓」の「値」欄に「1」、アイコン「！」の「値」欄に「0.9」と入力します（**図6-46**）。

これで、「100%以上なら『✓』」、「90%以上100%未満なら『！』」、「90%未満なら『×』」となるようにルール内容を変更できました。

図6-46　アイコン表示のルールを変更する

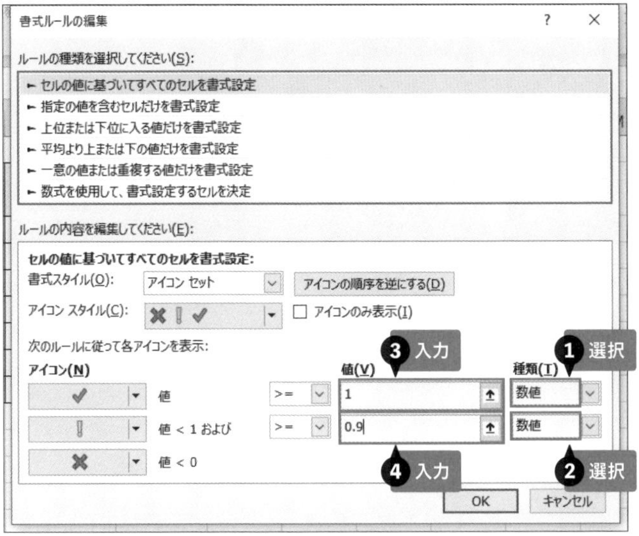

「OK」を2回クリックして、ダイアログボックスを順に閉じると、しきい値が変更され、**図6-42**の完成図のようにアイコンセットの表示が変わります。

ONEPOINT

「書式ルールの編集」ダイアログボックスの「アイコンスタイル」では、アイコンの絵柄を他の種類に変更できます。また「アイコンの順序を逆にする」をクリックすると、大小の基準に合わせて表示するアイコンの順番を入れ替えることが可能です。

ONEPOINT

アイコンセットは条件付き書式の機能の1つです。アイコンセットが不要になったら、6-5-1のONEPOINTの手順で条件付き書式を削除できます。

6-5-1 目標達成率に満たない支店に色を付ける

「条件付き書式」とは、条件を満たすときだけセルに特定の書式を表示する機能です。たとえば、売上金額や予算達成率が基準値に満たない場合に、セルに背景色を設定して、注意を促すことができるので、重要なデータをうっかり見逃す心配がなくなります。

予算達成率が95%以下ならセルに色を付ける

条件付き書式は、「○○より大きい」、「○○以下」といった条件（ルール）を設定し、それを満たす場合に、**塗りつぶしやフォントの色などの書式をセルに設定する機能です**。条件を満たさなければ、書式は設定されません。また、後日データが変更になって条件を満たさなくなった場合も書式は自動で解除されます。このように、常に現状に応じて注意喚起できるのが条件付き書式を使う最大のメリットです。

図6-47では、予算達成率が入力されたセル（G3からG8）に条件付き書式を設定し、予算達成率が95%以下の場合は、オレンジ色の背景色が表示されるようにしています。これなら、達成率が低い部署を漏れなく自動でピックアップできます。

図6-47　設定した条件を満たす場合は背景色が表示される

	A	B	C	D	E	F	G	H
1	第1四半期売上							
2	部署	1月	2月	3月	第1四半期 実績	第1四半期 予算	第1四半期 予算達成率	
3	営業1課	43,405,687	48,206,324	52,863,254	144,475,265	136,000,000	106.2%	
4	営業2課	30,265,498	29,356,024	34,025,489	93,647,011	98,000,000	95.6%	
5	営業3課	13,056,425	12,356,204	11,203,654	36,616,283	42,000,000	87.2%	
6	営業4課	18,635,204	20,156,324	21,035,687	59,827,215	55,000,000	108.8%	
7	営業5課	81,256,302	75,524,813	70,265,318	227,046,433	240,000,000	94.6%	
8	営業6課	65,350,124	63,254,856	62,301,548	190,906,528	185,000,000	103.2%	
9	合計	251,969,240	248,854,545	251,694,950	752,518,735	756,000,000		
10								
11								

95%以下ならセルの背景色をオレンジにする

条件付き書式を設定する

条件付き書式を設定するには、対象となるセル（ここではG3からG8まで）を選択しておき、「ホーム」タブの「条件付き書式」をクリックして「セルの強調表示ルール」の「その他のルール」を選択します（**図6-48**）。

図6-48　「新しい書式ルール」ダイアログボックスを開く

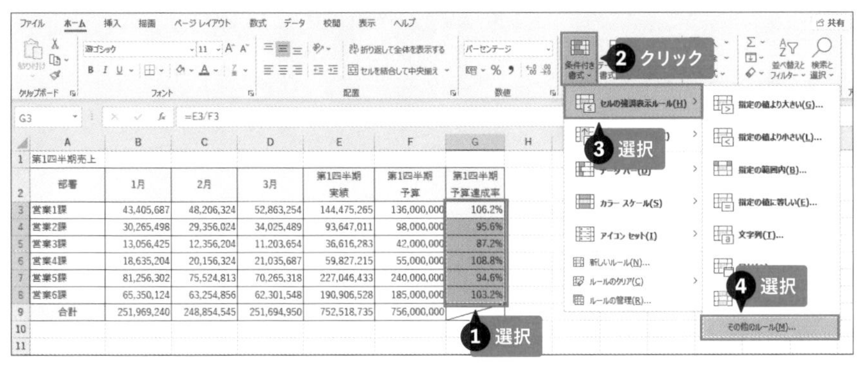

「新しい書式ルール」ダイアログボックスが開きます。ルールの種類から「指定の値を含むセルだけを書式設定」を選択し、下の欄でルールの内容を編集します。ここでは「予算達成率が95%以下である」というルールを設定するので、左端の欄で「セルの値」、中央の欄で「次の値以下」を選択し、右端の欄に「0.95」と入力します。続けて「書式」をクリックします（**図6-49**）。

図6-49　ルールの種類と内容を設定する

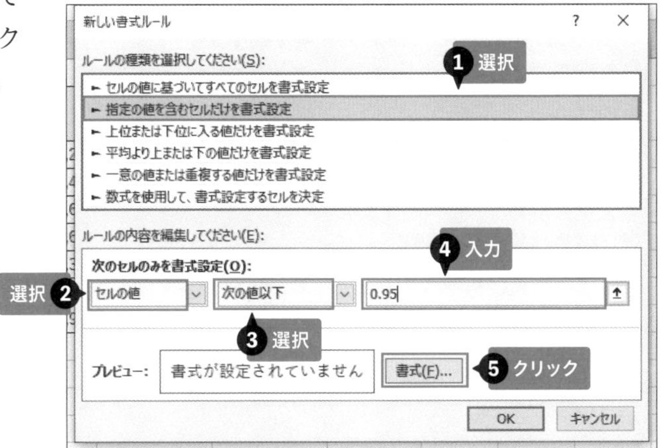

「セルの書式設定」ダイアログボックスが開いたら、「塗りつぶし」タブを選択し、オレンジの色を選択して「OK」をクリックします（**図6-50**）。

「新しい書式ルール」ダイアログボックスでも「OK」をクリックしてすべての画面を閉じると、**図6-47**のように条件付き書式が設定されます。

図6-50　セルに表示する色を選択する

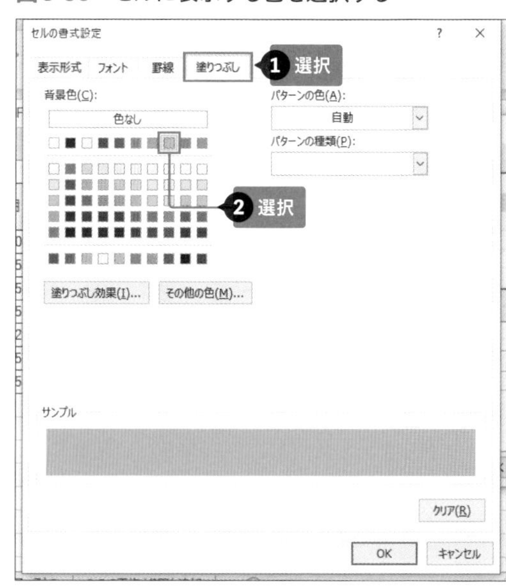

ONEPOINT

条件付き書式の内容を編集するには、対象となる条件付き書式が設定されたセルを選択し、「ホーム」タブの「条件付き書式」をクリックして、「ルールの管理」を選択します。「条件付き書式のルールの管理」ダイアログボックスが開いたら、編集したい条件付き書式のルールをクリックして選び、「ルールの編集」をクリックすると、設定内容を編集するためのダイアログボックスが開きます。データバー、アイコンセットなどを編集する場合も同様です。

参照→ **6-4-2 金額の大小を横棒グラフで比較する**
参照→ **6-4-3 売上成績を格付けして、マークを表示する**

ONEPOINT

条件付き書式を削除するには、あらかじめ条件付き書式を設定したセルをすべて選択しておき、「ホーム」タブの「条件付き書式」をクリックして、「ルールのクリア」の「選択したセルからルールをクリア」を選択します。データバー、アイコンセットなどを削除する場合も同様です。

6-5-2 上位／下位のセルに色を付ける

条件付き書式の「上位/下位ルール」を利用すると、「平均より上」、「上位○位までに入る」といった基準を満たすセルに、自動的に書式を設定できます。集計表から優良顧客や売上の多い販売店などをピックアップする際に便利な機能です。

「上位/下位ルール」で業績の悪い店舗を探す

条件付き書式では、**集計表の数値どうしを比較して、「ベスト5」のセルや平均売上額を下回るセルを自動で割り出し、色を付けて目立たせることも可能です。**こういった使い方には**「上位/下位ルール」**を利用しましょう。

図6-51では、上期（B列）と下期（C列）の売上金額の中で、平均に満たない金額のセルにそれぞれ黄色の背景色を表示しています。また、年間合計（D列）では、売上額の低いワースト3のセルに赤色の背景色を表示しています。

図6-51　平均を下回るセルやワースト3のセルに自動で背景色を表示する

	A	B	C	D	E
1	2020年販売店別売上表				
2		上期	下期	年間合計	
3	西町通り店	88,541,115	71,206,186	159,747,301	
4	二丁目店	92,407,347	68,977,186	161,384,533	
5	東町中央店	86,583,194	71,384,366	157,967,560	
6	公園前店	92,543,225	59,384,366	151,927,591	
7	駅前店	96,767,141	57,387,191	154,154,332	
8	みどり台店	84,205,473	74,937,469	159,142,942	
9	中通り店	81,181,969	74,113,966	155,295,935	
10	小学校前店	90,257,876	78,089,873	168,347,749	
11	駅北口店	93,455,607	81,237,604	174,693,211	
12	駅南口店	96,217,933	83,141,999	179,359,932	
13	図書館前店	88,842,943	79,735,929	168,578,872	
14	三丁目店	93,333,535	82,886,056	176,219,591	
15					

「上位/下位ルール」を設定する

ここでは、年間合計のワースト3に赤色の背景色を表示する条件付き書式を設定しましょう。D3からD14までのセル範囲を選択しておき、「ホーム」

タブの「条件付き書式」から「上位/下位ルール」の「下位10項目」を選択します（**図6-52**）。

図6-52　「下位10項目」ダイアログボックス を開く

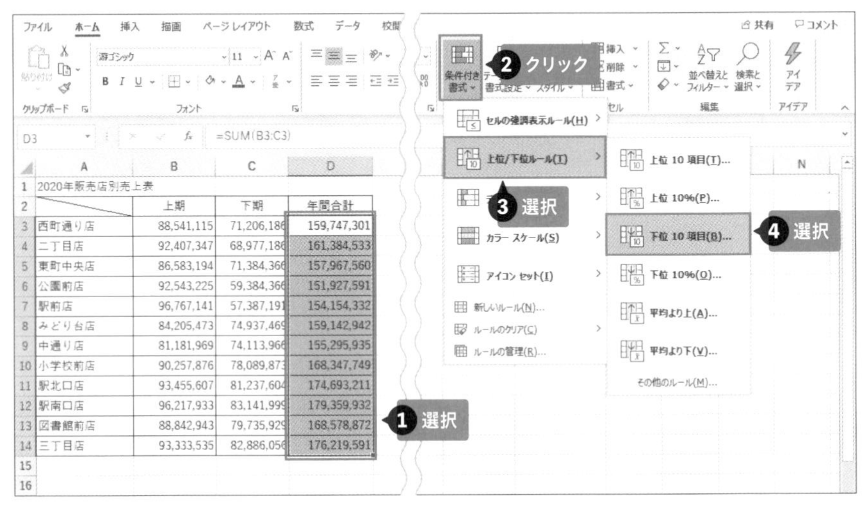

「下位10項目」ダイアログボックスが開くので、左の欄に求めたい順位を「3」と入力します。右の欄に表示される書式のセットの中から「濃い赤の文字、明るい赤の背景」を選択して「OK」をクリックすると（**図6-53**）、年間合計金額のワースト3に相当するセルに赤系の書式が設定されます。

図6-53
下位に入るセルの書式を設定する

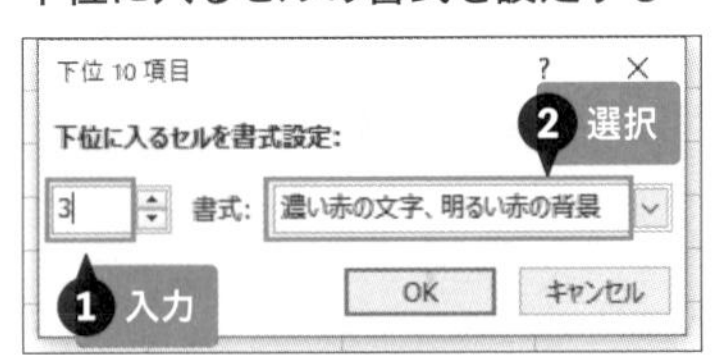

COLUMN　上期と下期には「平均より下」を設定する

「平均より上」、「平均より下」を利用すると、数値全体の平均を求めてそれを上回る、あるいは下回るセルに自動的に色を付けることができます。**図6-51**では、上期のセル範囲（B3からB14まで）を選んで「上位/下位ルール」の「平均より下」を選択し、書式欄で「濃い黄色の文字、黄色の背景」を指定しています。下期のセル（C3からC14まで）でも同様の設定を行っています。

第7章 外部のデータと連係して分析する

7-1-1 テキストデータを読み込む

Excel以外の環境で作成されたデータのことを「外部データ」と呼びます。ここでは、外部データの中でも利用頻度の高いテキストデータをExcelに読み込む方法を確認しましょう。

テキストデータには「可変長」と「固定長」がある

「テキストデータ」とは、ファイルに含まれる文字や数値に加えて列を区切る位置情報を保存したデータのことです。Excel以外のアプリケーションと表形式のデータをやり取りする際に使われます。テキストデータは、**「可変長ファイル」**と**「固定長ファイル」**の2種類に分かれます（**図7-1**）。

「可変長ファイル」は、**列の入力桁数が決まっておらず、列の区切り位置をカンマやタブなどの記号で示す形式**です。中でも、区切り位置を示す記号にカンマを使う「CSV形式」が広く使われています。

「固定長ファイル」とは、**各項目の入力桁数があらかじめ決められていて、入力されたデータがその桁数より短い場合は、空白文字を補って桁数を調整するファイル形式**です。

図7-1　テキストデータには「可変長」と「固定長」の2種類がある

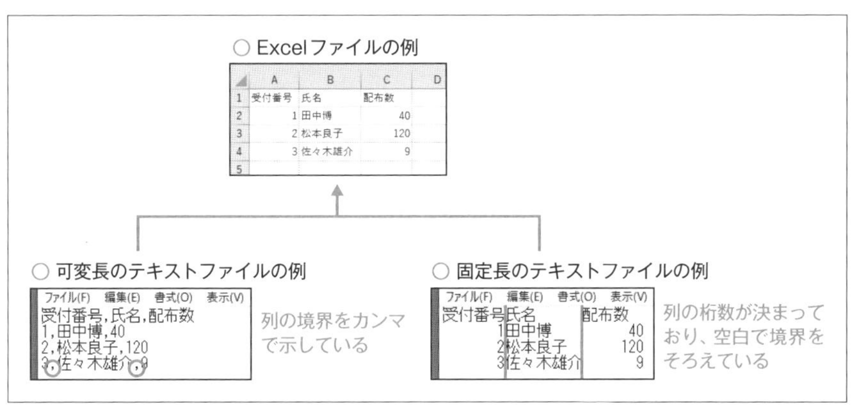

CSVファイルを読み込む

ここでは、「調査結果」という名前の「CSV形式」のファイルをExcelに読み込む方法を紹介します。

「ファイル」タブをクリックし、「開く」から「参照」を選択後、「ファイルを開く」ダイアログボックスを開きます。「調査結果」が保存されたフォルダー（ここでは、「ドキュメント」の「7.1」フォルダー）を開いておき、「ファイルの種類」欄を「テキストファイル」に変更すると、フォルダー内のテキストファイルが表示されます。「調査結果」を選択し、「開く」をクリックします（**図7-2**）。

図7-2　CSVファイルを開く

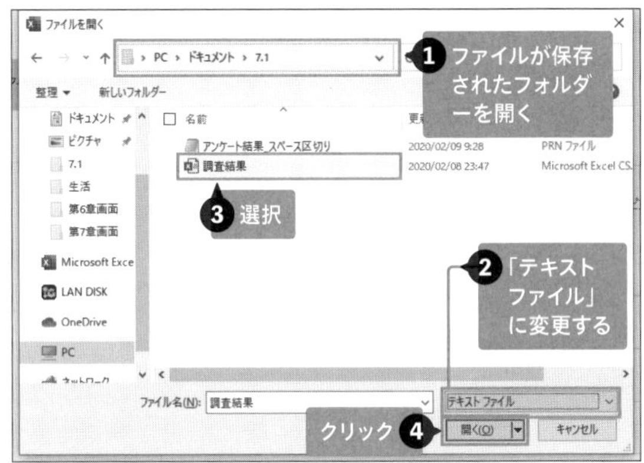

「テキストファイルウィザード」ダイアログボックスが開きます。可変長データの場合は、「カンマやタブなどの区切り文字によってフィールドごとに区切られたデータ」が選択されていることを確認し、「次へ」をクリックします（**図7-3**）。

図7-3　元のデータの形式を選ぶ

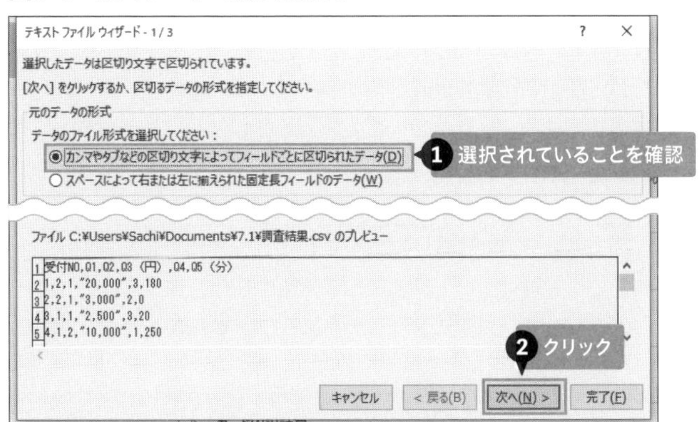

「区切り文字」の一覧で、「カンマ」にチェックを追加すると、下のプレビュー欄に区切り位置を示す縦線が表示されます。「完了」をクリックすると、テキストファイルがExcelに読み込まれます（**図7-4**）。

図7-4　利用する区切り文字を選択する

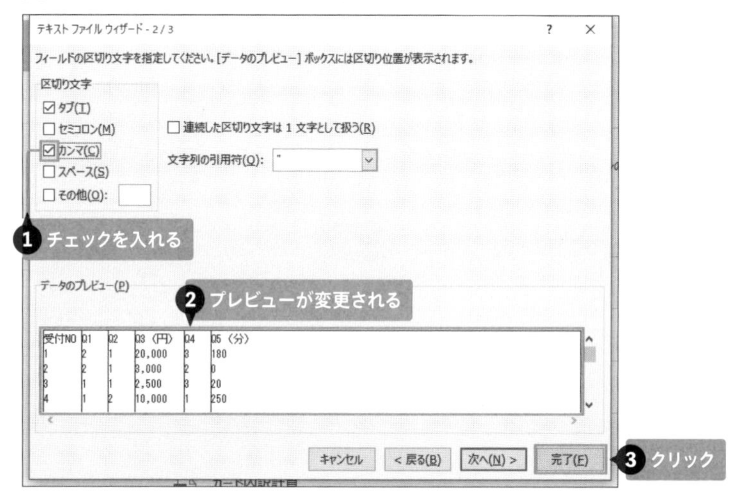

ONEPOINT

CSV形式以外の可変長ファイルの場合は、該当する区切り文字を同様に選択します。選択肢にない文字の場合は、「その他」にチェックを入れて、右の空欄に文字を入力しましょう。

COLUMN　固定長ファイルをExcelに読み込む

固定長ファイルをExcelに読み込む場合も、「ファイルを開く」ダイアログボックスでファイルを選んで「開く」をクリックします。

「テキストファイル」ウィザードが表示されたら、「元のデータの形式」で「スペースによって右または左にそろえられた固定長フィールドのデータ」を選択します。フィールド名が1行目に入力されている場合は、「先頭行をデータの見出しとして使用する」にチェックを入れて、「次へ」をクリックします。

次の画面で、Excelが認識した列の区切り位置に矢印が表示されます。意図したとおりに列が区切られていない場合は、画面左上に表示された方法にしたがって編集してください。「完了」をクリックすると、テキストファイルがExcelに読み込まれます。

7-1-2 テキストファイルとして保存する

データ分析の結果をExcel以外のアプリケーションで共有する場合には、ファイル形式を互換性のあるものに変換する必要があります。Excelでは「名前を付けて保存」ダイアログボックスの「ファイルの種類」を変更すればファイル形式を変換できます。

ファイルをCSV形式で保存したい

ここでは、任意のExcelファイルをCSV形式のテキストファイルに変換する方法を紹介します。「ファイル」タブをクリックし、「名前を付けて保存」をクリックして「参照」を選択し、「名前を付けて保存」ダイアログボックスを開きます。

「ファイルの種類」の ⌄ をクリックして、変換したいファイル形式（ここでは「CSV(コンマ区切り)」)を一覧から選択します。続けて、保存先フォルダーとファイル名を指定し、「保存」をクリックすれば、選んだファイル形式に変換されたデータが保存されます（**図7-5**)。

図7-5　保存するファイル形式を選択する

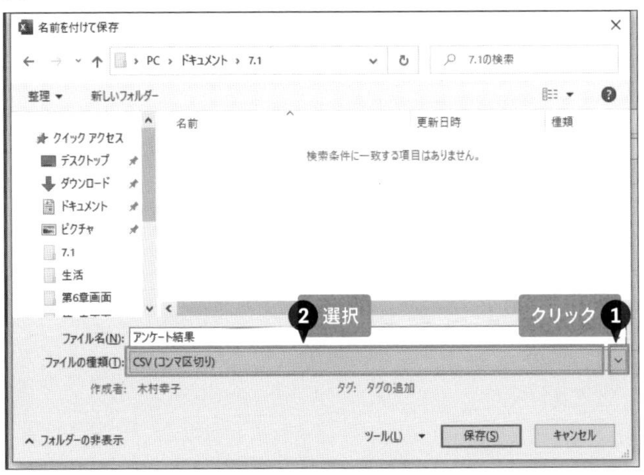

なお、保存したテキストファイルは、「メモ帳」などのテキストエディターで開くと、中身を確認できます。

CAUTION

CSVファイルでは複数のシートを保存できません。Excelファイルに複数のシートが存在する場合は「選択したファイルの種類は複数のシートを含むブックをサポートしていません」というメッセージが表示されます。「OK」をクリックすると、現在のシートだけがCSVファイルとして保存されます。

CAUTION

「ブックの一部の機能が失われる可能性があります」というメッセージが表示されたら、「はい」もしくは「名前を付けて保存」をクリックします。続けて表示される画面で「ファイルの種類」が「CSV（コンマ区切り）」など、選択した形式になっていることを確認して、保存の操作を続行してください。

COLUMN Excelで選択できるファイル形式

「ファイルの種類」では、CSV形式以外にも図7-6のようなファイル形式を選択できます。Excel以外のアプリケーションと分析データをやり取りする際に利用しましょう。

図7-6　Excelで変換できるファイル形式

ファイル形式	内容
CSV UTF-8（コンマ区切り）（*.csv）※	UTF8に対応したコンマ区切りのテキストファイル
テキスト（スペース区切り）（*.prn）	空いた桁に空白文字が補われる固定長のテキストファイル
テキスト（タブ区切り）（*.txt）	タブ文字で列の区切り位置を表すテキストファイル
Unicodeテキスト（*.txt）	文字コードにUnicodeを利用したテキストファイル
PDF（*.pdf）	PDFファイル。レイアウトが崩れることなくExcel以外の環境で印刷や閲覧ができる

※Excel 2013では利用できません。

7-2-1 テーブルやクエリを Excelファイルに変換する

Accessデータベースの内容をExcelで分析するには、対象となるテーブルやクエリをExcelファイルに変換します。ここでは、Accessの「エクスポート」機能を使って変換する方法を紹介します。

Accessのデータを Excelファイルとしてエクスポートする

Accessで管理しているデータベースの内容も、外部データとして利用できます。AccessのデータをExcelに取り込むのが1回限りでよい場合は、ここで紹介する「エクスポート」の操作をAccess側で行いましょう。その結果、テーブルやクエリのコピーとなるExcelファイルが作成されます。

ここでは、Accessデータベース「売上管理」のクエリ「売上データ」をExcelファイルとしてエクスポートします。

Accessを起動して、ファイル「売上管理」を開きます※。オブジェクトの一覧からクエリ「売上データ」を選択し、「外部データ」タブの「Excelスプレッドシートにエクスポート」をクリックします（図7-7）。

図7-7 「エクスポート-Excelスプレッドシート」ダイアログボックスを開く

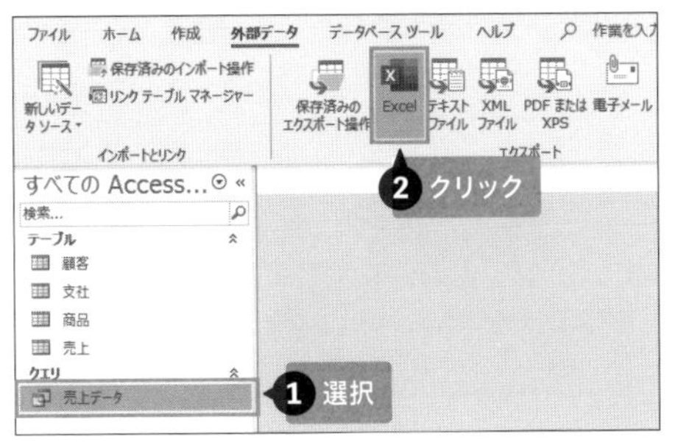

CAUTION
対象となるテーブルやクエリが開いているとエクスポートはできません。クエリ「売上データ」は閉じておきましょう。

「エクスポート-Excelスプレッドシート」ダイアログボックスが開いたら、「ファイル名」右の「参照」をクリックして保存先のフォルダーを選び、エクスポート後のファイル名を入力します。

※「セキュリティの警告」バーが表示されたら、「コンテンツの有効化」をクリックします。

「書式設定とレイアウトを保持したままデータをエクスポートする」と「エクスポートの完了後にエクスポート先のファイルを開く」の両方にチェックを入れると、図7-9のように、エクスポートしたExcelファイルが自動的に開くので、すぐに内容を確認できます。また、セルのデータの書式は、Accessクエリの書式と同じになります（図7-8）。

図7-8　エクスポートする形式を選択する

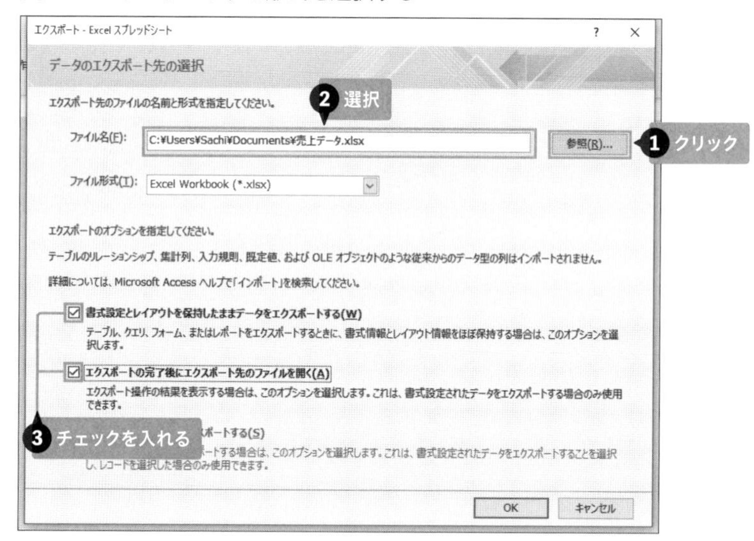

「OK」をクリックし、その後表示される「エクスポート操作の保存」画面で「閉じる」をクリックすると、エクスポートが完了します（図7-9）。

図7-9　データのエクスポートが完了した

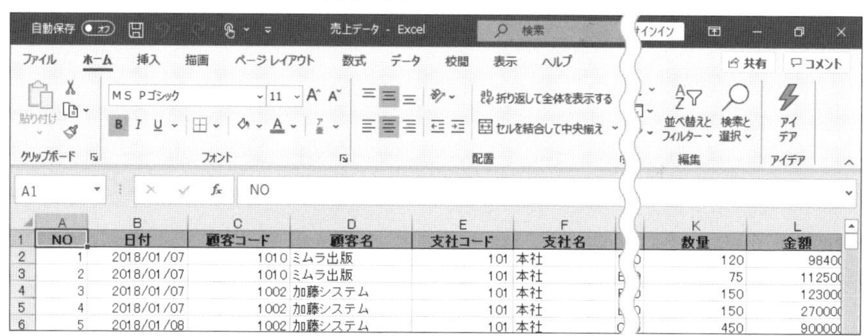

	A	B	C	D	E	F	K	L
1	NO	日付	顧客コード	顧客名	支社コード	支社名	数量	金額
2	1	2018/01/07	1010	ミムラ出版	101	本社	120	98400
3	2	2018/01/07	1010	ミムラ出版	101	本社	75	112500
4	3	2018/01/07	1002	加藤システム	101	本社	150	123000
5	4	2018/01/07	1002	加藤システム	101	本社	150	270000
6	5	2018/01/08	1002	加藤システム	101	本社	450	900000

7-2-2 Accessデータベースとリンクする

Excel側で「ファイルを開く」または「データの取得」機能を使ってAccessのテーブルやクエリを取り込むと、Accessファイルとの間にリンクが設定されます。Accessデータベースの内容が変更されたときに、Excelに取り込んだデータもそれに合わせて更新したい場合は、この方法を利用しましょう。

データベースの変更に合わせてExcelのデータを更新したい

Accessで管理している売上データをExcelで分析する際、Excelに取り込んだ後も、データベースの変更に合わせて内容を更新したい場合があります。その場合は**7-2-1**の方法ではなく、こちらの手順を使ってExcelからAccessのテーブルやクエリをインポートしましょう。

Excelを起動して「データ」タブをクリックし、「データの取得」→「データベースから」→「Microsoft Accessデータベースから」(2013では、「Accessからデータを取り込み」)の順に選択します(**図7-10**)。

図7-10 「データの取り込み」ダイアログボックスを開く

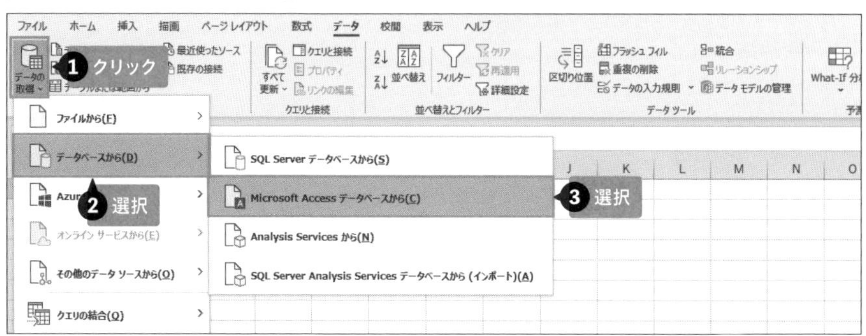

ONEPOINT

ここでは「データの取得」機能を使う方法で手順を紹介しますが、「ファイル」タブをクリックして「開く」→「参照」を選択し、「ファイルの種類」を「Accessデータベース」に変更しても、同様に操作できます。

「データの取り込み」ダイアログボックスが表示されたら、取り込み先のAccessファイルを選択します。ここでは、「ドキュメント」フォルダーの「7.2」フォルダーにある「売上管理」を選択し、「インポート」をクリックします（**図7-11**）。

図7-11　Accessファイル をインポートする

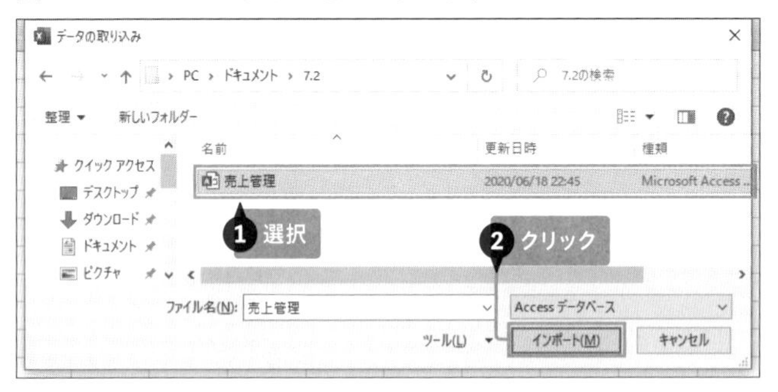

「ナビゲーター」画面が表示されたら、インポートしたいテーブルやクエリを選択します。ここではクエリ「売上データ」を選択し、「読み込み」の▼から「読み込み先」を選択します（**図7-12**）。

図7-12　「データのインポート」ダイアログボックス を開く

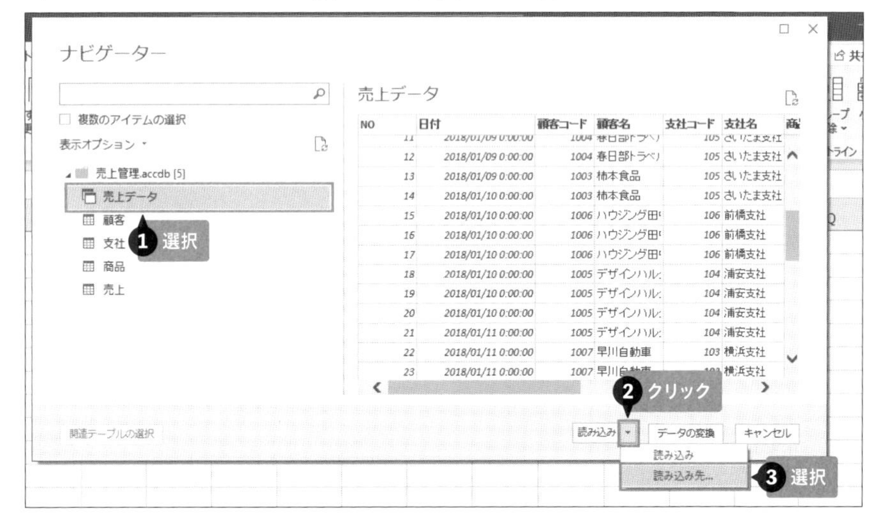

「データのインポート」ダイアログボックスが開いたら、取り込んだデータの表示方法として「テーブル」を選択します。データを返す先として「既存のワークシート」を選び、インポートされた表が表示される先頭セルとして「A1」セルを指定したら「OK」をクリックします（**図7-13**）。

図7-13　インポートの条件を選択する

クエリ「売上データ」の内容がインポートされ、現在のシートのA1セルを先頭にして取り込まれます。同時に「クエリと接続」作業ウィンドウが表示され、インポートしたテーブルやクエリの名前の下に読み込まれたレコード件数が表示されます（**図7-14**）。

「ファイル」タブから「名前を付けて保存」を選択し、インポートしたデータをExcelファイルとして保存しておきましょう。

図7-14　「売上データ」の内容がインポートされた

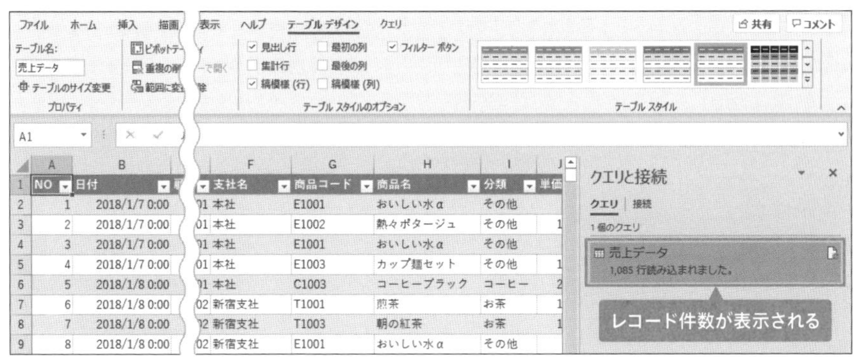

ONEPOINT

取り込まれた表は、初期設定で「テーブル」に変換されるため、テーブルの機能を使って抽出や集計を行うことができます。

参照→ **5-1-3 調査結果を「テーブル」に変換する**

COLUMN インポートしたExcelデータを更新する

インポート終了後、Excelの外部データファイルとインポート元のAccessファイルとの間にはリンクが設定されます。後日Accessデータベースが変更されると、次の手順でExcelに取り込んだ外部データにもその変更を反映できます。

Excelの外部データファイルを閉じてから、Accessファイル「売上管理」を開きます。クエリ「売上データ」を開いて1件目のレコードの数量を「200」に変更し、その後Accessファイルを閉じます（**図7-15**）。

図7-15　Accessファイルでレコードの数量を変更する

次に、Excelの外部データファイルを開きます。

外部データとの接続を無効にした状態でファイルが開くので、表示された警告バーの「コンテンツの有効化」をクリックして、リンクを有効にします。

テーブル内の任意のセルをクリックして、「データ」タブの「すべて更新」をクリックすると、Accessデータの変更が反映され、1件目の数量のセル（K2）の内容が「200」に更新されます（**図7-16**）。

図7-16　Accessデータの変更が反映された

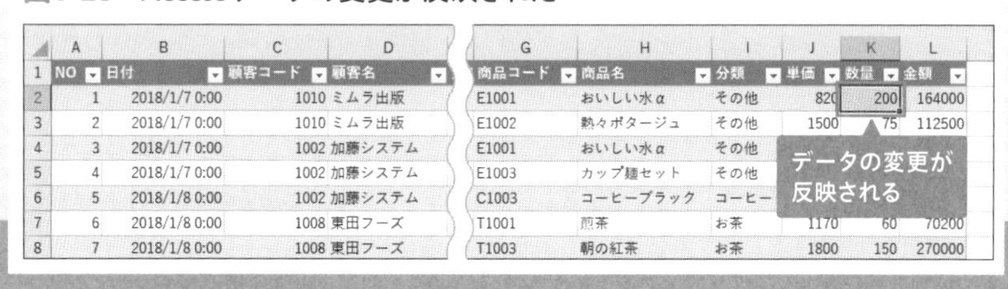

	A	B	C	D	G	H	I	J	K	L
1	NO	日付	顧客コード	顧客名	商品コード	商品名	分類	単価	数量	金額
2	1	2018/1/7 0:00	1010	ミムラ出版	E1001	おいしい水α	その他	820	200	164000
3	2	2018/1/7 0:00	1010	ミムラ出版	E1002	熱々ポタージュ	その他	1500	75	112500
4	3	2018/1/7 0:00	1002	加藤システム	E1001	おいしい水α	その他			
5	4	2018/1/7 0:00	1002	加藤システム	E1003	カップ麺セット	その他			
6	5	2018/1/8 0:00	1002	加藤システム	C1003	コーヒーブラック	コーヒー			
7	6	2018/1/8 0:00	1008	東田フーズ	T1001	煎茶	お茶	1170	60	70200
8	7	2018/1/8 0:00	1008	東田フーズ	T1003	朝の紅茶	お茶	1800	150	270000

ONEPOINT

外部データからAccessの元ファイルへのリンクを切断するには、Excel外部データの任意のセルをクリックし、「テーブルデザイン」タブの「リンク解除」をクリックします。

7-3-1 「貼り付け」と「リンク貼り付け」を使い分ける

WordやPowerPointのファイルにExcelの表やグラフをコピーする場合、「貼り付け」には、通常の「貼り付け」と「リンク貼り付け」の2種類があります。両者の違いを理解することがポイントです。

表やグラフの「貼り付け」には2種類ある

データ分析の結果は、報告書や提案書などに載せることが多いものです。Excelで作った表やグラフをWordやPowerPointのファイルでも使い回す際に知っておきたいのが貼り付け方法の違いです。

「貼り付け」には、大きく分けて「貼り付け」と「リンク貼り付け」の2種類があります。

貼り付け

あるファイルのデータをコピーして複製を作ることです。コピー元の表やグラフの内容が変更されても、貼り付けた先の表やグラフは変更されません（**図7-17**）。

図7-17 「貼り付け」とは

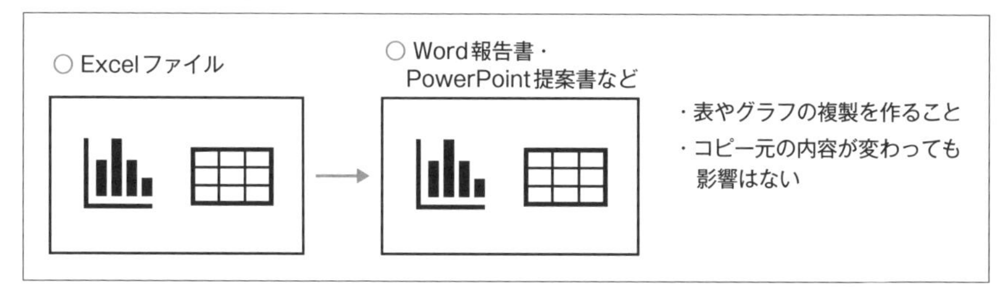

リンク貼り付け

コピー元と貼り付け先のファイルの間に、参照関係（リンク）を作ることです。コピー元の表やグラフの内容が変更されると、貼り付けた先の表やグラフもそれに合わせて更新されます。頻繁に変更される表やグラフを、資料の中でも常に最新状態で紹介したい場合に便利です。

ただし、コピー元のファイルを移動したり、ファイル名を変更したりするとリンクが切れてしまうため、ファイル管理に注意を払う必要があります(図7-18)。

図7-18　「リンク貼り付け」とは

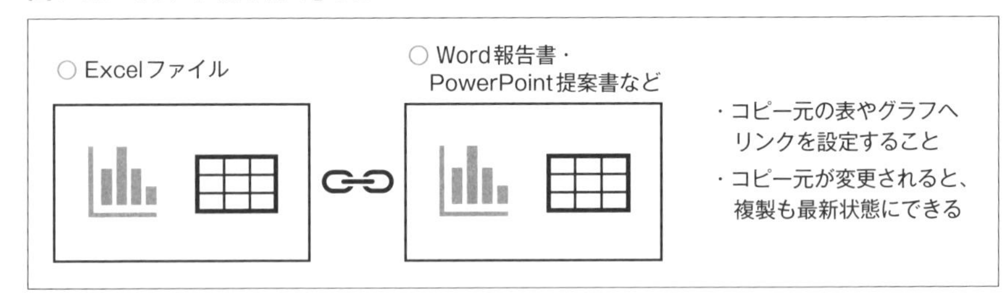

COLUMN 「図として貼り付け」で画像に変換する

WordやPowerPointに貼り付けた表やグラフは、サイズを変更すると、図7-19のように図表の中のレイアウトがおかしくなってしまうことがあります。

このようなときは、貼り付けの形式から「図」を選択すると、表やグラフが画像に変換されます。画像に変換された図表は、中身の比率を保ったまま大きさが変わるので、拡大・縮小してもレイアウトは崩れなくなります。表やグラフを縮小して資料中に配置する場合に便利です。ただし、表やグラフとして再び内容を編集することはできなくなります。

図7-19　図(画像)として貼り付ける

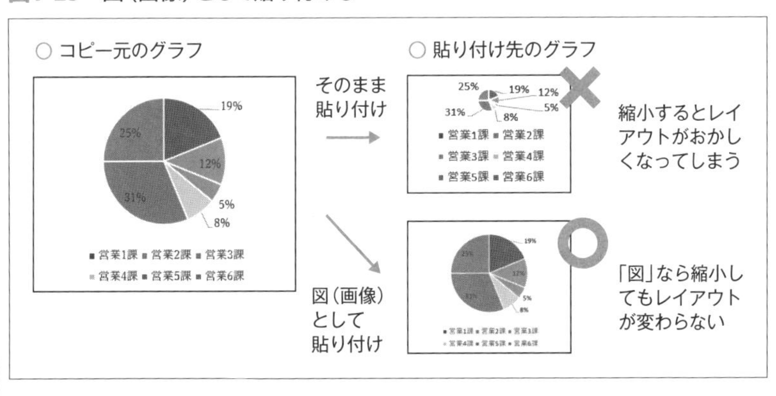

7-3-2 WordやPowerPointに表やグラフをコピーする

Excelの表やグラフをWordやPowerPointのファイルにコピーするには、Excel側で「コピー」を実行した後、WordやPowerPointのファイルで「貼り付け」を実行します。このとき、用途に合った貼り付け形式を選ぶことがポイントです。

Excelの表やグラフをWord文書にコピーしたい

ここでは、Excelファイル「売上一覧表」の表をWordファイル「報告書」にコピーします。はじめに、両方のファイルを開いておきましょう。Excelファイル「売上一覧表」のA2からE9までのセル範囲を選択し、「ホーム」タブの「コピー」をクリックします（図7-20）。

図7-20　該当するセルの範囲をコピーする

次に、Wordファイル「報告書」に画面を切り替えて、「1.第1四半期の売上」の下の行をクリックします。「ホーム」タブの「貼り付け」の▼をクリックすると、「貼り付けのオプション」が一覧表示されるのでこの中から形式を選択します（図7-21）。「貼り付け先のスタイルを使用」を選ぶと、図7-24のようになります。

図7-21　貼り付けのオプションの種類

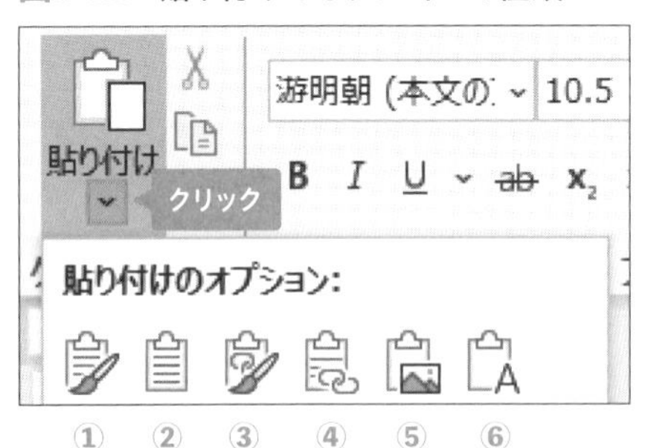

ONEPOINT
ボタンにマウスを合わせると、貼り付け後の様子が表示されるので、前もって違いを確認してからクリックすると間違いがありません。

オプション名	内容
①元の書式を保持	コピー元のExcel表の書式を保ったまま貼り付ける（初期設定）
②貼り付け先のスタイルを使用	Wordの表の書式に置き換えて貼り付ける
③リンク（元の書式を保持）	コピー元の表をリンク貼り付けし、書式は元のExcelの表に合わせる
④リンク（貼り付け先のスタイルを使用）	コピー元の表をリンク貼り付けし、書式は貼り付け先のWordの表に合わせる
⑤図	表を画像として貼り付ける
⑥テキストのみ保持	表を解除して、表内の文字データだけを貼り付ける

Excelのグラフも、表と同様の手順でWordファイルにコピーできます。

Excelファイル「売上一覧表」でグラフを選択して「ホーム」タブの「コピー」をクリックします（図7-22）。

Wordファイル「報告書」に画面を切り替えて、「2.第1四半期の売上構成比」の下の行をクリックし、「ホーム」タブの「貼り付け」の▼をクリックすると、「貼り付けのオプション」が表示されます（図7-23）。表と同様にこの中から種類を選びましょう。図7-24のようにするには、「貼り付け先のテーマを使用しブックを埋め込む」を選びます。

以上でカーソルがある位置に表やグラフが貼り付けられます（図7-24）。

図7-22　グラフをコピーする

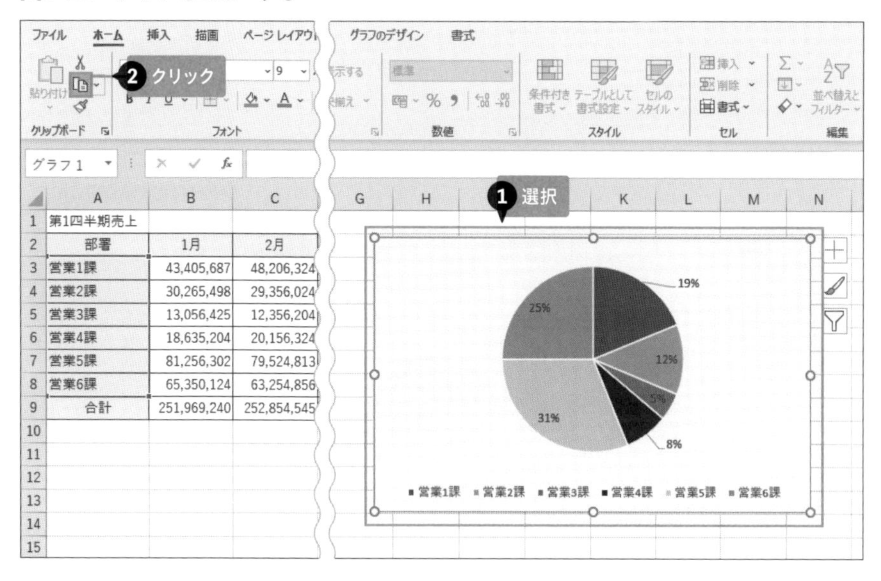

図7-23　グラフの貼り付けのオプションの種類

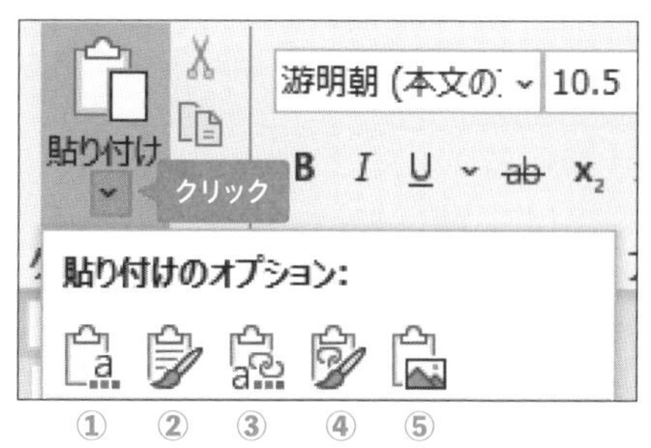

オプション名	内容
①貼り付け先のテーマを使用しブックを埋め込む	コピー先のWordの書式に置き換えてグラフを貼り付ける
②元の書式を保持しブックを埋め込む	コピー元のExcelの書式を保ったままグラフを貼り付ける
③貼り付け先テーマを使用しデータをリンク	グラフをリンク貼り付けし、書式はコピー先のWordに合わせる（初期設定）
④元の書式を保持しデータをリンク	グラフをリンク貼り付けし、書式はコピー元のExcelに合わせる
⑤図	グラフを画像として貼り付ける

図7-24　表やグラフの貼り付けが完了した

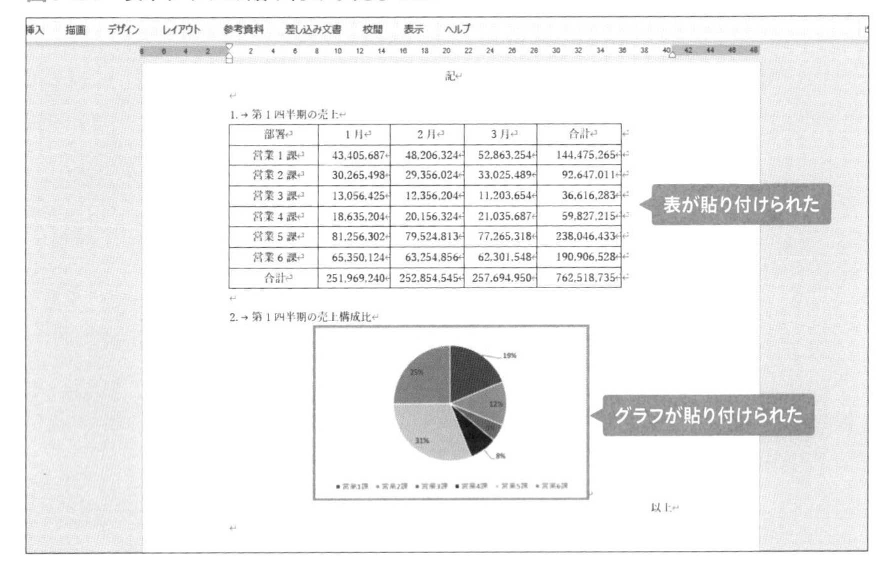
記

1. 第1四半期の売上

部署	1月	2月	3月	合計
営業1課	43,405,687	48,206,324	52,863,254	144,475,265
営業2課	30,265,498	29,356,024	33,025,489	92,647,011
営業3課	13,056,425	12,356,204	11,203,654	36,616,283
営業4課	18,635,204	20,156,324	21,035,687	59,827,215
営業5課	81,256,302	79,524,813	77,265,318	238,046,433
営業6課	65,350,124	63,254,856	62,301,548	190,906,528
合計	251,969,240	252,854,545	257,694,950	762,518,735

2. 第1四半期の売上構成比

以上

COLUMN PowerPointでも同様に貼り付けできる

PowerPointファイルでも、Wordと同様にExcelの表やグラフを流用できます。Excelの画面で表やグラフをコピーした後、PowerPointファイルを表示して、貼り付け先のスライドを選び、「ホーム」タブの「貼り付け」の▼をクリックすると、「貼り付けのオプション」が表示されます（図7-25）。Wordの場合と同じように、この中から貼り付け方法や外観を考慮した種類を選びましょう。ただし、PowerPointの場合は、表をリンク貼り付けするボタンは表示されません（本書のサンプルデータのExcelファイル「売上一覧表」の表とグラフを、PowerPointファイル「営業報告プレゼン」のスライドに貼り付けして、操作を確認できます）。

図7-25　PowerPointファイルにExcelの表やグラフを貼り付ける

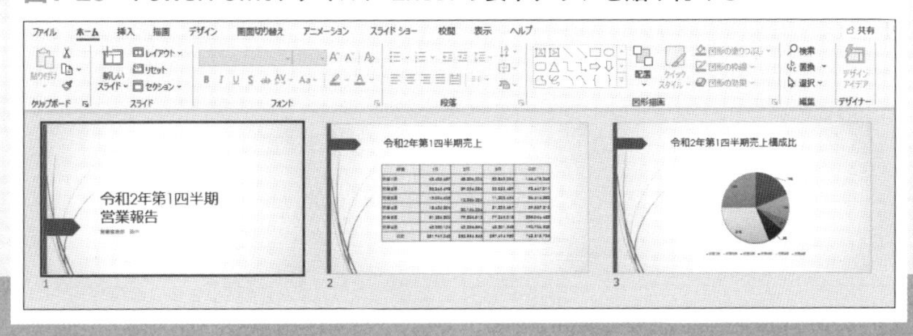

COLUMN 「リンク貼り付け」した内容を更新するには

貼り付け方法に「リンク貼り付け」を選んだ場合は、コピー元であるExcelの表やグラフの変更を、貼り付け先のWordやPowerPointファイルにも取り込むことができます。リンクを更新する操作は、対象によって次のように異なります。

Excelの表をWord文書にリンク貼り付けした場合、貼り付け先の表内で右クリックし「リンク先の更新」を選択すると、表が最新の状態になります（**図7-26**）。

図7-26　表は「リンク先の更新」で更新できる

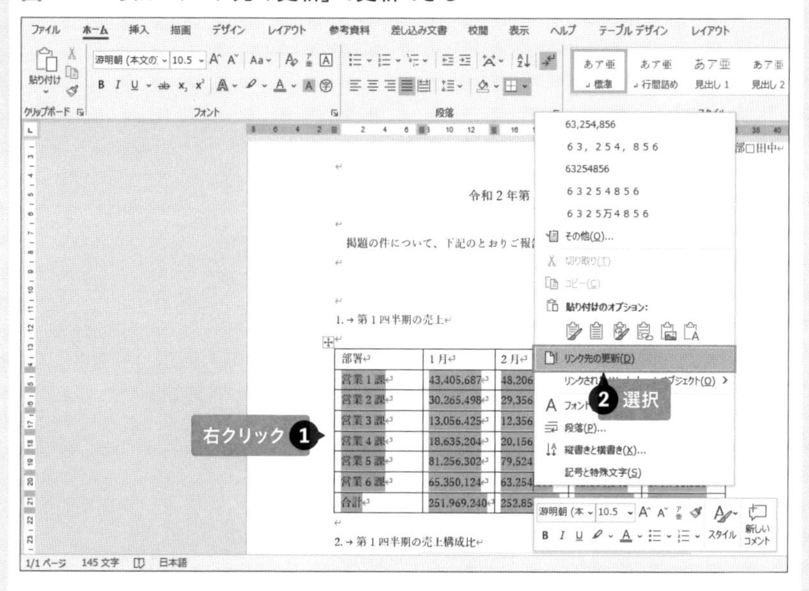

Excelのグラフを WordやPowerPointのファイルにリンク貼り付けした場合、コピー元と貼り付け先の両方のファイルが開いているときは、コピー元であるExcelを変更すると同時に、貼り付け先のWordやPowerPointのファイルも自動で最新状態になります。

ただし、貼り付け先のファイルが閉じていた場合やリンクの設定が手動の場合は、次のように操作してリンクを手動で更新する必要があります。

WordやPowerPointのファイルを開き「リンクされたデータで文書を更新しますか」というメッセージで「はい」を選択します（メッセージが表示されない場合も、次の手順にしたがってください）。それから「ファイル」タブをクリックして「情報」を選択し、「ファイルへのリンクの編集」をクリックします（**図7-27**）。

図7-27　グラフの更新には「リンク」ダイアログボックスを開く

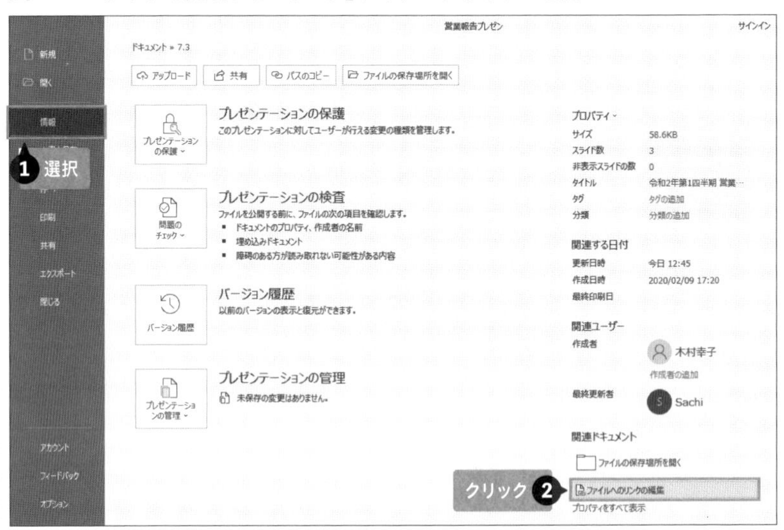

「リンク」ダイアログボックスが開き、リンク貼り付けされた内容と参照先ファイルへのパスが表示されます。対象となるパスをクリックして選択し、「今すぐ更新」をクリックすると（図7-28）、リンクが更新されてグラフが最新状態になります。

図7-28　リンクを更新する

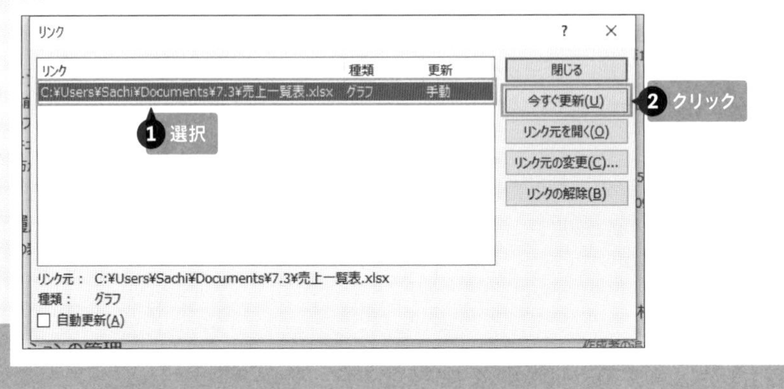

第8章 高度な統計・分析に挑戦する

8-1-1 ピボットテーブルとは

リストの内容をすばやく集計するには「ピボットテーブル」が便利です。ピボットテーブルなら、数式や関数を入力するよりもスピーディーで正確な集計表をドラッグ操作だけで作ることができます。

リストからドラッグ操作で集計表を作成

「ピボットテーブル」とは、売上一覧表などのデータをもとに数式や関数を使わずに集計表を作成できる機能のことです。

ピボットテーブルの集計表は、リスト形式の表をもとに作成します。集計表の項目見出しに表示するフィールドと集計対象となる数値データのフィールドをリストのフィールド名から割り当てることで、集計表のレイアウトを作成します（図8-1）。

参照→ 1-7-1 リストの特徴と構造を理解する

図8-1　リストをもとに集計表を作る「ピボットテーブル」

リスト

	A	B	C	D	E	F	G	H	I	J
1	NO	日付	顧客名	支社名	商品コード	商品名	分類	単価	数量	金額
2	1	2019/1/7	ミムラ出版	本社	E1001	おいしい水α	その他	820	120	98,400
3	2	2019/1/7	ミムラ出版	本社	E1002	熱々ポタージュ	その他	1,500	75	112,500
4	3	2019/1/7	加藤システム	本社	E1001	おいしい水α	その他	820	150	123,000
5	4	2019/1/7	加藤システム	本社	E1003	カップ麺セット	その他	1,800	150	270,000
6	5	2019/1/8	加藤システム	本社	C1003	コーヒーブラック	コーヒー	2,000	450	900,000
7	6	2019/1/8	東田フーズ	新宿支社	T1001	煎茶	お茶	1,170	60	70,200
8	7	2019/1/8	東田フーズ	新宿支社	T1003	朝の紅茶	お茶	1,800	150	270,000
9	8	2019/1/8	安藤不動産	新宿支社	E1001	おいしい水α	その他	820	90	73,800

ピボットテーブル

合計 / 金額	列ラベル						
行ラベル	さいたま支社	浦安支社	横浜支社	新宿支社	前橋支社	本社	総計
アロマコーヒー	40,473,750	9,460,000			806,250		50,740,000
おいしい水α	4,403,400	6,088,500	7,466,100	4,526,400		11,635,800	34,120,200
カップ麺セット		81,000	4,239,000	7,722,000		13,662,000	25,704,000
コーヒーブラック		8,500,000			750,000	56,250,000	65,500,000
すこやか麦茶			6,628,500	54,000			6,682,500
ミルクココア	4,231,500			702,000			4,933,500
煎茶			8,757,450	4,124,250	6,230,250		19,111,950
朝の紅茶			16,173,000	13,878,000	54,000		30,105,000
熱々ポタージュ	67,500	6,795,000				6,772,500	13,635,000
魅惑のカフェラテ	29,962,500		3,553,000	510,000			34,025,500
総計	79,138,650	30,924,500	46,817,050	31,516,650	7,840,500	88,320,300	284,557,650

基本的なピボットテーブルは、**「行ラベル」**、**「列ラベル」**、**「値」**の3つの領域で構成されます。「行ラベル」とは、**表の左側に並ぶ縦軸の項目見出し**のことで、「列ラベル」は、**表の上部に並んだ横軸の項目見出し**を指します。また、「値」とは、**右下の集計結果が表示される領域**のことです。

図8-2では、行ラベルに「商品名」フィールドのデータが、列ラベルに「支社名」フィールドのデータが、「値」には「金額」フィールドの数値を合計した結果がそれぞれ表示されています。

図8-2　ピボットテーブルの構造と設定用の作業ウィンドウ

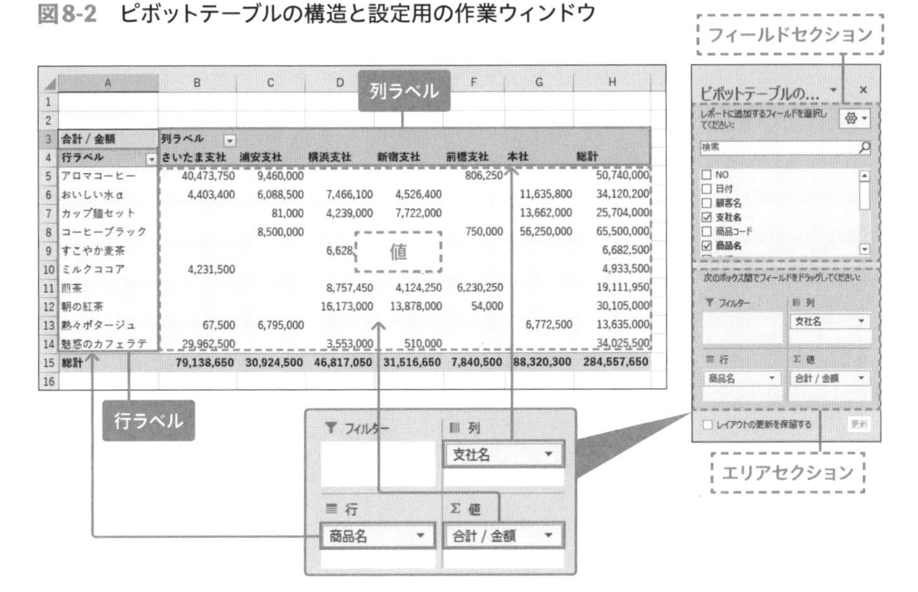

合計 / 金額	列ラベル						
行ラベル	さいたま支社	浦安支社	横浜支社	新宿支社	前橋支社	本社	総計
アロマコーヒー	40,473,750	9,460,000			806,250		50,740,000
おいしい水α	4,403,400	6,088,500	7,466,100	4,526,400		11,635,800	34,120,200
カップ麺セット		81,000	4,239,000	7,722,000		13,662,000	25,704,000
コーヒーブラック		8,500,000			750,000	56,250,000	65,500,000
すこやか麦茶			6,628				6,682,500
ミルクココア	4,231,500						4,933,500
煎茶			8,757,450	4,124,250	6,230,250		19,111,950
朝の紅茶			16,173,000	13,878,000	54,000		30,105,000
熱々ポタージュ	67,500	6,795,000				6,772,500	13,635,000
魅惑のカフェラテ	29,962,500		3,553,000	510,000			34,025,500
総計	79,138,650	30,924,500	46,817,050	31,516,650	7,840,500	88,320,300	284,557,650

ピボットテーブルを作成すると、画面右側に「ピボットテーブルのフィールド」作業ウィンドウが表示されます。この作業ウィンドウでピボットテーブルの設定を行います。上部の「フィールドセクション」には、リストのフィールド名が表示され、下部のエリアセクションでは、フィールドをどの領域に表示するのかを指定します。

CAUTION

本書では「レポートフィルター」の利用方法については割愛します。ピボットテーブルについて詳しく学びたい方は、『Excelピボットテーブル　データ集計・分析の「引き出し」が増える本』（小社刊）をご覧ください。

8-1-2 ピボットテーブルで集計する

ピボットテーブルを作成するには、まずもとになるリストを選び、ピボットテーブルの作成場所を指定します。次に、行・列の見出しにするフィールドや集計したい数値データのフィールドを選びます。

ピボットテーブルで集計表を作成する

ここでは、過去2年分の売上データが入力されたリストをもとに、縦軸の見出しに「商品名」を、横軸の見出しに「支社名」を配置して、「金額」を合計するピボットテーブルを作成します。

リスト内の任意のセルを選択し、「挿入」タブの「ピボットテーブル」をクリックします（**図8-3**）。

図8-3 「ピボットテーブルの作成」ダイアログボックスを開く

「ピボットテーブルの作成」ダイアログボックスが開き、リストの周囲が点滅する枠で囲まれます。Excelはリストの範囲を自動で認識するため、ここで囲まれたセル範囲が「テーブル/範囲」の欄に自動的に表示されます。

ピボットテーブルの配置先には、初期設定で「新規ワークシート」が選択されるので、そのまま「OK」をクリックします（**図8-4**）。

参照→ **1-7-2** 計算・分析ミスをまねく「NG」を覚えておく

ONEPOINT

ピボットテーブルの配置先を「新規ワークシート」にしておくと、リストとは別のシートにピボットテーブルが作成されるので、リストにレコードを追加したり、ピボットテーブルのレイアウトを変更したりする操作がしやすくなります。

図8-4　新規ワークシートにピボットテーブルを作成する

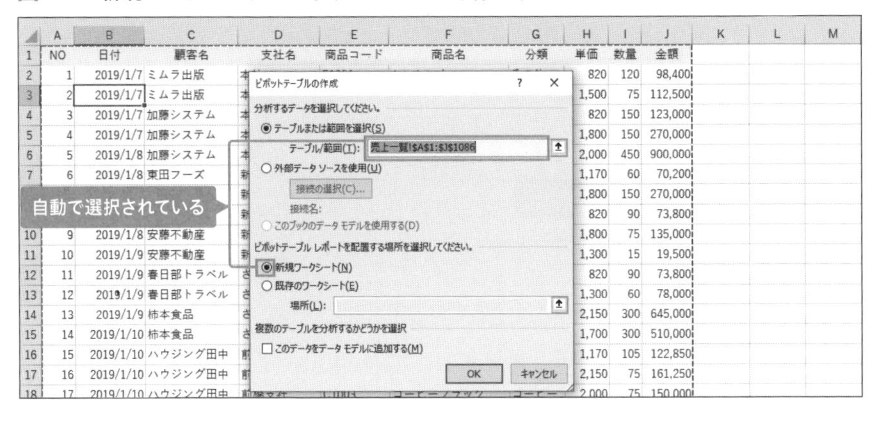

新規シートが追加され、シートの右には「ピボットテーブルのフィールド」作業ウィンドウが表示されます。

続けて集計表のレイアウトを設定します。フィールドセクションにある「商品名」をエリアセクションの「行」ボックスまでドラッグします（**図8-5**）。

図8-5　「商品名」を「行」ボックスに追加する

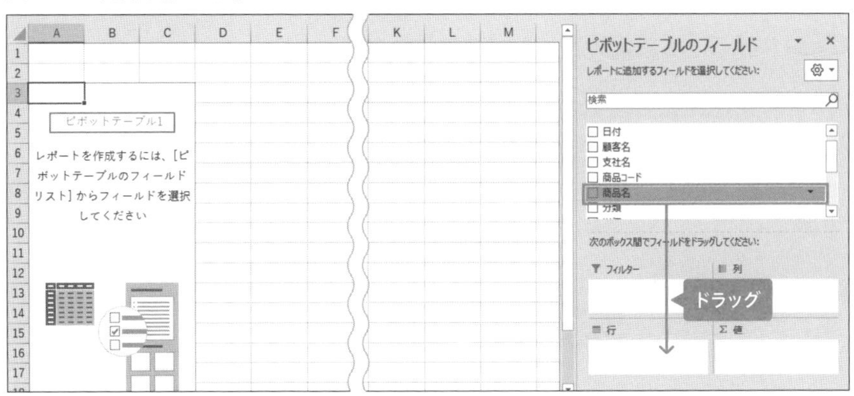

「行」ボックスに「商品名」が追加され、行ラベル（シートのA列）に商品名が表示されます。まずは、これらの商品ごとに売上金額の合計を求めましょう。フィールドセクションの「金額」をエリアセクションの「値」ボックスまでドラッグします（**図8-6**）。

図8-6　「金額」を「値」ボックスに追加する

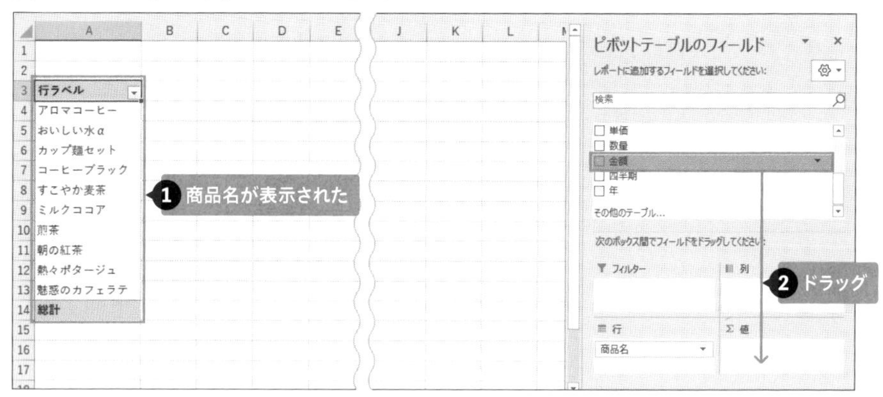

「値」ボックスに「金額」が追加され、シートのB列には、行ラベルの商品名に対応する売上金額の合計が自動で表示されます。このようにピボットテーブルを使うと、単純集計表をスピーディーに作れます。

続けて、横軸の見出しを「列ラベル」に追加してみましょう。フィールドセクションの「支社名」をエリアセクションの「列」ボックスにドラッグします（**図8-7**）。

参照→ **1-6-1**「単純集計表」と「クロス集計表」

図8-7　「支社名」を「列」ボックスに追加する

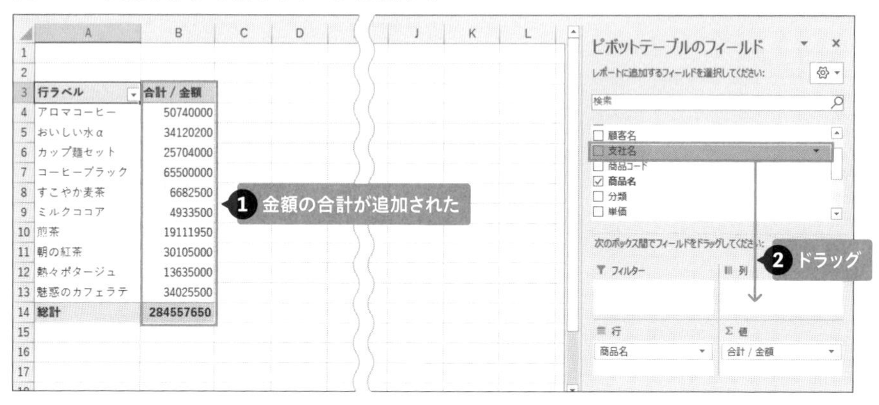

「列」ボックスに「支社名」が追加され、列ラベル（シートのB3からH4まで）に支社名の一覧が表示されます。これで集計表のレイアウトが縦軸と

横軸の両方に見出しを持つクロス集計表に変わり、集計結果も連動して変更されます（**図8-8**）。

図8-8　クロス集計表が完成した

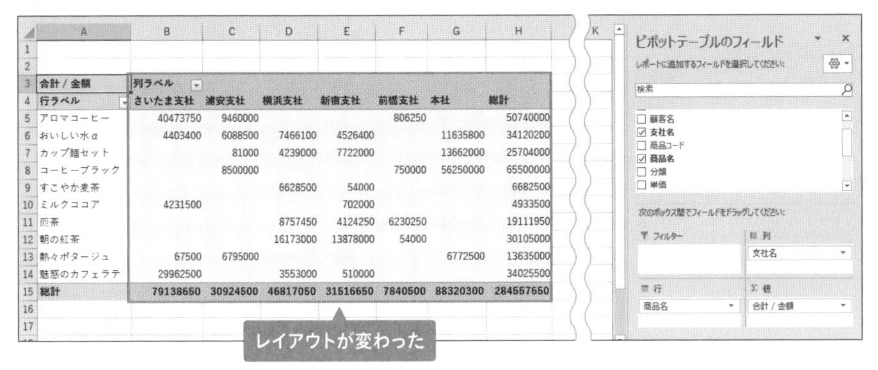

合計 / 金額	列ラベル						
行ラベル	さいたま支社	浦安支社	横浜支社	新宿支社	前橋支社	本社	総計
アロマコーヒー	40473750	9460000			806250		50740000
おいしい水α	4403400	6088500	7466100	4526400		11635800	34120200
カップ麺セット		81000	4239000	7722000		13662000	25704000
コーヒーブラック		8500000			750000	56250000	65500000
すこやか麦茶			6628500	54000			6682500
ミルクココア	4231500			702000			4933500
煎茶			8757450	4124250	6230250		19111950
朝の紅茶			16173000	13878000	54000		30105000
熱々ポタージュ	67500	6795000				6772500	13635000
魅惑のカフェラテ	29962500		3553000	510000			34025500
総計	79138650	30924500	46817050	31516650	7840500	88320300	284557650

ONEPOINT

フィールドを間違えて配置してしまった場合は、フィールド名のボタンをボックスの外にドラッグすると削除できます。

COLUMN　ピボットテーブルの更新方法

リストの内容が変更された場合、ピボットテーブルの集計結果は自動では更新されないので注意が必要です。集計結果を最新状態にするには、次の手順で操作します。

リスト内の既存のセルを変更した場合

ピボットテーブル内のセルで右クリックし、ショートカットメニューから「更新」をクリックします。

リストにレコードを追加した場合

もとになる表の範囲を変更する必要があるため、「ピボットテーブル分析」タブ（Excel 2019では「ピボットテーブルツール」の「分析」タブ）の「データソースの変更」をクリックし、表示される「ピボットテーブルのデータソースの変更」ダイアログボックスで、「テーブル / 範囲」のセル範囲を修正して「OK」をクリックします。

COLUMN 「合計」以外の集計を求める

ピボットテーブル作成時、「値」ボックスに「金額」のような数値のフィールドを追加すると、自動的に合計が求められます。「平均」など他の集計を表示させたい場合は、次の手順で集計方法を変更しましょう。

ピボットテーブルの集計値のいずれかのセルで右クリックし、「値フィールドの設定」を選択すると、「値フィールドの設定」ダイアログボックスが表示されます。「集計方法」タブで一覧から「平均」などの集計方法を選択し、「OK」をクリックします（図8-9）。集計結果を整数で見やすく表示するには、ピボットテーブルの数値部分をドラッグして選択し、「ホーム」タブの「桁区切りスタイル」をクリックします（図8-10）。

図8-9　集計方法を選択する

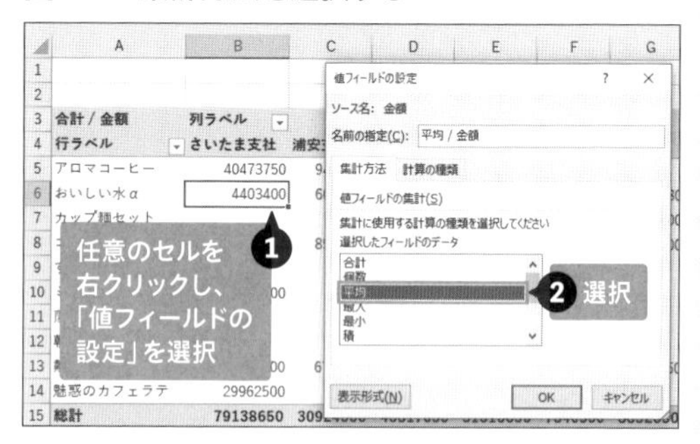

図8-10　集計値を表示する

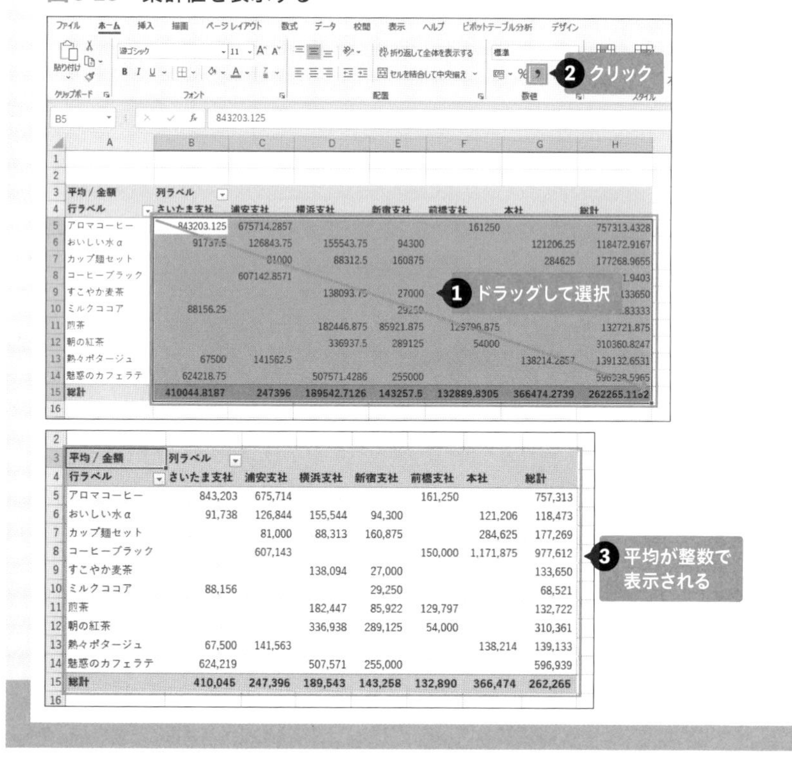

平均 / 金額	列ラベル						
行ラベル	さいたま支社	浦安支社	横浜支社	新宿支社	前橋支社	本社	総計
アロマコーヒー	843,203	675,714			161,250		757,313
おいしい水α	91,738	126,844	155,544	94,300		121,206	118,473
カップ麺セット		81,000	88,313	160,875		284,625	177,269
コーヒーブラック		607,143			150,000	1,171,875	977,612
すこやか麦茶			138,094	27,000			133,650
ミルクココア	88,156			29,250			68,521
煎茶			182,447	85,922	129,797		132,722
朝の紅茶			336,938	289,125	54,000		310,361
熱々ポタージュ	67,500	141,563				138,214	139,133
魅惑のカフェラテ	624,219		507,571	255,000			596,939
総計	410,045	247,396	189,543	143,258	132,890	366,474	262,266

8-1-3 ダイス分析で集計の軸を変更する

ピボットテーブルでは、ドラッグ操作を繰り返すだけで縦軸や横軸に表示するフィールドを変更できます。このように集計の軸の内容を変えて傾向を探る分析の手法を「ダイス分析」といいます。

レイアウトを変更して様々な角度から分析する

「ダイス」とはサイコロの意味です。**「ダイス分析」**は、このサイコロの面を変えるように、**分析に使う軸の内容を変化させる手法**のことです。ピボットテーブルで作成したクロス集計表では、縦軸や横軸に配置するフィールドを自由に変更して、ダイス分析を実践できます。

現在のピボットテーブルの行ラベル（縦軸）には、「商品名」フィールドが配置されています。現状ではバラバラに並んでいる商品を分類ごとにまとめて集計するには、行ラベルに「分類」フィールドを追加して、縦軸の見出しを階層構造にしましょう。

ピボットテーブルの任意のセルをクリックし、フィールドセクションの「分類」をエリアセクションの「行」ボックスにある「商品名」の上までドラッグします（**図8-11**）。

図8-11 「分類」を「行」ボックスに追加する

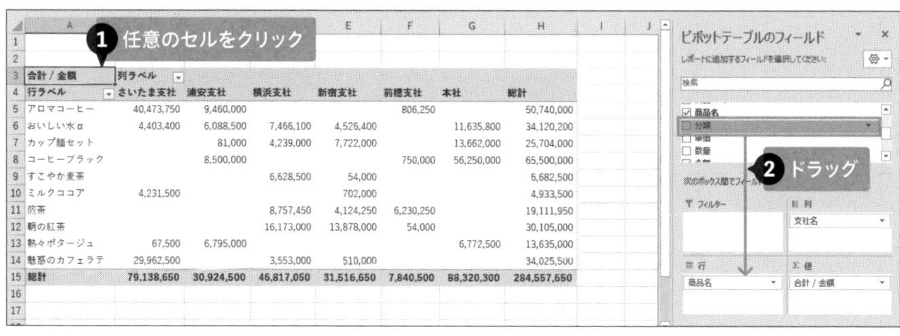

合計 / 金額	列ラベル						
行ラベル	さいたま支社	浦安支社	横浜支社	新宿支社	前橋支社	本社	総計
アロマコーヒー	40,473,750	9,460,000			806,250		50,740,000
おいしい水α	4,403,400	6,088,500	7,466,100	4,526,400		11,635,800	34,120,200
カップ麺セット		81,000	4,239,000	7,722,000		13,662,000	25,704,000
コーヒーブラック		8,500,000			750,000	56,250,000	65,500,000
すこやか麦茶			6,628,500	54,000			6,682,500
ミルクココア	4,231,500			702,000			4,933,500
煎茶			8,757,450	4,124,250	6,230,250		19,111,950
朝の紅茶			16,173,000	13,878,000	54,000		30,105,000
熱々ポタージュ	67,500	6,795,000				6,772,500	13,635,000
魅惑のカフェラテ	29,962,500		3,553,000	510,000			34,025,500
総計	79,138,650	30,924,500	46,817,050	31,516,650	7,840,500	88,320,300	284,557,650

「行」ボックスの「商品名」ボタンの上に「分類」フィールドのボタンが追加されます。このボタンの上下の位置がそのまま見出しの親子の関係になります。シートの行ラベルでは、「お茶」、「コーヒー」、「その他」という分類名の下に商品名が表示されます。

今度は、横軸の見出しを「支社名」から「年」に変更して、売上額を年単位で確認しましょう。「列」ボックスの「支社名」をボックスの外にドラッグします（**図8-12**）。

図8-12　「支社名」を「列」ボックスの外にドラッグする

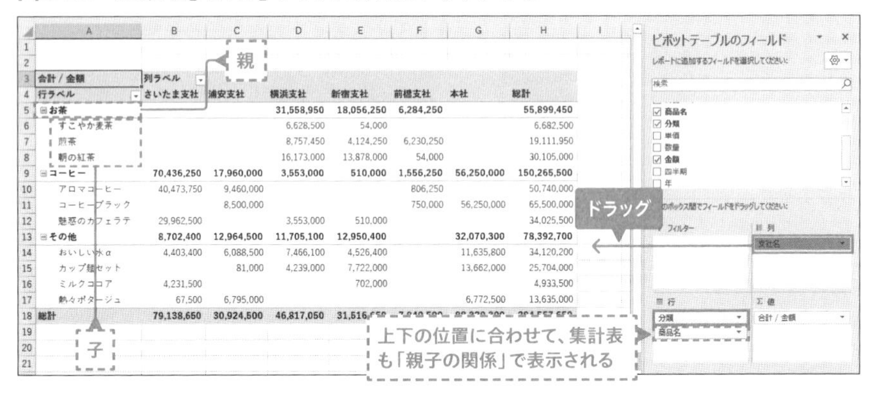

「列」ボックスから「支社名」がなくなり、ピボットテーブルからも「支社名」フィールドが削除されます。続けて、フィールドセクションの「日付」を「列」ボックスまでドラッグします（**図8-13**）。

図8-13　「日付」を「列」ボックスに追加する

「日付」がピボットテーブルの横軸に追加され、列ラベルに「2019年」、「2020年」という2つの年が表示されます（**図8-14**）。集計された売上金額を見ると、「コーヒー」の売上は2019年から2020年に下がっているものの、「お茶」と「その他」は上がっていることがわかります。

図8-14　ピボットテーブルに「日付」が追加された

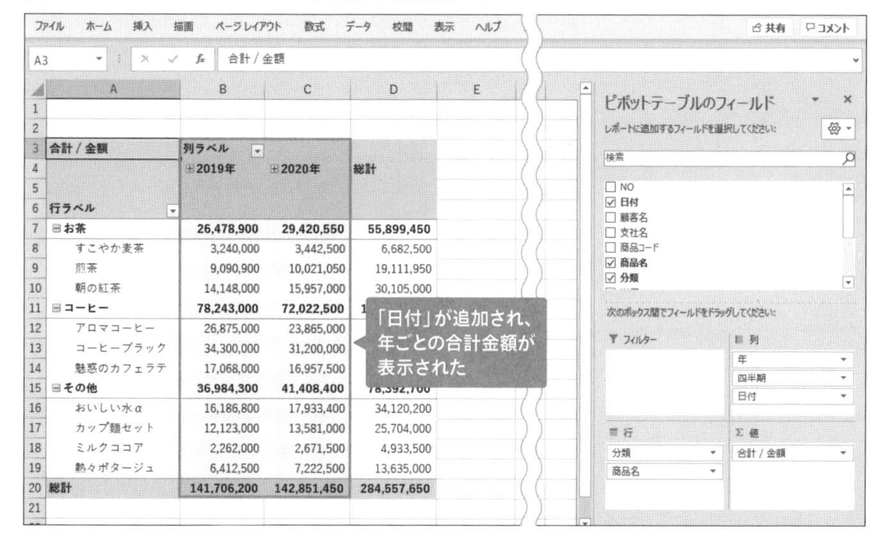

合計 / 金額	列ラベル		
	2019年	2020年	総計
行ラベル			
お茶	26,478,900	29,420,550	55,899,450
すこやか麦茶	3,240,000	3,442,500	6,682,500
煎茶	9,090,900	10,021,050	19,111,950
朝の紅茶	14,148,000	15,957,000	30,105,000
コーヒー	78,243,000	72,022,500	[illegible]
アロマコーヒー	26,875,000	23,865,000	[illegible]
コーヒーブラック	34,300,000	31,200,000	[illegible]
魅惑のカフェラテ	17,068,000	16,957,500	[illegible]
その他	36,984,300	41,408,400	[illegible]
おいしい水α	16,186,800	17,933,400	34,120,200
カップ麺セット	12,123,000	13,581,000	25,704,000
ミルクココア	2,262,000	2,671,500	4,933,500
熱々ポタージュ	6,412,500	7,222,500	13,635,000
総計	141,706,200	142,851,450	284,557,650

ONEPOINT

行ラベルや列ラベルに日付データのフィールドを追加すると、自動的に「年」、「四半期」、「月」の3つの階層でグループ化され、ピボットテーブルには「年」だけが表示されます。ただし、Excel 2013では、日付のグループ化は行われず、個別の日付がそのまま見出しに並んで表示されます（次のCOLUMN参照）。

COLUMN　日付を手動でグループ化する

個別の日付が並んで表示された場合に、「年」、「四半期」、「月」でグループ化して**図8-14**のように表示するには、ピボットテーブル内の日付データの任意のセルを選択し、「ピボットテーブル分析」タブの「グループの選択」をクリックします。「グループ化」ダイアログボックスが開いたら、「単位」の一覧から「年」、「四半期」、「月」の3つをクリックして選択し、「OK」をクリックします。

8-1-4 スライス分析で特定の商品や顧客を抽出する

顧客名や商品名などを指定して集計結果の一部を抽出する手法のことを「スライス分析」といいます。ピボットテーブルには「スライサー」という抽出機能が用意されており、これを使うと手軽にスライス分析を行えます。

特定の対象の集計値だけを抽出したい

「スライス分析」とは、その名前のとおり**データの一面を薄く切るように抽出するデータ分析の手法**です。集計表から特定商品の集計値だけを抜き出して調べたいといった場合に利用します。

現在の集計表から、**「スライサー」**を使って特定顧客の売上を抽出しましょう。

最初に、「顧客名」フィールドのスライサーをシートに表示します。ピボットテーブル内の任意のセルを選択し、「ピボットテーブル分析」タブ（Excel 2019では「ピボットテーブルツール」の「分析」タブ）の「スライサーの挿入」をクリックします。「スライサーの挿入」ダイアログボックスが表示されたら、「顧客名」にチェックを入れて、「OK」をクリックします（**図8-15**）。

図8-15 「顧客名」フィールドのスライサーを表示する

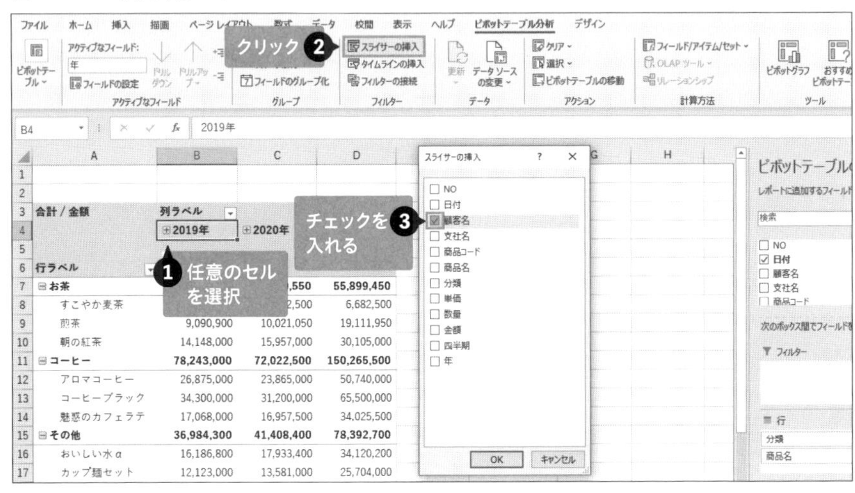

「顧客名」フィールドのスライサーがシートに表示されます。スライサーは、カードのような形の抽出ツールで、フィールドの項目がボタンのように並びます。スライサー下の境界線中央にある○の部分をドラッグして、すべての顧客名が表示されるようにサイズを広げておくと、この後の抽出の操作がスムーズになります。

ボタンの色が濃い項目がピボットテーブルでの集計対象になります。スライサーを挿入した直後は、まだ抽出が行われていないので、すべてのボタンが濃い色で表示されます（**図8-16**）。

図8-16　「顧客名」のスライサーが表示される

	A	B	C	D
1				
2				
3	**合計 / 金額**	**列ラベル**		
4		**⊞2019年**	**⊞2020年**	**総計**
5				
6	**行ラベル**			
7	**⊟お茶**	**26,478,900**	**29,420,550**	**55,899,450**
8	すこやか麦茶	3,240,000	3,442,500	6,682,500
9	煎茶	9,090,900	10,021,050	19,111,950
10	朝の紅茶	14,148,000	15,957,000	30,105,000
11	**⊟コーヒー**	**78,243,000**	**72,022,500**	**150,265,500**
12	アロマコーヒー	26,875,000	23,865,000	50,740,000
13	コーヒーブラック	34,300,000	31,200,000	65,500,000
14	魅惑のカフェラテ	17,068,000	16,957,500	34,025,500
15	**⊟その他**	**36,984,300**	**41,408,400**	**78,392,700**
16	おいしい水α	16,186,800	17,933,400	34,120,200
17	カップ麺セット	12,123,000	13,581,000	25,704,000
18	ミルクココア	2,262,000	2,671,500	4,933,500
19	熱々ポタージュ	6,412,500	7,222,500	13,635,000
20	**総計**	**141,706,200**	**142,851,450**	**284,557,650**
21				

顧客名
- デザインハルタ
- ハウジング田中
- マツダ飲料販売
- ミムラ出版
- 安藤不動産
- 加藤システム
- 柿本食品
- 春日部トラベル
- 早川自動車
- 東田フーズ

まだ抽出が行われていない

ためしに「ハウジング田中」のボタンを選択すると、「ハウジング田中」だけが濃い色になり、「『顧客名』フィールドが『ハウジング田中』である」という条件で抽出が実行されます（**図8-17**）。これで、ピボットテーブルの表示内容は「ハウジング田中」の売上データだけを対象にした集計結果に変わります。

図8-17　顧客名「ハウジング田中」で抽出できた

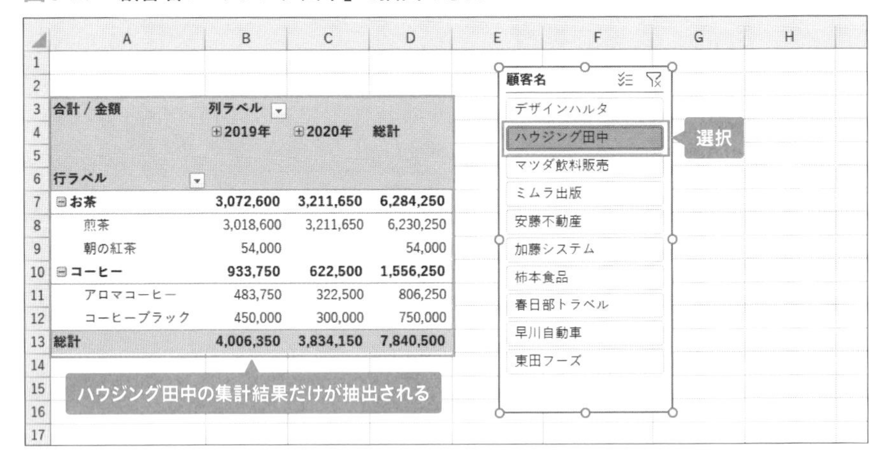

ONEPOINT

スライサーでは、[Ctrl] キーを押しながらクリックすると、2つ目以降の項目を追加で選択できます。「ハウジング田中」と「加藤システム」のように、複数の項目でピボットテーブルの集計内容を抽出するには、「ハウジング田中」をクリックした後、[Ctrl] キーを押したまま「加藤システム」のボタンをクリックします。

ONEPOINT

スライサーの抽出を解除するには、スライサー右上の「フィルターのクリア」ボタンをクリックします。また、スライサー自体をシートから削除するには、スライサーをクリックして選択し、[Delete] キーを押します。

8-2-1 ゴールシークで計算結果から欲しい数値を逆算する

Excelでは、数値をセルに入力しておけば、セル参照を利用して、数式で計算結果を求められます。「ゴールシーク」とは、このセル参照をもとに計算結果から欲しい数値を逆算する機能です。指定した利益を出すために必要になる商品の製造数を知りたい場合などに役立ちます。

計算の結果から数値を逆算したい

「ゴールシーク」とは、計算結果を指定して、その計算に使われる数値を逆算して求める機能です。

図8-18では「焼き菓子」の売上予測を立てています。販売数量、売上金額、製造原価、粗利益などのセルにはそれぞれ数式が入力されており、販売価格や製造数量などをセルに入力すると、それらのセルを参照して売上金額や粗利益が求められます。

図8-18 ゴールシークを使った売上予測

	A	B	C	D
1	○売上予測シミュレーション			
2		単位	焼き菓子	
3	販売価格	円	250	
4	製造数量	個	100	
5	廃棄率	%	5%	
6	廃棄数量	個	5	
7	販売数量	個	95	
8	売上金額	円	23,750	
9	原価率	%	25%	
10	製造原価	円	6,250	
11	粗利益	円	17,500	
12				

ここが「20,000」になるときの、C4セルの数値を逆算する

ゴールシークを使って、この表から1日の粗利益（C11セル）が2万円になるときの製造数量（C4セル）を求めてみましょう。

ゴールシークを設定する

ゴールシークを利用するには、「データ」タブの「What-If分析」から「ゴールシーク」を選択します（図8-19）。

図8-19 「ゴールシーク」ダイアログボックスを開く

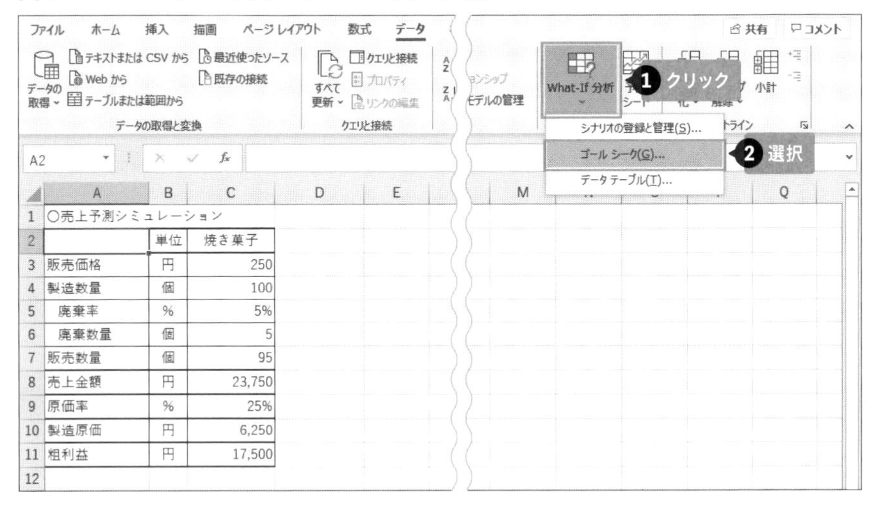

「ゴールシーク」ダイアログボックスが開きます。「数式入力セル」に粗利益を求める数式が入力されたC11セルをクリックして選択し、「目標値」に「20000」と入力します。「変化させるセル」には、逆算したい数値が入力されたセルを指定します。ここでは製造数量を求めたいのでC4セルをクリックして選択し、「OK」をクリックします（図8-20）。

図8-20 ゴールシークの項目を設定する

C4 ○売上予測シミュレーション

	A	B	C
1	○売上予測シミュレーション		
2		単位	焼き菓子
3	販売価格	円	250
4	製造数量	個	100
5	廃棄率	%	5%
6	廃棄数量	個	5
7	販売数量	個	95
8	売上金額	円	23,750
9	原価率	%	25%
10	製造原価	円	6,250
11	粗利益	円	17,500
12			

ゴール シーク
数式入力セル(E): $C$11 ← 1 セルを選択
目標値(V): 20000 ← 2 入力
変化させるセル(C): $C$4 ← 3 セルを選択
OK キャンセル

ゴールシークが実行され、シミュレーションされた結果が表示されます。C11セルが「20,000」に変わり、C4セルには「114.282…」と表示されることから、粗利益を2万円にするには115個の商品を製造する必要があることがわかります(**図8-21**)。

図8-21　シミュレーション結果が表示される

	A	B	C
1	○売上予測シミュレーション		
2		単位	焼き菓子
3	販売価格	円	250
4	製造数量	個	114.2821053
5	廃棄率	%	5%
6	廃棄数量	個	5.714105263
7	販売数量	個	108.568
8	売上金額	円	27,142
9	原価率	%	25%
10	製造原価	円	7,142
11	粗利益	円	20,000
12			
13			

製造数量が逆算される

ゴール シーク

セル C11 の収束値を探索しています。
解答が見つかりました。
目標値: 20000
現在値: 20,000

ステップ(S)
一時停止(P)
OK
キャンセル

値が変更された

ONEPOINT

「OK」をクリックして「ゴールシーク」ダイアログボックスを閉じると、シミュレーションの結果でセルが上書きされます。シミュレーションの結果を表に残さずにダイアログボックスを閉じたい場合は、「キャンセル」をクリックしましょう。

CAUTION

「ゴールシーク」ダイアログボックスの「変化させるセル」には、数式が入力されたセルは指定できません。数値が入力されたセルを指定しましょう。

8-2-2 ソルバーで複数商品の製造数を個別に求める

ゴールシークでは、数式の結果から逆算できる数値は1つだけです。逆算したい値が複数あるときには、「ソルバー」を利用しましょう。ソルバーは、「目標となる利益額を達成するためには、『A』、『B』の2種類の商品をそれぞれ何個ずつ製造すればよいかを求めたい」といった用途で使われます。

ソルバーで複数の商品の個数を求めたい

図8-22の表では、「焼き菓子」と「生ケーキ」の2種類の商品の売上予測を立てています。この表をもとに、粗利益の合計（E11セル）ができるだけ大きくなるように、2つの商品の製造数量（C4、D4セル）を求めてみましょう。

このように、複数の数値を逆算したい場合にゴールシークは利用できません。代わりに利用するのが「ソルバー」です。ゴールシークと同様に「ソルバー」は、目標となる計算結果を得るための数値を逆算する機能ですが、2つ以上の数値を一度に求められる点がゴールシークと異なります。

参照→ 8-2-1 ゴールシークで計算結果から欲しい数値を逆算する

図8-22 複数セルの値を逆算するにはソルバーを使う

	A	B	C	D	E	F	G	H	I
1	○売上予測シミュレーション								
2		単位	焼き菓子	生ケーキ	合計				
3	販売価格	円/個	250	450	−				
4	製造数量	個	100	70	−				
5	廃棄率	%	5%	30%	−				
6	廃棄数量	個	5	21	−				
7	販売数量	個	95	49	−				
8	売上金額	円	23,750	22,050	45,800				
9	原価率	%	25%	35%	−				
10	製造原価	円	6,250	11,025	17,275				
11	粗利益	円	17,500	11,025	28,525				
12									

粗利益が最大になるときの
2商品の製造数量を求めたい

ソルバーには制約条件が必要

ソルバーで求められる数値の組み合わせは何通りも存在します。その中から、最適な解を求めるには、**「制約条件」**を指定して、返される数値の組み合わせを絞り込む必要があります。

図8-22の例では、E11セルの粗利益合計ができるだけ大きくなるような製造数量の組み合わせは無限にあるため、次の4つの制約条件を設定して、求められる数値を現実的なものに限定します。

制約条件

1. 「製造数量」は個数なので、焼き菓子、生ケーキともに整数で求める(C4、D4セル)。
2. 「廃棄数量」は、焼き菓子が12個以下、生ケーキが25個以下とする(C6、D6セル)。
3. 「販売数量」は、焼き菓子が200個以上、生ケーキが50個以上とする(C7、D7セル)。
4. 「製造原価」は、焼き菓子と生ケーキを合計して3万円以下とする(E10セル)。

アドインを追加する

ソルバー機能を利用するには、事前に「ソルバーアドイン」をExcelに追加しておく必要があります。**5-4-3**を参考に、次の手順でアドインを追加しましょう。

「ファイル」タブをクリックし(Excel 2019では「その他」をクリック後)、「オプション」を選択して「Excelのオプション」ダイアログボックスが開いたら、「アドイン」を選択し、「設定」をクリックします。

続けて表示される「アドイン」ダイアログボックスで「ソルバーアドイン」にチェックを入れて「OK」をクリックすると、「データ」タブに「ソルバー」ボタンが表示されます(**図8-23**)。

図8-23 ソルバーアドインを追加する

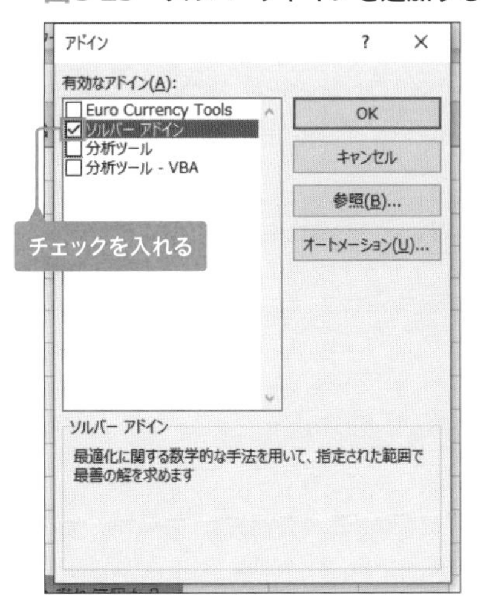

ソルバーを指定する

「データ」タブの「ソルバー」をクリックし、「ソルバーのパラメーター」ダイアログボックスが表示されたら、次のように設定します。

まず、「E11セルの粗利益合計ができるだけ大きくなる」という設定をします。「目的セルの設定」欄をクリックしてセル「E11」を選択し、「目標値」欄で「最大値」を選択します。なお、選択したセルは絶対参照で入力されます。

次に、逆算したい数値のセルを指定します。「変数セルの変更」欄をクリックし、焼き菓子と生ケーキの製造数量が入力された「C4からD4までのセル範囲」をドラッグして選びます。続けて制約条件を入力するので、「追加」をクリックします（**図8-24**）。

図8-24　ソルバーのパラメーターを設定する

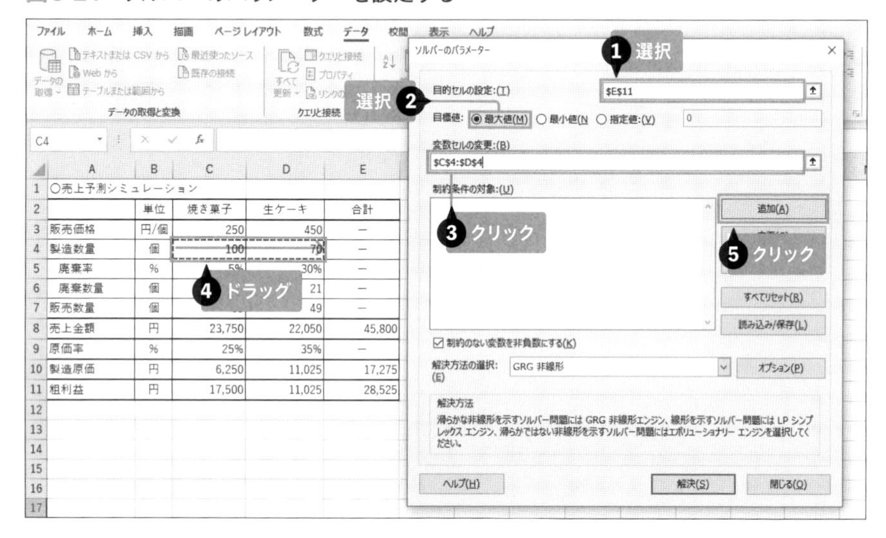

制約条件を指定する

「制約条件の追加」ダイアログボックスに切り替わります。この画面を使って、前出の1から4までの制約条件を順に指定します。

まず、「焼き菓子の製造数量（C4セル）、生ケーキの製造数量（D4セル）

は整数とする」という内容を指定しましょう。

「セル参照」欄にカーソルを置いてC4からD4までのセル範囲を選択し、中央の欄で「INT」を選ぶと、「制約条件」欄に「整数」と表示されます。「追加」をクリックします（**図8-25**）。

図8-25　「焼き菓子と生ケーキ」の制約条件を追加する

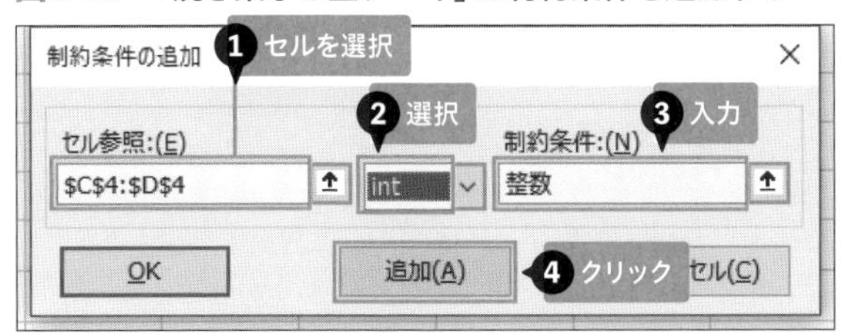

新しい「制約条件の追加」ダイアログボックスが表示されるので、同様に残りの制約条件を指定しましょう。

「焼き菓子の廃棄数量（C6セル）は12以下とする」という内容を、「C6」「<=」「12」と指定し、「追加」をクリックします（**図8-26**）。

図8-26　「焼き菓子の廃棄数量」の制約条件を追加する

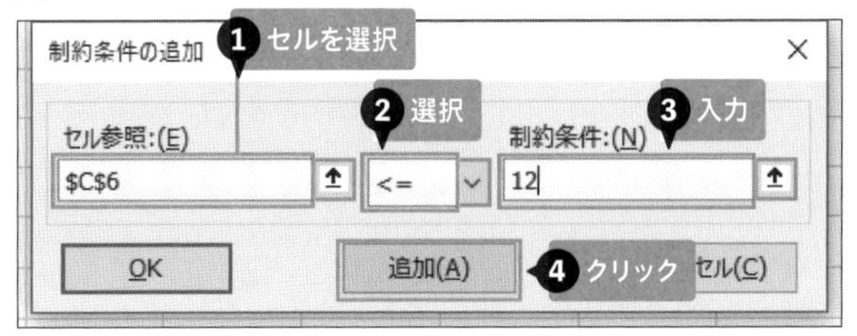

「生ケーキの廃棄数量（D6セル）は25以下とする」という内容を、「D6」「<=」「25」と指定し、「追加」をクリックします（**図8-27**）。

図8-27　「生ケーキの廃棄数量」の制約条件を追加する

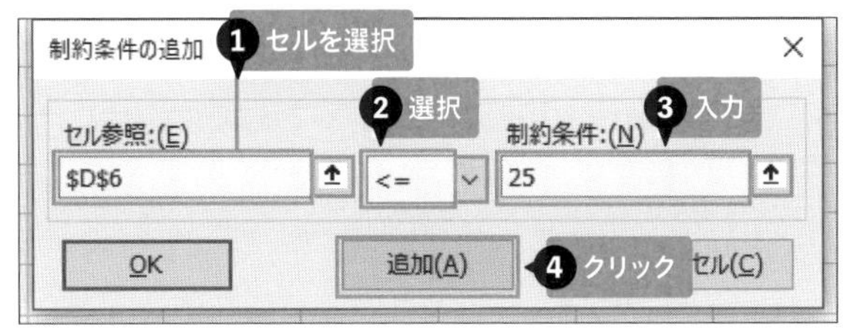

「焼き菓子の販売数量（C7セル）は200以上とする」という内容を、「C7」「＞＝」「200」と指定し、「追加」をクリックします（**図8-28**）。

図8-28　「焼き菓子の販売数量」の制約条件を追加する

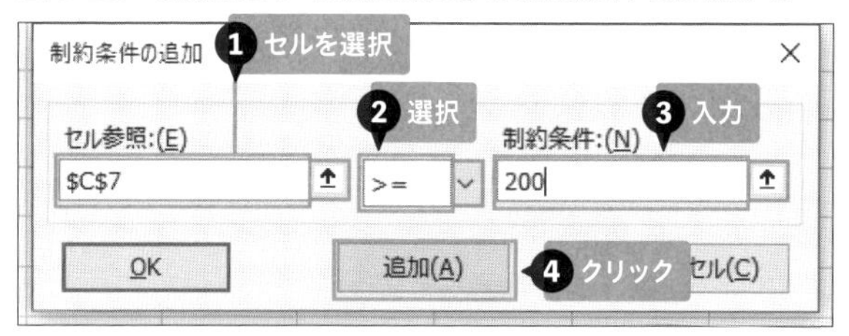

「生ケーキの販売数量（D7セル）は50以上とする」という内容を、「D7」「＞＝」「50」と指定し、「追加」をクリックします（**図8-29**）。

図8-29　「生ケーキの販売数量」の制約条件を追加する

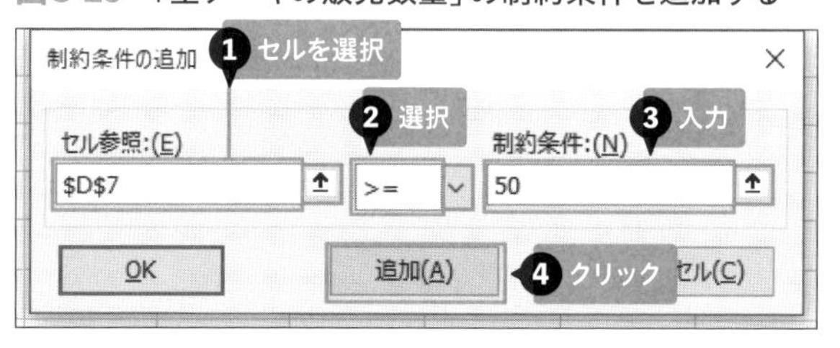

ONEPOINT

図8-25の❷で選択した「INT」は「整数」を意味します。なお、「整数とする」という制約条件を指定できる対象は、**図8-24**で「変数セルの変更」に指定したセルだけです。

ONEPOINT

「制約条件の追加」ダイアログボックスの「セル参照」欄には、離れた位置にある複数のセル範囲を指定することはできません。また、中央の欄で選択できる比較記号は、「=」（等しい）「>=」（以上）、「<=」（以下）の3種類です。「>」（より大きい）、「<」（より小さい）は指定できないので注意しましょう。

「製造原価の合計（E10セル）は3万円以下とする」という内容を、「E10」「<=」「30000」と指定し、「OK」をクリックします（図8-30）。

図8-30　「製造原価の合計」の制約条件を追加する

「ソルバーのパラメーター」ダイアログボックスに戻ります。「制約条件の対象」欄に設定した制約条件がすべて表示されていることを確認して「解決」をクリックします（図8-31）。

図8-31　制約条件が正しく設定されているかどうかを確認する

ONEPOINT

制約条件の内容に間違いがあった場合や同じ条件が重複している場合は、「制約条件の対象」欄で該当する条件を選択し、「変更」や「削除」のボタンを使えば修正や削除ができます。また、足りない条件がある場合は、「追加」をクリックすれば、条件を追加できます。
なお、「すべてリセット」をクリックすると、「ソルバーのパラメーター」ダイアログボックスの設定内容がすべて削除されます。設定を最初からやり直したい場合に利用すると便利です。

「ソルバーの結果」ダイアログボックスが表示され、ソルバーで逆算された値が表示されます。ここでは、焼き菓子の製造数量（C4セル）は「240個」生ケーキの製造数量（D4セル）は「83個」となり、粗利益の合計は「55,073円」となります。これが、すべての制約条件を満たしたうえで、粗利益の合計が最も大きくなるように求められた製造数量の組み合わせになります（**図8-32**）。

図8-32　ソルバーで逆算された値が表示された

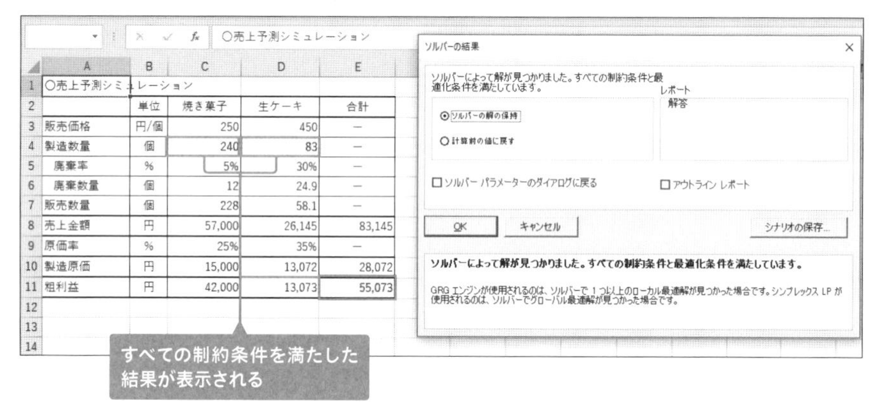

	A	B	C	D	E
1	○売上予測シミュレーション				
2		単位	焼き菓子	生ケーキ	合計
3	販売価格	円/個	250	450	－
4	製造数量	個	240	83	－
5	廃棄率	%	5%	30%	－
6	廃棄数量	個	12	24.9	－
7	販売数量	個	228	58.1	－
8	売上金額	円	57,000	26,145	83,145
9	原価率	%	25%	35%	－
10	製造原価	円	15,000	13,072	28,072
11	粗利益	円	42,000	13,073	55,073

ONEPOINT

「ソルバーの結果」ダイアログボックスでは、「ソルバーの解の保持」が選択されます。このまま「OK」をクリックしてダイアログボックスを閉じると、ソルバーの結果で表の内容が上書きされます。これを避けたい場合は、「計算前の値に戻す」を選択してから「OK」をクリックしましょう。

8-2-3 シナリオで条件を変えたときの利益の変化を比較する

価格や数量などの条件を変えて利益がいくらになるかを比較する場合、変更したい数値の組み合わせを「シナリオ」として登録しておくと、シナリオを選ぶだけで計算結果をすばやく切り替えることができます。何通りものシミュレーションを効率よく行いたい場合に便利な機能です。

計算に使う数値をあらかじめ登録して呼び出したい

「シナリオ」とは、計算に使う数値の組み合わせに名前を付けて登録する機能です。売上データの分析では、販売価格や数量を変更すると売上金額や利益がどのように変わるのかを、様々な数値で試算したいときがあります。このような場合に変数のパターンをシナリオとして登録しておけば、そのシナリオを呼び出すだけで計算結果を確認できます。

図8-34は、焼き菓子と生ケーキの製造数量（C4、D4セル）によって粗利益の合計（E11セル）がどのように変わるのかを、シナリオを使って表示した例です。

「シナリオ1」は、焼き菓子を150個、生ケーキを100個製造する場合の内容を、「シナリオ2」では、焼き菓子を100個、生ケーキを150個製造する場合の内容を表示しています。これを見ると、シナリオ2の方が、売上金額の合計（E8セル）は高くなりますが、製造原価（E10セル）も高くなるため、シナリオ1よりも粗利益の合計は低くなることがわかります。

図8-34　シナリオでは計算結果のシミュレーションができる

シナリオ1

	A	B	C	D	E
1	○売上予測シミュレーション				
2		単位	焼き菓子	生ケーキ	合計
3	販売価格	円/個	250	450	―
4	製造数量	個	150	100	―
5	廃棄率	%	5%	30%	―
6	廃棄数量	個	7.5	30	―
7	販売数量	個	142.5	70	―
8	売上金額	円	35,625	31,500	67,125
9	原価率	%	25%	35%	―
10	製造原価	円	9,375	15,750	25,125
11	粗利益	円	26,250	15,750	42,000
12					

シナリオ2

	A	B	C	D	E
1	○売上予測シミュレーション				
2		単位	焼き菓子	生ケーキ	合計
3	販売価格	円/個	250	450	―
4	製造数量	個	100	150	―
5	廃棄率	%	5%	30%	―
6	廃棄数量	個	5	45	―
7	販売数量	個	95	105	―
8	売上金額	円	23,750	47,250	71,000
9	原価率	%	25%	35%	―
10	製造原価	円	6,250	23,625	29,875
11	粗利益	円	17,500	23,625	41,125
12					

粗利益の変化を比較したい

シナリオを登録する

図8-34の内容をシナリオとして登録してみましょう。

「データ」タブの「What-If分析」→「シナリオの登録と管理」を選択し、「シナリオの登録と管理」ダイアログボックスが表示されたら、「追加」をクリックします（図8-35）。

図8-35 「シナリオの編集」ダイアログボックスを開く

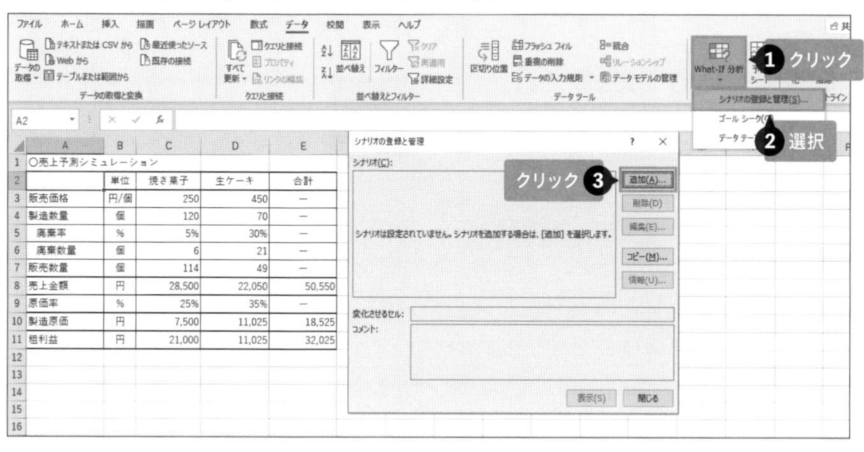

「シナリオの編集」ダイアログボックスに切り替わります。「シナリオ名」に、登録するシナリオの名称を「シナリオ1」と入力します。「変化させるセル」には、製造数量を入力するC4からD4までのセル範囲をドラッグして指定し、「OK」をクリックします（図8-36）。

図8-36 シナリオ1を設定する

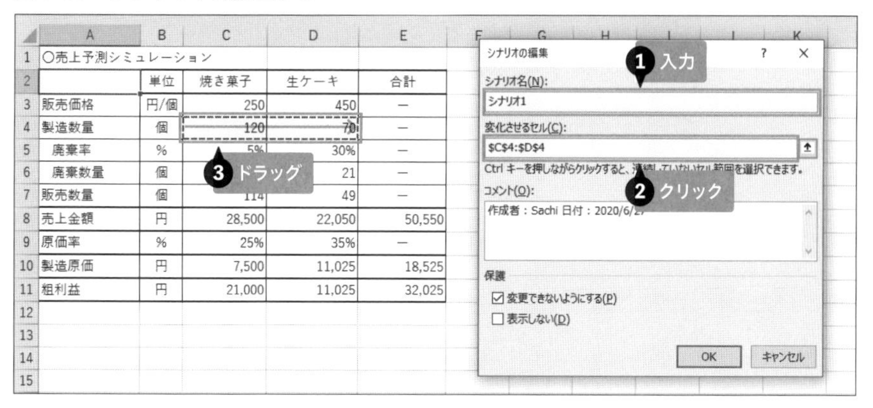

「シナリオの値」ダイアログボックスが表示されたら、それぞれのセルに入力する値を指定します。ここでは、C4セルに「150」、D4セルに「100」と入力し、「追加」をクリックします（図8-37）。

図8-37　セルに入力する値を指定する

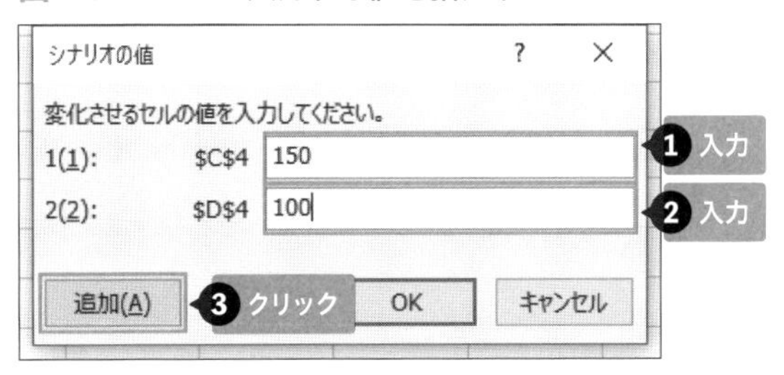

「シナリオの追加」画面が表示されるので、同様の手順で2つ目のシナリオを登録します。「シナリオ名」に「シナリオ2」と入力し、「変化させるセル」には、シナリオ1と同じ範囲であるC4からD4セルを指定して「OK」をクリックします（図8-38）。

図8-38　シナリオ2を設定する

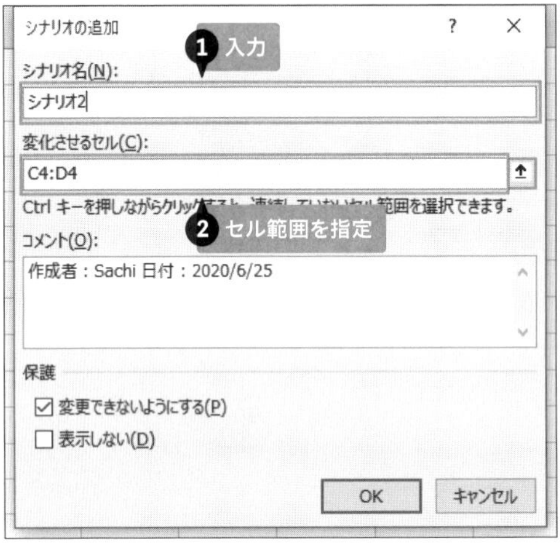

シナリオの追加
1 入力
シナリオ名(N):
シナリオ2
変化させるセル(C):
C4:D4
Ctrl キーを押しながらクリックすると、連続していないセル範囲を選択できます。
2 セル範囲を指定
コメント(O):
作成者：Sachi 日付：2020/6/25
保護
☑ 変更できないようにする(P)
☐ 表示しない(D)
OK　キャンセル

「シナリオの値」ダイアログボックスで、C4セルに「100」、D4セルに「150」と入力し、「追加」をクリックします（図8-39）。

最後にシミュレーションを行う前の状態に戻すためのシナリオを登録します。

「シナリオの追加」ダイアログボックスの「シナリオ名」に「表示を戻す」と入力し、「変化させるセル」には、C4からD4までのセル範囲を指定して「OK」をクリックします（図8-40）。

図8-39　セルに入力する値を指定する

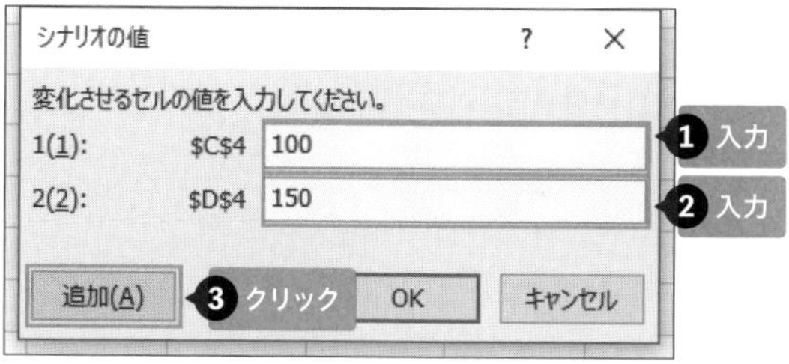

図8-40　状態を戻すためのシナリオを設定する

「シナリオの値」ダイアログボックスに、現在セルに入力されている数値が表示されます。この状態に戻すシナリオを作りたいので、数値を変えずにそのまま「OK」をクリックします（**図8-41**）。

図8-41　数値を変えずに「OK」をクリックする

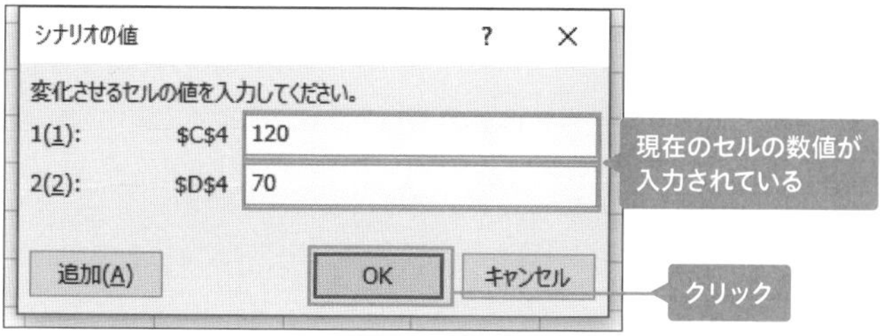

シナリオを実行する

すべてのシナリオが登録され、「シナリオの登録と管理」ダイアログボックスに戻ります。

登録したシナリオを実行して結果をセルに表示するには、一覧からシナリオ名を選択して「表示」をクリックします。「シナリオ1」や「シナリオ2」を実行すると、C4セルとD4セルにシナリオに指定した数値が入力されます(**図8-42**)。なお、表示内容をシナリオ実行前の状態に戻すには、「表示を戻す」シナリオを実行しましょう。

図8-42　シナリオが登録された

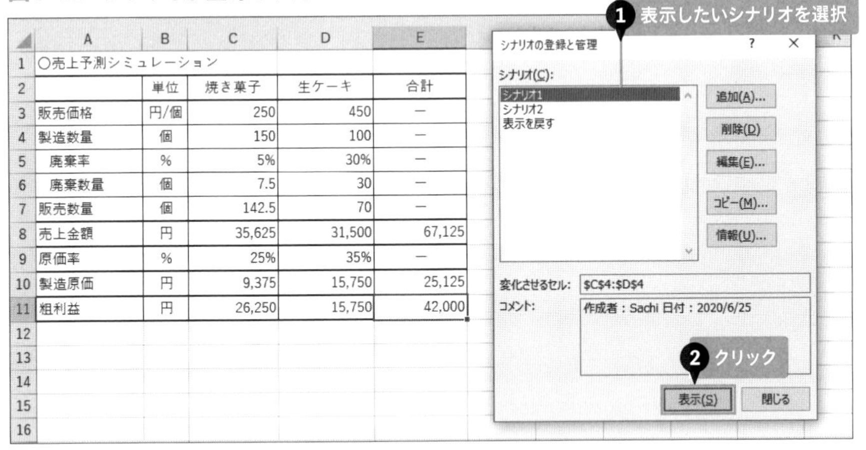

	A	B	C	D	E
1	○売上予測シミュレーション				
2		単位	焼き菓子	生ケーキ	合計
3	販売価格	円/個	250	450	—
4	製造数量	個	150	100	—
5	廃棄率	%	5%	30%	—
6	廃棄数量	個	7.5	30	—
7	販売数量	個	142.5	70	—
8	売上金額	円	35,625	31,500	67,125
9	原価率	%	25%	35%	—
10	製造原価	円	9,375	15,750	25,125
11	粗利益	円	26,250	15,750	42,000
12					
13					
14					
15					
16					

ONEPOINT

登録したシナリオを削除するには、「シナリオの登録と管理」ダイアログボックスで「削除」をクリックします。また、シナリオの内容を変更するには「編集」をクリックします。

ONEPOINT

「シナリオの登録と管理」ダイアログボックスの「情報」をクリックすると、「シナリオの情報」ダイアログボックスが開きます。その後、「OK」をクリックすると、シナリオに登録した内容とシナリオ実行時の計算結果が新規シートにまとめて表示されます。実行するシナリオによって、計算結果がどう変わるのかを一覧表で確認したいときに便利です。

8-3-1 散布図と相関関係を理解する

蓄積したデータに基づいて未知の値を予測する分析手法を「回帰分析」といいます。回帰分析では「散布図」を利用して、2種類のデータ間に「Aが増えれば、Bも増える」といった「相関関係」があるかどうかを調べます。ここではまず、散布図と相関関係について理解しましょう。

散布図で2種のデータの関わりを把握する

データ分析を行う目的の1つに、未知のデータの予測があります。

たとえば、毎日の気温とビールの販売データを分析して、「気温が何度上がれば、ビールの販売数は何本増える」といった具体的な予測ができれば、在庫数をムダなく調整できます。これに役立つのが「回帰分析」です。

図8-43の表には、あるスポーツジムで毎月開催している無料体験デーの日数（B列）と入会者数（C列）が入力されています。このデータをもとに、入会者の人数を予測してみましょう。

手はじめに、「無料体験デーの日数」と「入会者数」という2つのデータの間に関連があるのかどうかを調べます。これを**「相関」**といい、相関の有無を見るためには、**図8-43**のグラフのような**「散布図」**を作成します。**散布図の点の散らばり具合を見れば、横軸と縦軸に配置した2つの内容にどのような相関があるのかを確認できます。**

図8-43　散布図を使えば相関を確認できる

○スポーツジム無料体験デー開催日数と入会者数の一覧

月	体験デーの開催日数（日）	入会者数（人）
2019年9月	16	42
2019年10月	10	26
2019年11月	18	38
2019年12月	14	23
2020年1月	20	56
2020年2月	11	20
2020年3月	15	40
2020年4月	19	55
2020年5月	16	48
2020年6月	20	46
2020年7月	17	35
2020年8月	19	32
2020年9月	15	40

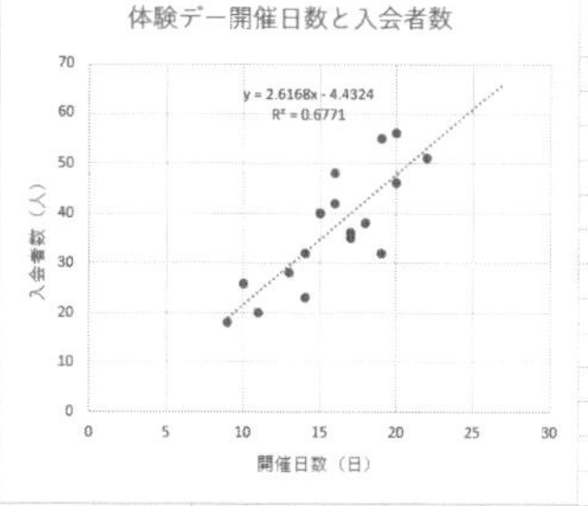

体験デー開催日数と入会者数

$y = 2.6168x - 4.4324$
$R^2 = 0.6771$

入会者数（人）

開催日数（日）

「相関」の種類と「相関係数」

相関には、**「正の相関」**と**「負の相関」**の2種類があります。

「正の相関」とは、**片方のデータの値が増加すれば、もう片方のデータも増加する関係です。**先ほど紹介した「気温が上がれば、ビール出荷数が増える」などの例が挙げられます。一方、「負の相関」とはその反対に、**片方のデータの値が増加すれば、もう片方のデータが減少する関係です。**「気温が上がると、焼き芋の売れ行きが悪くなる」などの例が、負の相関に該当します。

散布図を作成すると、正の相関では点の配置が右肩上がりになり、負の相関では逆に右肩下がりになります（**図8-44**）。

図8-44　相関係数と相関の関係

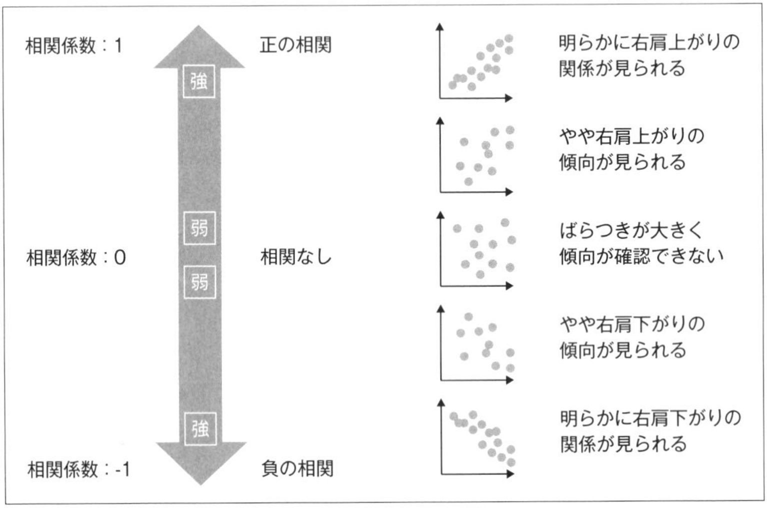

相関係数：1　強　正の相関　明らかに右肩上がりの関係が見られる
やや右肩上がりの傾向が見られる
相関係数：0　弱　弱　相関なし　ばらつきが大きく傾向が確認できない
やや右肩下がりの傾向が見られる
相関係数：-1　強　負の相関　明らかに右肩下がりの関係が見られる

また、2種類のデータの関係性の深さによって相関の強さが異なります。相関が強ければ強いほど、一方のデータが増加したときにもう片方のデータも増加や減少の傾向が顕著になります。

相関の強弱の度合いを表す指標が「相関係数」です。相関係数は、「-1」から「1」の間の小数で表されます。**図8-44**のように、「1」に近いほど正の相関が強くなり、「-1」に近いほど負の相関が強くなります。また正の場合も負の場合も絶対値が「0」に近づくほど相関は弱くなり、「0」の場合は、相関なしとみなされます。

8-3-2 散布図を作成する

Excelのグラフ機能を使って「散布図」を作成してみましょう。散布図の作成には、相関関係を調べたい2種類の数値データを、あらかじめ2列に分けて入力しておく必要があります。また、相関係数はCORREL関数を使って求めることができます。

X軸、Y軸のデータを用意する

散布図を作成するには、相関の有無を調べたい2種類の数値データを2列に分けて入力しておきます。なお、散布図では**元の表の左側の列がX軸(横軸)に、右側の列がY軸(縦軸)に自動的に配置されます**。ここでは、体験デーの開催日数をX軸、入会者数をY軸に配置して散布図を作っています(**図8-45**)。

散布図では、X軸とY軸の目盛の交差する位置に、該当するデータが点で表示されますが、相関の様子を見るには、最低でも点は10個以上、つまり

図8-45　表と散分図の配置関係

○スポーツジム無料体験デー開催日数と入会者数の一覧

月	体験デーの開催日数（日）	入会者数（人）
2019年9月	16	42
2019年10月	10	26
2019年11月	18	38
2019年12月	14	23
2020年1月	20	56
2020年2月	11	20
2020年3月	15	40
2020年4月	19	55
2020年5月	16	48
2020年6月	20	46
2020年7月	17	35
2020年8月	19	32
2020年9月	15	40
2020年10月	9	18

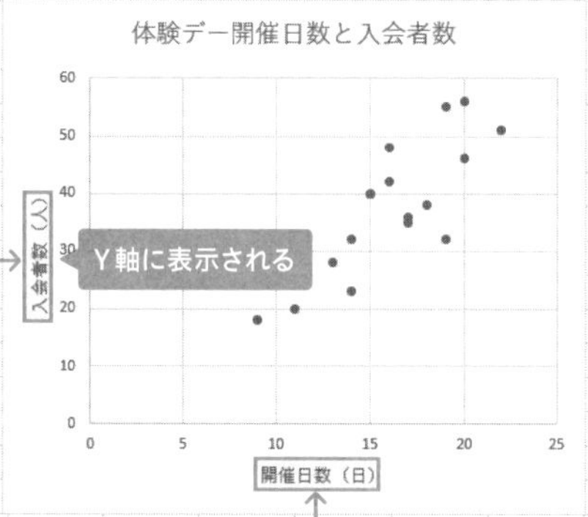

体験デー開催日数と入会者数
入会者数（人）
Y軸に表示される
開催日数（日）
X軸に表示される

10件以上のデータが必要です。また、データ件数が多ければ多いほど、精度の高い分析を期待できます。

散布図を作成する

X軸とY軸のデータ（B3セルからC20セルまで）を選択しておき、「挿入」タブの「散布図（X,Y）またはバブルチャートの挿入」から「散布図」を選択します（図8-46）。

図8-46　散分図を挿入する

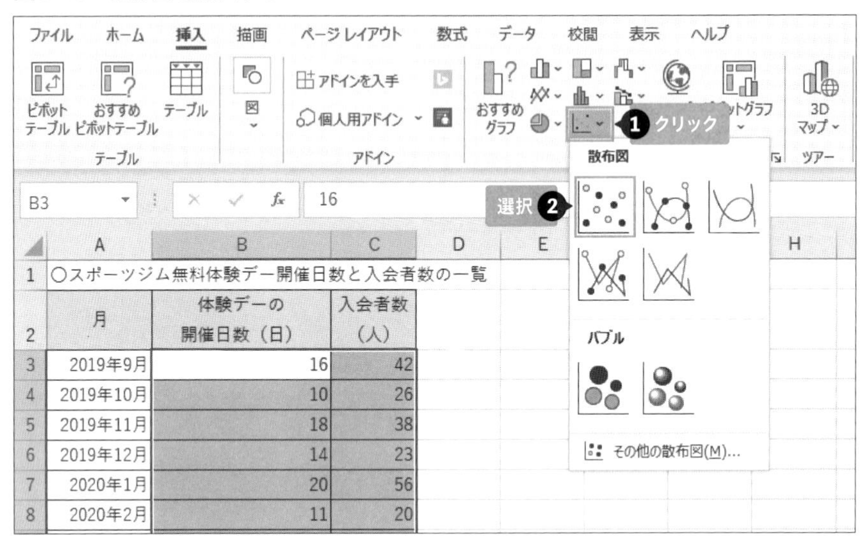

散布図が挿入されたら、図8-47のように細部を設定します。なお、グラフを編集する操作の詳細については6-1-3を参考にしてください。

図8-47　散分図の細部を設定する

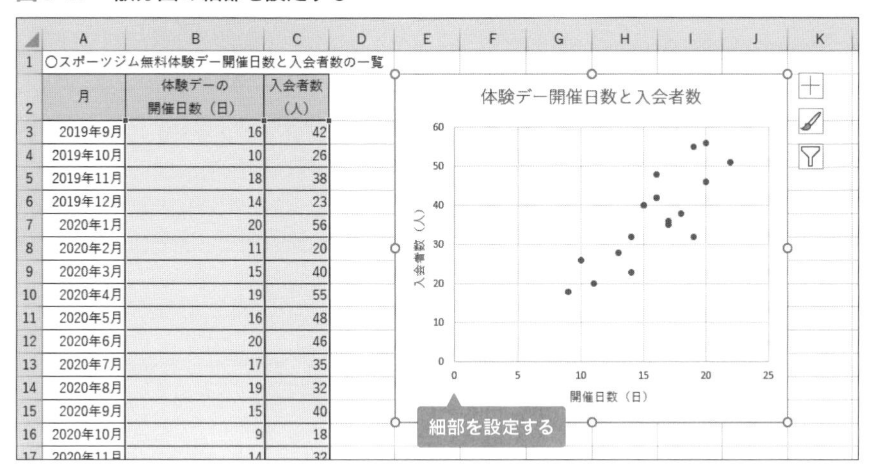

	A	B	C
2	月	体験デーの開催日数（日）	入会者数（人）
3	2019年9月	16	42
4	2019年10月	10	26
5	2019年11月	18	38
6	2019年12月	14	23
7	2020年1月	20	56
8	2020年2月	11	20
9	2020年3月	15	40
10	2020年4月	19	55
11	2020年5月	16	48
12	2020年6月	20	46
13	2020年7月	17	35
14	2020年8月	19	32
15	2020年9月	15	40
16	2020年10月	9	18

設定した項目

項目	内容
位置とサイズ	E2からJ15までのセル範囲に配置
グラフタイトル	体験デー開催日数と入会者数
横軸ラベル	開催日数（日）
縦軸ラベル	入会者数（人）

図8-45のように散布図が完成します。なお、散布図の点の配置が右肩上がりなので、無料体験デーの開催日数と入会者数の間には正の相関があることが確認できます。したがって、無料体験デーの開催日数が多いほど、入会者数も多くなる傾向にあります。

相関係数を求める

次に、体験デーの開催日数と入会者数の「正の相関」の強さがどの程度なのかを調べるために「相関係数」を求めてみましょう。

相関係数は、CORREL（コリレーション・コエフィシエント）関数を利用して求めることができます。CORREL関数の引数は図8-48のとおりです。

図8-48　CORREL関数の書式

● **相関係数を求める**

=CORREL(配列1,配列2)

相関を調べたい
2つのセル範囲

CAUTION

引数「配列1」と「配列2」には、相関の有無を調べる2つのデータ範囲を指定します。順序は問いませんが、同じ数のセル範囲を指定します。「配列1」と「配列2」に含まれるデータの個数が異なるとエラーが表示されるので注意が必要です。

シートの空いたセル（ここではF17）をクリックし、CORREL関数の式を「=CORREL(B3:B20,C3:C20)」と入力します。結果は、約「0.82」となります。「1」に近いことから、強い正の相関があるといえます（**図8-49**）。

図8-49　CORREL関数を入力する

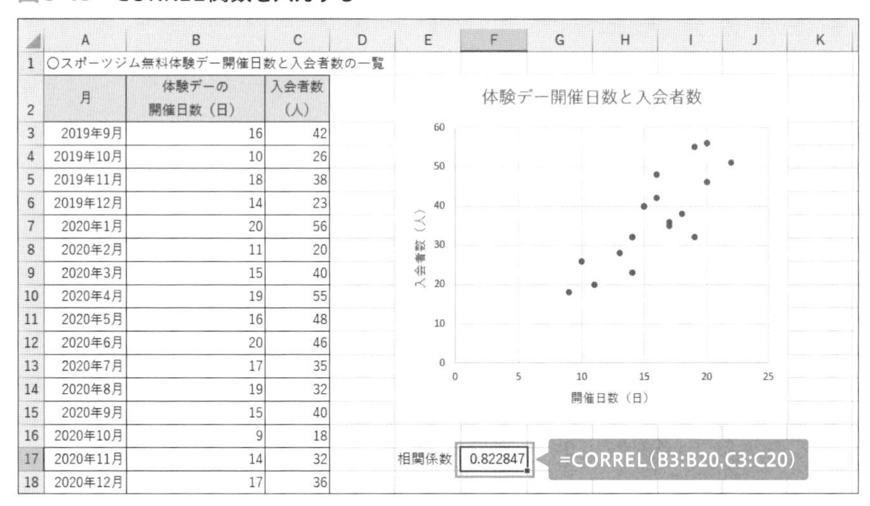

	A	B	C
1	○スポーツジム無料体験デー開催日数と入会者数の一覧		
2	月	体験デーの開催日数（日）	入会者数（人）
3	2019年9月	16	42
4	2019年10月	10	26
5	2019年11月	18	38
6	2019年12月	14	23
7	2020年1月	20	56
8	2020年2月	11	20
9	2020年3月	15	40
10	2020年4月	19	55
11	2020年5月	16	48
12	2020年6月	20	46
13	2020年7月	17	35
14	2020年8月	19	32
15	2020年9月	15	40
16	2020年10月	9	18
17	2020年11月	14	32
18	2020年12月	17	36

8-3-3 回帰直線からデータを予測する

作成した散布図に「回帰直線」を追加すると、「体験デーの開催日数が○日なら、入会者数は○人になる」といった具体的なデータの予測ができるようになります。ここでは、回帰直線の追加方法や、予測値を計算するための「回帰方程式」を表示する方法について紹介します。

散布図に回帰直線を追加したい

散布図はデータの点の集まりです。これらの点をすべて通るように計算して配置された直線を**「回帰直線」**といいます。回帰直線を散布図に追加すれば、**直線上の値を予測値とみなして、未知のデータの予測ができるようになります。**

本来、回帰直線は複雑な数学的手法を用いて描画するものです。しかし、Excelでは散布図のオプション機能を利用して、**図8-50**のような回帰直線を手軽に引くことができます。

回帰直線上のデータを目視でたどれば、大まかなデータ予測ができます。

図8-50　回帰直線を使って数値を予測する

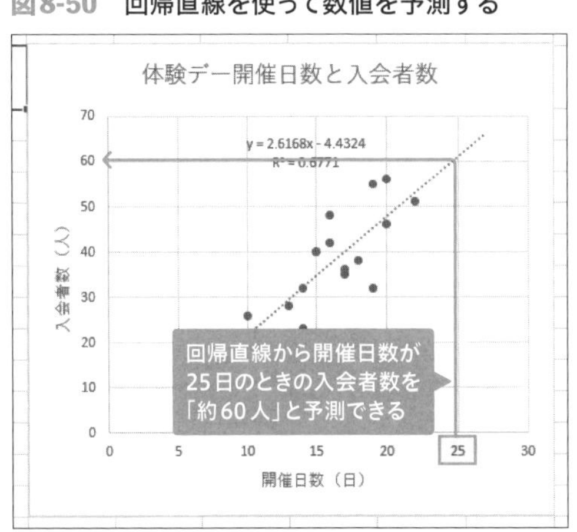

たとえば、無料体験デーの開催日数を25日とすれば、入会者数はおよそ60人になることが予測できます。

回帰方程式でデータを正確に予測する

回帰直線を使って行う予測はグラフ上での目視になるため、大まかなものにすぎません。正確な入会者数を計算で求めるには、**「回帰方程式」**を利用しましょう。

「回帰方程式」とは、**回帰直線を表す数式のことで、「y=ax+b」という式で表されます。**yは縦軸の数値（この場合は「入会者数」）を、xは横軸の数値（この場合は無料体験デーの「開催日数」）を表します。また、aは直線の傾きを表し、bは横軸のデータが0のとき縦軸と交わる値である「切片」を意味します（**図8-51**）。なお、散布図のオプション機能を使えば、このaとbの値を自動で計算して回帰方程式を求められます。

この例の回帰方程式は「y=2.6168x-4.4324」となります。回帰方程式でxの値を指定するとyの値を求められます。たとえば、無料体験デーを25日開催した場合の入会者数を求めるには、xに「25」を代入して「2.6168×25-4.4324」という式を計算します。結果は「60.9876」になるため、「60人」もしくは「61人」が、入会者数の正確な予想値になります。

図8-51　回帰方程式の構造

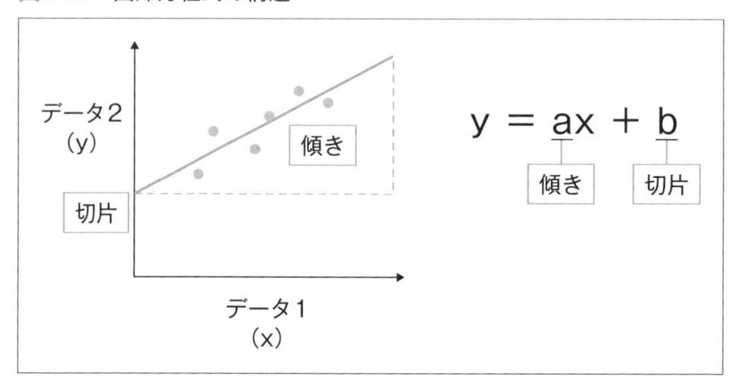

回帰直線を引く

散布図に回帰直線を追加するには、次のように操作しましょう。

散布図のいずれかの点の上で右クリックし、ショートカットメニューから「近似曲線の追加」を選択します（**図8-52**）。

図8-52 「近似曲線の書式設定」作業ウィンドウを表示する

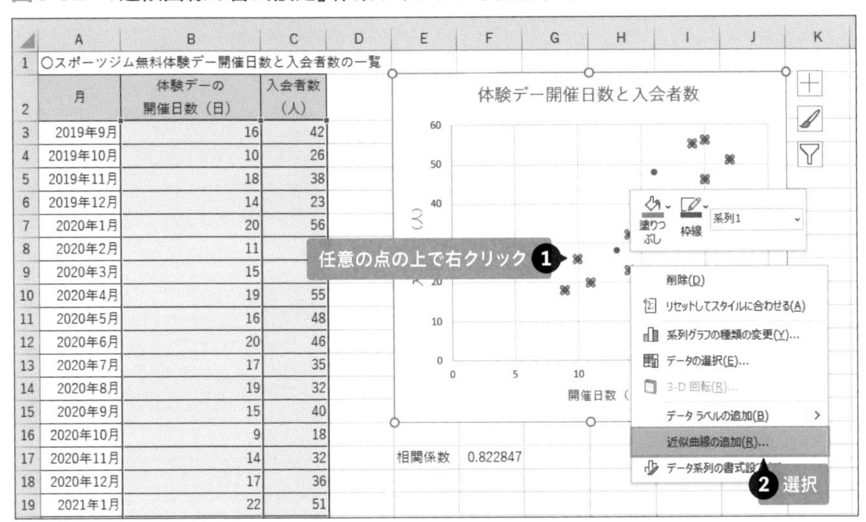

	A	B	C
1	○スポーツジム無料体験デー開催日数と入会者数の一覧		
2	月	体験デーの開催日数（日）	入会者数（人）
3	2019年9月	16	42
4	2019年10月	10	26
5	2019年11月	18	38
6	2019年12月	14	23
7	2020年1月	20	56
8	2020年2月	11	
9	2020年3月	15	
10	2020年4月	19	55
11	2020年5月	16	48
12	2020年6月	20	46
13	2020年7月	17	35
14	2020年8月	19	32
15	2020年9月	15	40
16	2020年10月	9	18
17	2020年11月	14	32
18	2020年12月	17	36
19	2021年1月	22	51

「近似曲線の書式設定」作業ウィンドウが表示されたら、「近似曲線のオプション」を選び、「線形近似」を選択すると、回帰直線が表示されます（**図8-53**の❶）。続けて、「グラフに数式を表示する」にチェックを入れると、自動で求められた回帰方程式が「y=2.6168x-4.4324」と表示されます（**図8-53**の❷）。

なお、❸と❹の設定は必要に応じて追加するとよいでしょう。

❶～❹のすべての項目を設定すると、**図8-50**のように完成します。

「近似曲線のオプション」の設定手順

図8-53　回帰直線や回帰方程式を表示する

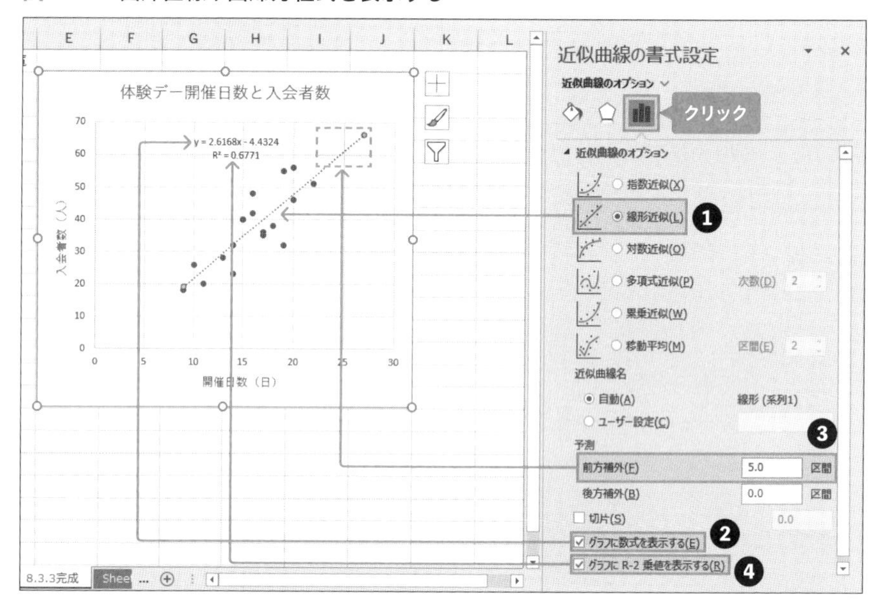

手順	内容
❶回帰直線を散布図に表示する	「線形近似」を選択する
❷回帰方程式を表示する	「グラフに数式を表示する」にチェックを入れる。散布図に表示された回帰方程式を利用すれば、開催日数 x を指定して、入会者数 y の人数を正確に予測できる
❸表示された回帰直線を延長する	「予測」の「前方補外」に x 軸の目盛で延長する数値を指定する。たとえば、5日分延長するには「5」と入力すると、その分回帰直線が前方に伸び、目視による予測を行えるようになる
❹「R-2乗値」を散布図に追加する	「グラフに R-2 乗値を表示する」にチェックを入れる。「R-2乗値」とは、回帰直線の精度を見る指標のこと。「1」に近い値になるほど回帰直線の精度が高く、予測の信頼度が上がるといわれている

8-4-1 ABC分析を理解する

自社の商品や顧客の貢献度を調べる手法の1つに「ABC分析」があります。商品や顧客を売上や取引額の高い順に並べて「A」、「B」、「C」の3つのランクに分け、一部の商品や得意先に依存していないかどうかを調べる手法です。ABC分析を行うには、「パレート図」と呼ばれる複合グラフを作成します。

パレート図を使ってABC分析を行いたい

ここでは、第3章の「売上一覧表」のデータをもとに、各商品の売上についてABC分析を行いましょう。

ABC分析を行うには、**「パレート図」**と呼ばれる縦棒と折れ線の複合グラフが必要です。横軸には商品名を売上の高いものから順に並べて、その売上高を縦棒グラフにします。さらに、各商品の売上構成比の累計を求め、折れ線グラフで表示します。これで、縦棒は右へ行くほど短くなり、折れ線は右へ行くほど上昇する**図8-54**のような複合グラフが完成します。

パレート図が作成できたらランク分けを行います。売上構成比の累計が70%までの商品をAランク、70%から90%までをBランク、残りの10%をCランクに分類することが一般的です。

図8-54　パレート図から商品をA、B、Cにランク分けしたい

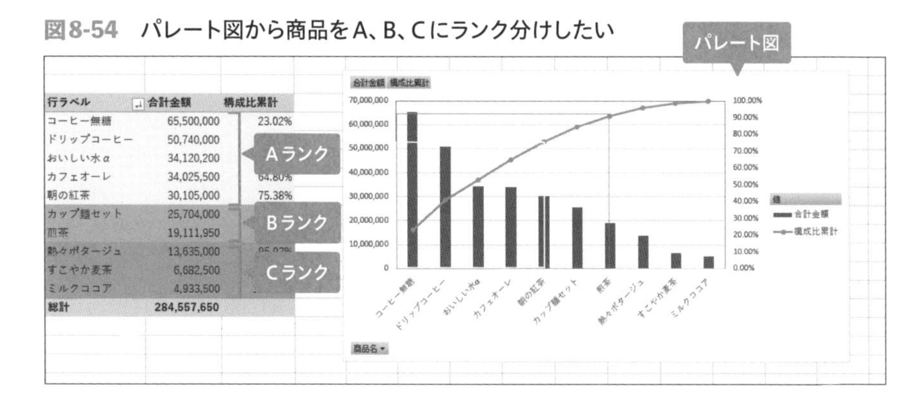

行ラベル	合計金額	構成比累計
コーヒー無糖	65,500,000	23.02%
ドリップコーヒー	50,740,000	[illegible]
おいしい水α	34,120,200	[illegible]
カフェオーレ	34,025,500	64.80%
朝の紅茶	30,105,000	75.38%
カップ麺セット	25,704,000	[illegible]
煎茶	19,111,950	[illegible]
熱々ポタージュ	13,635,000	[illegible]
すこやか麦茶	6,682,500	[illegible]
ミルクココア	4,933,500	[illegible]
総計	284,557,650	

ABC分析の結果を読み取る

パレート図に見られるA、B、Cのランクの割合の違いによって、ABC分析の結果は、次の3種類のタイプのどれかに当てはまります。

標準タイプ

全商品のうち商品「点数」の30%程度がAランクに入るタイプで、構成比累計の折れ線グラフがなだらかなカーブを描きます（図8-55）。売上構成比の7割を支えているAランクの商品群は欠品厳禁で、在庫や品質の管理に注意が必要です。

図8-55　標準タイプ

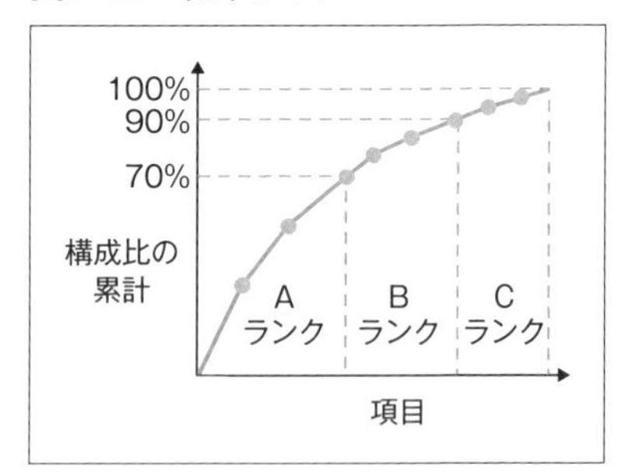

集中タイプ

少数の商品が売上の7~8割を占めるタイプで、構成比累計の折れ線グラフは最初に急角度で上昇し、その後緩やかになります（図8-56）。わずかな主力商品への依存度が高いため、B、Cランクの商品群の中からも主力商品を増やす努力が必要です。

図8-56　集中タイプ

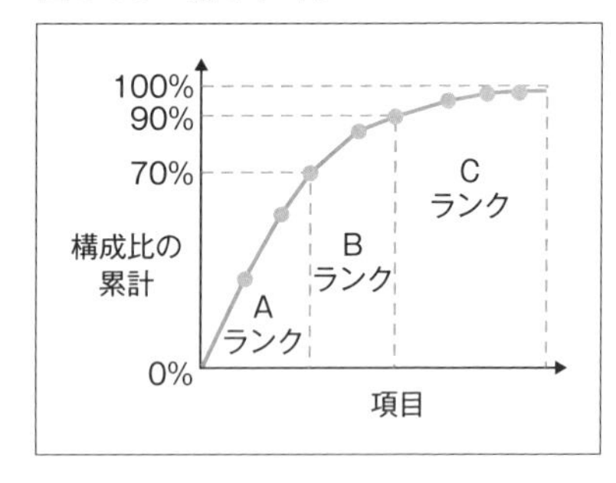

分散タイプ

商品の売れ行きに偏りがなく、構成比累計の折れ線グラフがほぼ直線に近くなるタイプです（図8-57）。バランスよく商品が売れています。ABC分析ではどの商品の販売に重点を置けばよいのかを把握しにくいため、他の分析手法を併用しましょう。

図8-57　分散タイプ

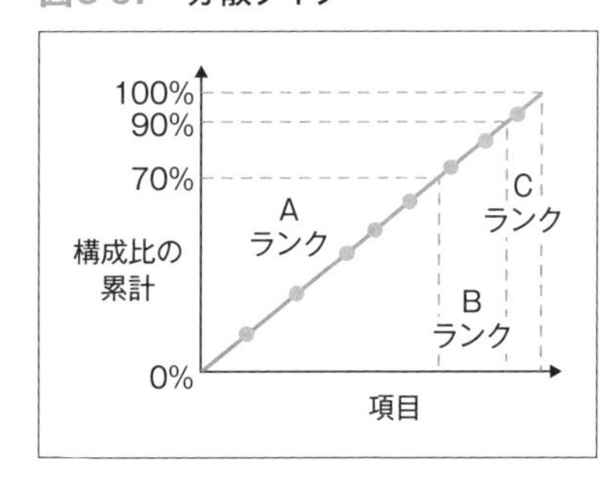

8-4-2 パレート図を作成する

ABC分析を行うためには、パレート図を作成する必要があります。ここでは、リスト形式で作成された売上一覧表をピボットテーブルで集計し、それをもとに複合グラフを作成してパレート図を作る一連の手順を紹介します。

構成比の累計を求める

パレート図を作成するには、グラフの元データとして各商品の「売上金額の合計」と「売上構成比の累計」の2種類の数値が必要です。これを求めるにはピボットテーブルを使いましょう。

図8-58のように、シート「元データ」のリストをもとにピボットテーブルを新規に作成し、行ラベルに「商品名」フィールドを表示します。「値」エリアには、「金額」フィールドの合計を2つ追加しておきます。

まず、売上金額の高い順に商品名を並べ替えます。B列、C列どちらかの「金額」フィールドの任意のセルで右クリックし、「並べ替え」の「降順」を選択します。

図8-58 金額を降順に並べ替える

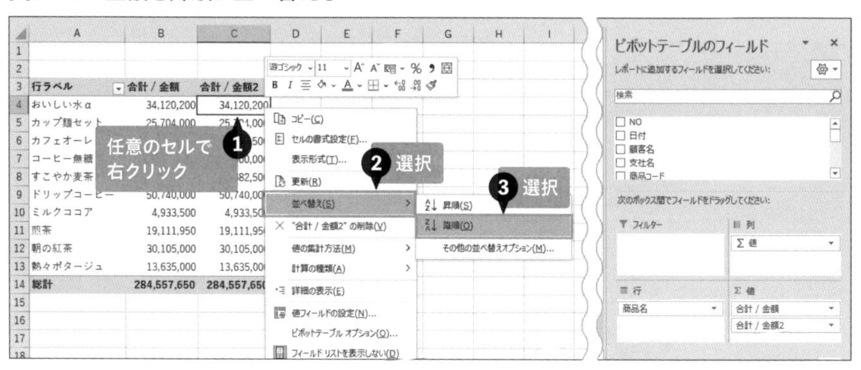

商品が売上金額の高い順に並べ替えられました。続けて、C列の金額欄の集計方法を、売上構成比の累計に変更します。C列の「金額」フィールドの任意のセルで右クリックし、「値フィールドの設定」を選択します（**図8-59**）。

図8-59　「値フィールドの設定」ダイアログボックスを開く

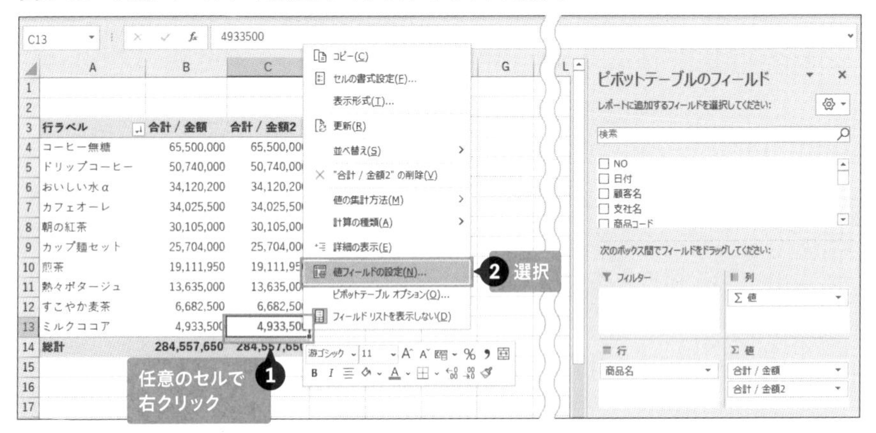

「値フィールドの設定」ダイアログボックスを開き、「名前の指定」欄を「構成比の累計」に変更します。「計算の種類」タブの「計算の種類」で「比率の累計」を選び、「基準フィールド」から「商品名」を選択して、「OK」をクリックします（**図8-60**）。

図8-60　「値フィールドの設定」を変更する

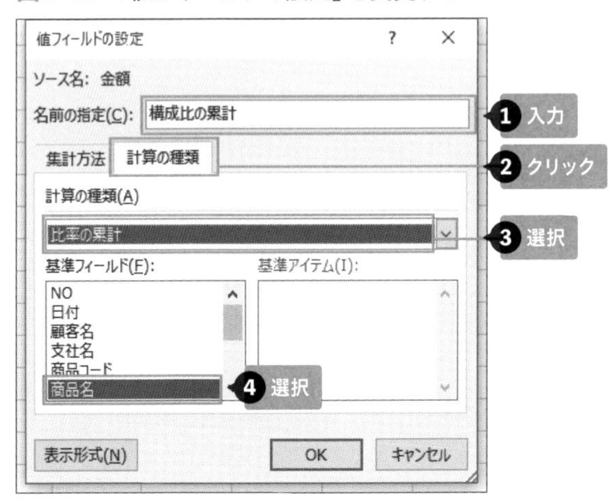

複合グラフを描く

C列の集計方法が各商品の売上構成比を上から順に累計した結果に変わります。続けてこの表をもとにグラフを作成します。ピボットテーブル内の任意のセルをクリックし、「ピボットテーブル分析」タブの「ピボットグラフ」をクリックします（**図8-61**）。

図8-61　「グラフの挿入」ダイアログボックスを開く

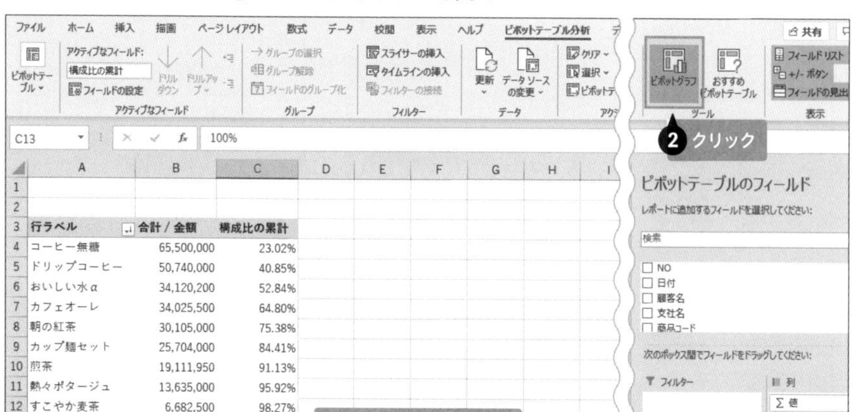

「グラフの挿入」ダイアログボックスが開きます。左の一覧から「組み合わせ」を選択し、右下の欄で組み合わせるグラフを指定します。「合計/金額」を「集合縦棒」、「構成比の累計」を「折れ線」にして、「構成比の累計」の「第2軸」にチェックを入れて「OK」をクリックします（**図8-62**）。

図8-62　複合グラフの詳細を設定する

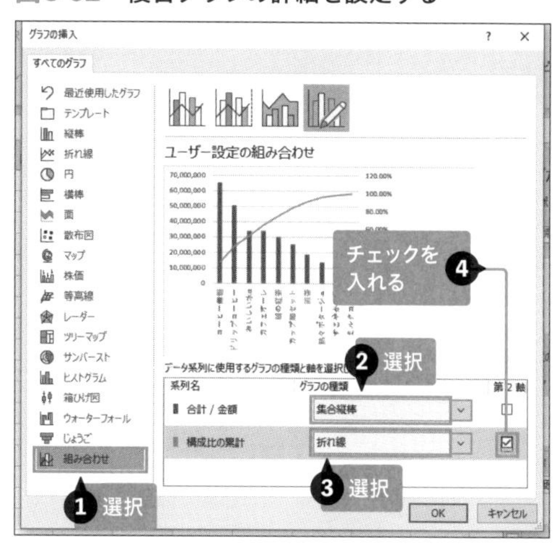

複合グラフがシートに表示されます。右の縦軸（第2軸）には、折れ線グラフ「構成比の累計」の目盛が表示されます。自動で設定された最大値が「120%」になっているので、これを「100%」に修正しましょう。第2軸の上で右クリックをし、「軸の書式設定」を選択します（**図8-63**）。

図8-63　「軸の書式設定」作業ウィンドウが表示される

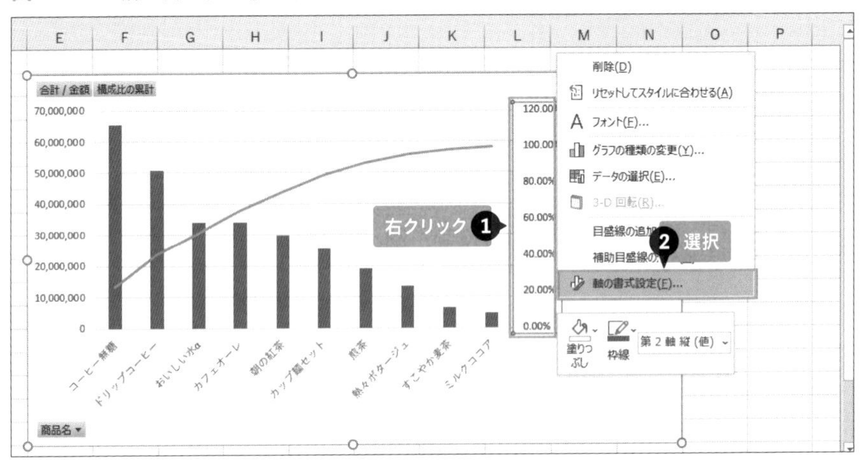

「軸の書式設定」作業ウィンドウが表示されます。「軸のオプション」→「最大値」の欄を「1.0」に変更すると、第2軸の最大値が100%に変わります（**図8-64**）。これでパレート図は完成です。作業ウィンドウを閉じておきましょう。

図8-64　最大値が100%に変更された

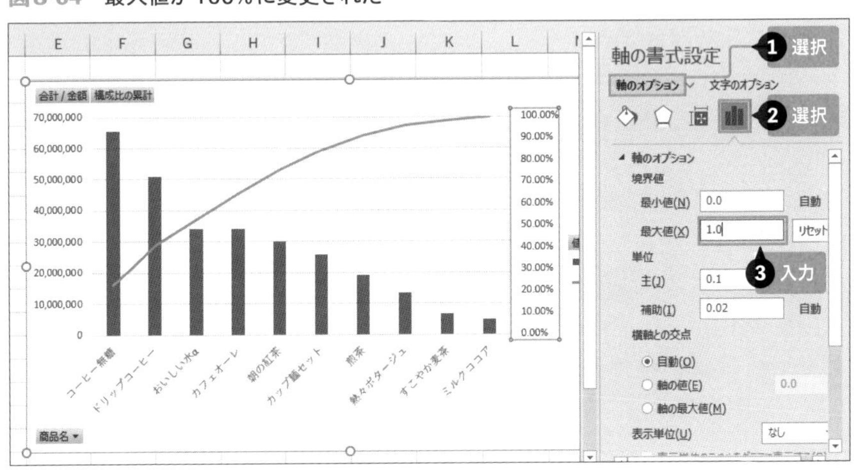

COLUMN ABCのランク分けを行う

完成したパレート図をもとに、AからCのランクを確認する方法を補足します。

一般に構成比累計の70%までの商品をAランク、70%から90%までの商品をBランク、90%から100%までの商品をCランクとすることが多いですが、しきい値となるパーセンテージは、分析データの内容や経験則により自由に設定できます。

ここでは、「コーヒー無糖」から「朝の紅茶」までの5商品をAランク、「カップ麺セット」と「煎茶」の2商品をBランク、残りをCランクとします。表のセルに「ホーム」タブの「塗りつぶしの色」を設定して色分けすると、各ランクに含まれる商品がひと目でわかります。

また、パレート図のグラフに境界線を引くには、図形機能が便利です。

「挿入」タブの「図」→「図形」→「正方形/長方形」を選び、グラフ上でドラッグすれば、図8-65のように、各ランクの境界線を描画できます。なお、描いた四角形を透明にするには、図形を選択して「図形の書式」タブから「図形の塗りつぶし」→「塗りつぶしなし」を選択します。

ここで作成したパレート図から、ABC分析の結果は「標準タイプ」だと判断できます。特定の商品への強い依存はないものの、「コーヒー無糖」と「ドリップコーヒー」の上位2商品の売上が3位以降に大きく差を付けています。コーヒー飲料以外の主力商品の開発も視野に入れる必要がありそうです。

図8-65　パレート図に境界線を挿入する

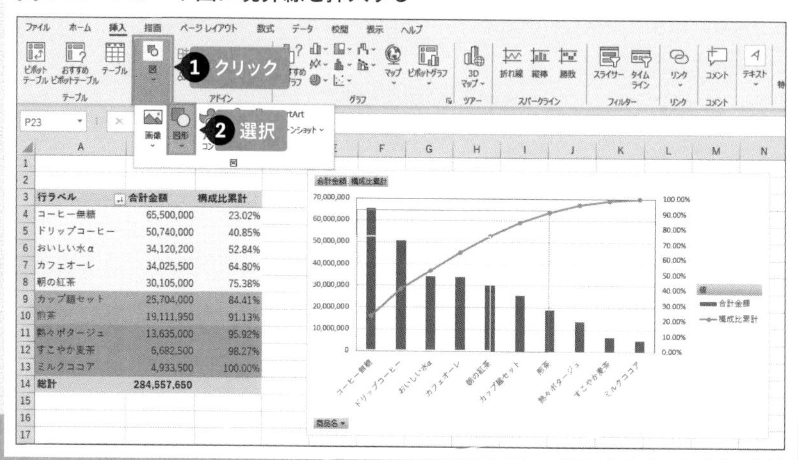

8-5-1 PPMと製品のライフサイクルを理解する

自社の事業や商品などに対する経営資源の配分を見直す際の分析手法に「PPM分析」があります。PPMでは、製品ライフサイクルに基づく4つのカテゴリーに事業部門や主要な商品を配置して、市場における自社の立ち位置を確認します。ここでは、各商品部門の現状と今後についての指針を、PPM分析で求めましょう。

「PPM」で各事業部門の立ち位置を知る

PPMとは、**「プロダクト・ポートフォリオ・マネジメント」**の略称です。**市場の成長率を縦軸、自社のシェアを横軸に配置した座標に、製品・事業・サービスなどを分類します。そこから、経営資源の投資配分を判断するための分析手法です。**主に、マーケットにおける事業や商品の位置づけを把握する目的で使われます。

PPM分析では、縦軸（市場成長率）と横軸（市場占有率）の関係から、**図8-66**のように**「問題児」**、**「花形」**、**「金のなる木」**、**「負け犬」**という4つの領域に分けられます。

また、PPMの根底には、製造、販売する製品にも人の一生のようなライフサイクルがあるという**「製品ライフサイクル」**の考え方があります。そこで、製品ライフサイクルの「導入」→「成長」→「成熟」→「衰退」の4ステップを当てはめて、「問題児：導入期」→「花形：成長期」→「金のなる木：成熟期」→「負け犬：衰退期」としたうえで、それぞれの領域の特徴を次のように理解するとイメージしやすいでしょう。

問題児：導入期

世に出たばかりの製品や事業が配置される領域です。市場の成長率が高いため競争が激しく、認知度を上げるための広告・宣伝といった積極的な投資が必要ですが、まだ自社のシェアは低いため利益は望めません。

花形：成長期

市場成長率と市場における自社のシェア両方が高い領域です。認知度が上がった商品の売上が上がり、利益も出てくる頃に該当します。ただし、ライバルの参入も多く、競争が激しいことから、引き続き積極的な投資が求められます。

金のなる木：成熟期

製品や事業が競争に勝ち残り、市場の占有率が高いため安定した利益が出やすい領域です。市場が成熟して成長率は低くなりますが、競争は一段落し、新規参入も少ないことから積極的な投資がいらなくなります。

負け犬：衰退期

競争に負け、販売が低迷する製品や事業がマッピングされる領域です。市場成長率が低いため投資が不要である代わりに、利益も出ない状態です。事業規模の縮小や撤退も視野に入れての対策が必要です。

図8-66　PPM分析の4つの領域

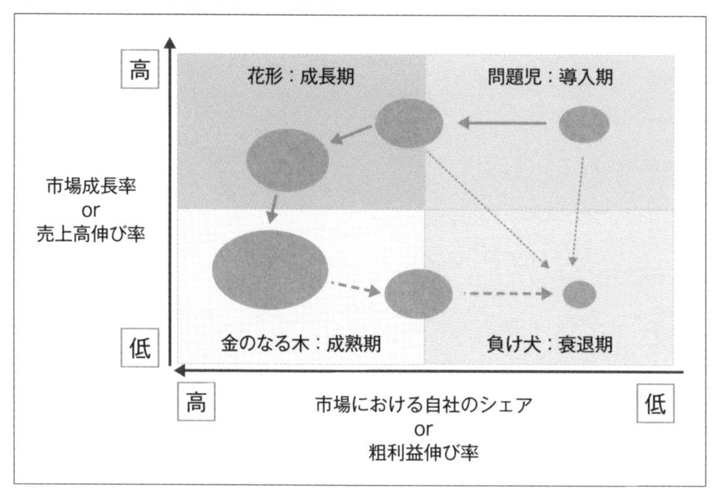

PPM分析には、**「市場成長率」**と**「市場における自社のシェア」**の2種類のデータが必要ですが、これらを数値化することが難しい場合は、自社の「売上高の伸び率」と「粗利益の伸び率」を求めれば、それぞれを代用できます。ここでは、この方法を利用して、**図8-67**のような各商品部門のPPMを作成します。

なお、4つの領域を区切る境界線の位置は自由に設定できるので、適切と思われる位置に線を引くとよいでしょう。

図8-67　2つの伸び率からPPMを作成する

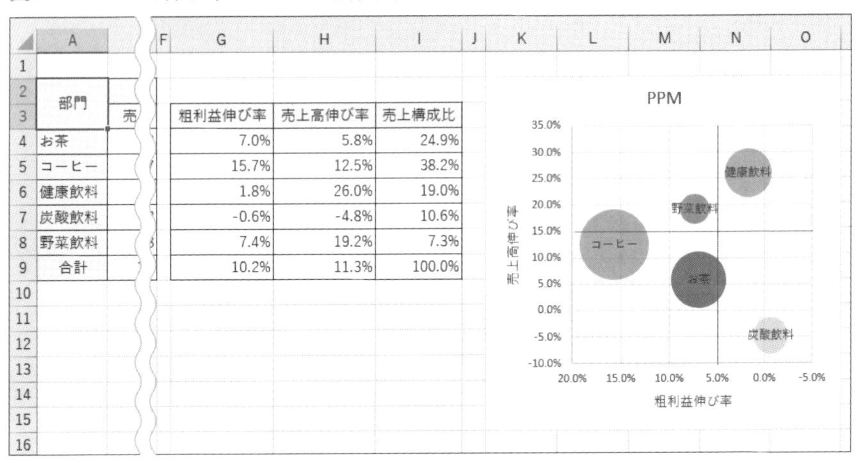

部門	粗利益伸び率	売上高伸び率	売上構成比
お茶	7.0%	5.8%	24.9%
コーヒー	15.7%	12.5%	38.2%
健康飲料	1.8%	26.0%	19.0%
炭酸飲料	-0.6%	-4.8%	10.6%
野菜飲料	7.4%	19.2%	7.3%
合計	10.2%	11.3%	100.0%

8-5-2 バブルチャートを作成する

PPM分析のマトリックスは、グラフ機能の「バブルチャート」を使って作成します。グラフのもとになる数値を数式で求めてから、バブルチャートを作成し、細部を編集して完成させせます。

バブルチャートのもとになる数値を計算する

「バブルチャート」とは、縦軸と横軸に配置した2つの項目に基づくデータ分布を円で表したグラフのことです。散布図に似ていますが、データそのものの大きさを円の面積で表現できる点が異なります。

8-5-1で紹介したように、PPM分析用のバブルチャートでは横軸に「粗利益の伸び率」、縦軸に「売上高の伸び率」をそれぞれ配置します。さらに、部門間の事業規模の大きさを相対的に表したいので、各部門の売上高の構成比をバブル（円）のサイズに指定します。

まずは、グラフの元データとなるこれらの値を計算しましょう。

図8-69のシートには、2019年と2020年の売上高と粗利益を入力した表があります。過去2年分のデータをもとに、G列に粗利益の伸び率、H列に売上高伸び率、I列には売上構成比を次の数式で求めます（図8-68）。

図8-68　G列、H列、I列に入力する数式

内容	数式
粗利益の伸び率	（2020年の粗利益－2019年の粗利益）÷2019年の粗利益
売上高の伸び率	（2020年の売上高－2019年の売上高）÷2019年の売上高
2020年の売上高の構成比	2020年の部門の売上高÷2020年の合計売上高

この内容を表す数式を図8-69のようにG4、H4、I4のそれぞれのセルに入力してから、オートフィル機能を使って下方向にコピーしておきましょう。

図8-69　数式を入力し、オートフィル機能でコピーする

	A	B	C	D	E	F	G	H	I	J	K
1											
2	部門	2019年									
3		売上高	粗利益	売上高	粗利益		粗利益伸び率	売上高伸び率	売上構成比		
4	お茶	2,648	288	2,802	308		7.0%	5.8%	24.9%		
5	コーヒー	3,824	594	4,302	687		15.7%	12.5%	38.2%		
6	健康飲料	1,698	168	2,141	171		1.8%	26.0%	19.0%		
7	炭酸飲料	1,256	82	1,196	82		-0.6%	-4.8%	10.6%		
8	野菜飲料	692	17	826	18		7.4%	19.2%	7.3%		
9	合計	10,119	1,149	11,267	1,266		10.2%	11.3%	100.0%		
10											

❶「=(E4-C4)/C4」と入力
❷「=(D4-B4)/B4」と入力
❸「=D4/$D$9」と入力
❹下方向にオートフィル

バブルチャートを挿入する

バブルチャートには、**「横軸」**、**「縦軸」**、**「バブルサイズ」**を表現する3種類の数値データが必要です。**図8-70**のようにG3からI8までのセル範囲を選択し、「挿入」タブの「散布図（X、Y）またはバブルチャートの挿入」から「バブル」を選択すると、バブルチャートが挿入されます（**図8-71**）。

図8-70　バブルチャートを挿入する

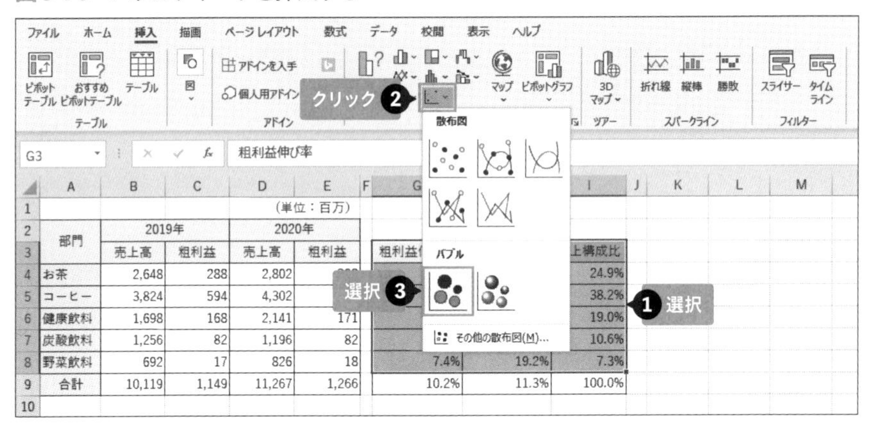

ONEPOINT

バブルチャートの元データとなる数値の列は、左から「横軸」、「縦軸」、「バブルサイズ」の順に入力しておきます。この順番でグラフに配置されるので、列の並び順が合わない場合はあらかじめ列を入れ替えておきましょう。

図8-71　挿入された直後のバブルチャート

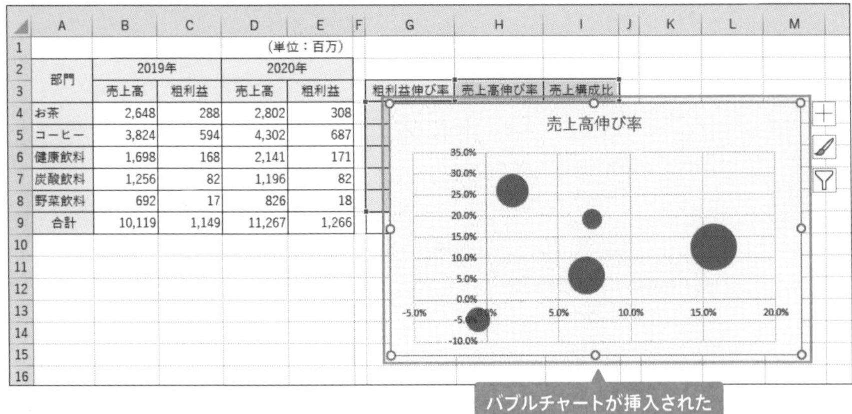

	A	B	C	D	E
1				（単位：百万）	
2	部門	2019年		2020年	
3		売上高	粗利益	売上高	粗利益
4	お茶	2,648	288	2,802	308
5	コーヒー	3,824	594	4,302	687
6	健康飲料	1,698	168	2,141	171
7	炭酸飲料	1,256	82	1,196	82
8	野菜飲料	692	17	826	18
9	合計	10,119	1,149	11,267	1,266

バブルチャートの細部を設定する

作成されたバブルチャートは、次のように細部を調整しておきます（**図8-72**）。なお、グラフを編集する操作の詳細については**6-1-3**を参考にしてください。

図8-72　今回の例で調整した箇所

手順	内容
サイズと位置	K2からO15までのセル範囲に配置
グラフタイトル	PPM
横軸ラベル	粗利益伸び率
縦軸ラベル	売上高伸び率

続けて、右に最小値、左に最大値が表示されるように横軸目盛の設定を変更するので、横軸の上で右クリックし、「軸の書式設定」を選択します（**図8-73**）。

図8-73　「軸の書式設定」作業ウィンドウを開く

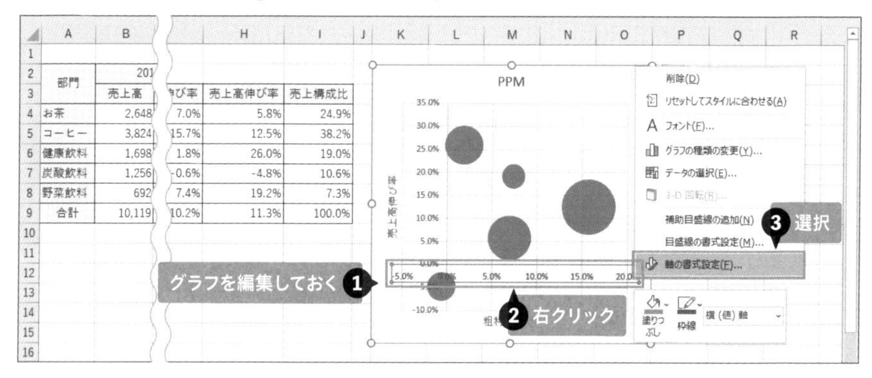

「軸の書式設定」作業ウィンドウが開きます。「軸のオプション」の「縦軸との交点」から「軸の最大値」を選び、「軸を反転する」にチェックを入れます。続けて、縦軸の設定をするために縦軸をクリックします（**図8-74**）。

図8-74　横軸の設定をする

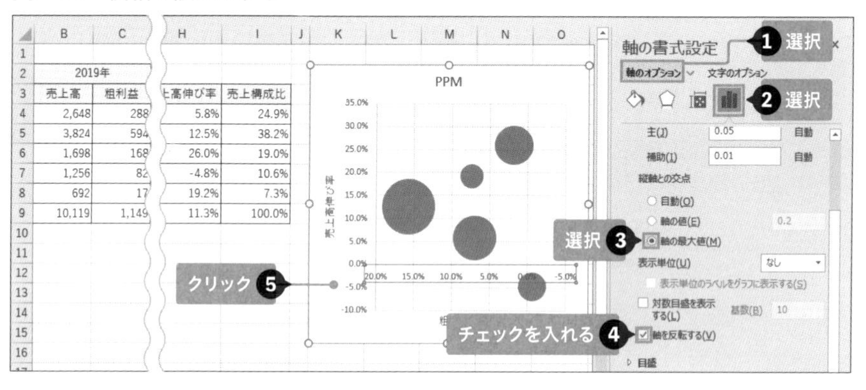

「軸の書式設定」作業ウィンドウの設定内容が、縦軸に関する項目に切り替わるので、横軸の目盛が縦軸の「-10%」の位置に表示されるよう設定します。「軸のオプション」の「横軸との交点」から「軸の値」を選択し、右の空欄に「-0.1」と入力します。

最後に、データラベルを追加してバブルの内容を表示します。「グラフのデザイン」タブの「グラフ要素を追加」から「データラベル」を選択し、「その他のデータラベルオプション」を選択します（**図8-75**）。

図8-75　「データラベルの書式設定」作業ウィンドウを開く

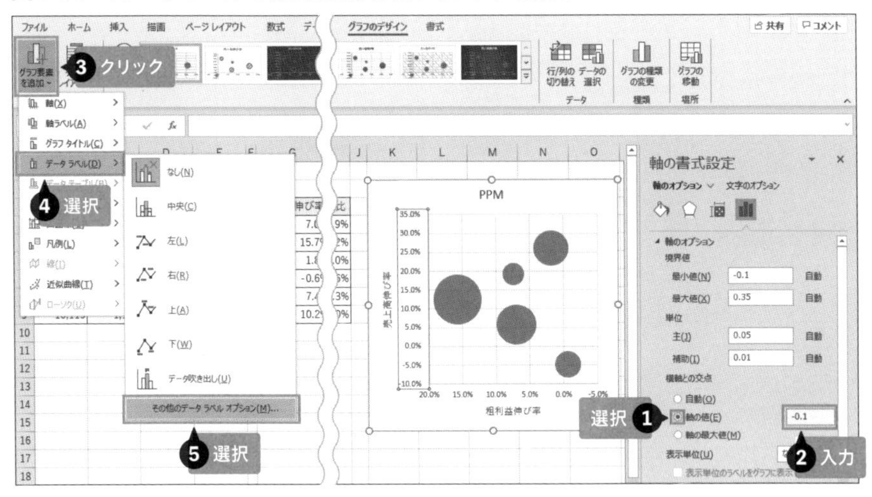

「データラベルの書式設定」作業ウィンドウが開きます。「ラベルオプション」の「セルの値」にチェックを入れます。表示された「データラベル範囲」ダイアログボックスの空欄をクリックしてから、ラベルが入力されたA4からA8までのセル範囲をドラッグし、「OK」をクリックします（**図8-76**）。

図8-76　データラベル範囲を設定する

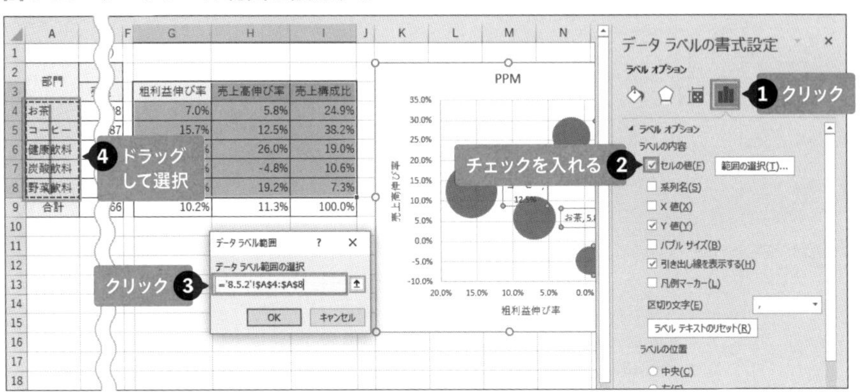

バブルの横に項目とパーセンテージが表示されます。バブルの中央に項目だけを表示するよう設定を変更しましょう。「Y値」のチェックを外し、「ラベルの位置」で「中央」を選択して、作業ウィンドウを閉じます（**図8-77**）。

図8-77　ラベルの内容と位置を変更する

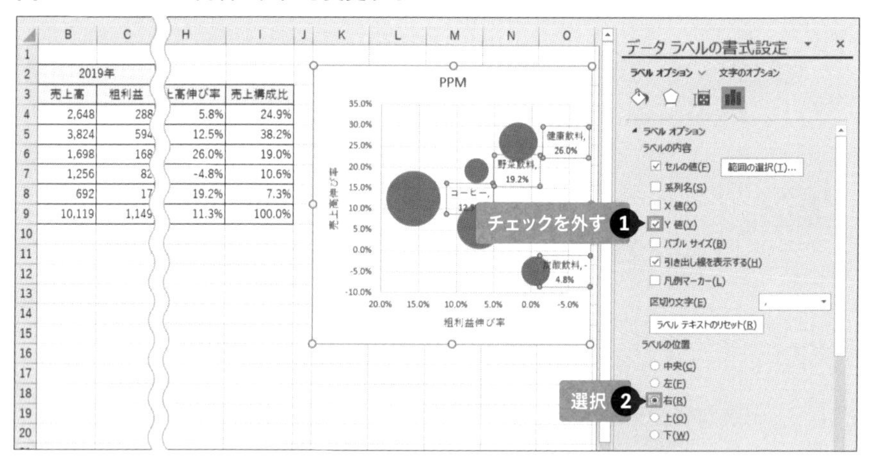

最後に、図形の直線を追加して、PPMの4つの領域に分けましょう。

「挿入」タブの「図」から「図形」を選択し、「線」を選択して、バブルチャートの上でドラッグして縦線と横線を描画します。このとき［Shift］キーを押しながらドラッグすると、水平方向や垂直方向にまっすぐに線を引くことができます。なお、ここでは水平の境界線は「15%」、垂直の境界線は「5%」の位置にそれぞれ設定しています（**図8-78**）。

図8-78　直線を追加してPPMを4つに分ける

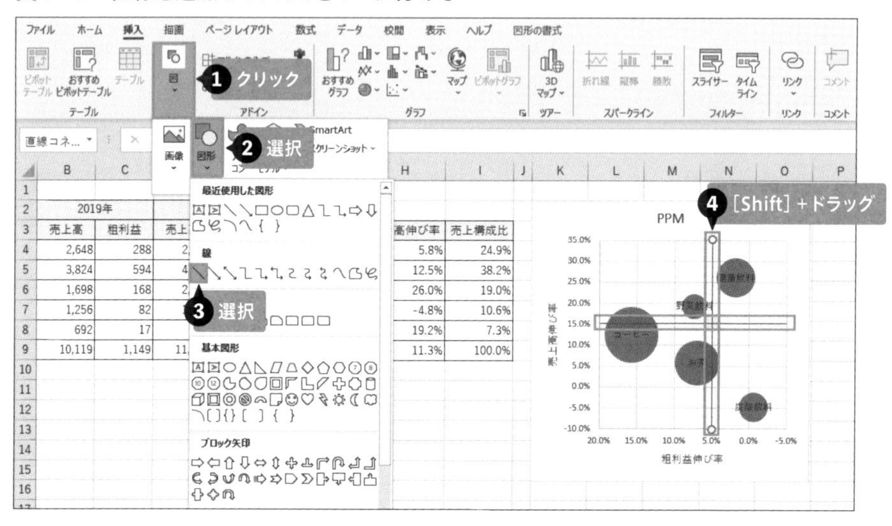

これでPPM分析のバブルチャートが**図8-67**のように完成します。分析の結果として、次のように読み取れます。

コーヒー

最も大きなバブルであり、売上比率が最も大きい部門です。「花形」から「金のなる木」へと移行中で、安定した収益源となっています。

お茶

コーヒー同様に「金のなる木」ですが、他社との競合次第では「負け犬」へ移行する恐れがあります。

炭酸飲料

「負け犬」に配置されており、粗利益伸び率、売上高伸び率は共にマイナスで今後の成長は難しそうです。

野菜飲料

「花形」で成長期にあります。社内での売上比率は7.3%と小さいながらも、今後の成長が見込める部門です。

健康飲料

「問題児」で導入期にある新商品の部門です。今はまだ販促その他でコストがかさみ、利益率は低いものの、健康ブームに乗ってうまく育てると「花形」への移行もあり得ます。

INDEX

著者プロフィール

木村 幸子（きむら・さちこ）

フリーランスのテクニカルライター。大手電機メーカーのソフトウェア部門においてマニュアルの執筆、制作に携わる。その後、パソコンインストラクター、編集プロダクション勤務を経て独立。Microsoft Officeを中心としたIT系書籍の執筆、インストラクションで活動中。近書に『スピードマスター 1時間でわかる エクセルピボットテーブル』（技術評論社）、『マンガで学ぶエクセル　集計・分析ピボットテーブル』（マイナビ出版）、『Excelピボットテーブル データ集計・分析の「引き出し」が増える本』（翔泳社）など。

●Webサイト　www.itolive.com/

装丁・本文デザイン■■■■■■ 大下 賢一郎
DTP ■■■■■■■■■■■■■ 株式会社 シンクス

Excel（エクセル）データ分析の「引き出し」が増える本

2020年　12月　7日　初版第1刷発行
2022年　 4月 20日　初版第2刷発行

著　者 ■■■■■■■■■■■■■ 木村 幸子
発行人 ■■■■■■■■■■■■■ 佐々木 幹夫
発行所 ■■■■■■■■■■■■■ 株式会社 翔泳社（https://www.shoeisha.co.jp）
印刷・製本 ■■■■■■■■■■■ 日経印刷 株式会社

ISBN978-4-7981-6279-9　　Printed in Japan